高等学校计算机基础教育教材精选

大学计算机

——计算思维导论（第2版）

薛红梅　申艳光　主编

清華大學出版社
北　京

内容简介

本书按照教育部高等学校大学计算机课程教学指导委员会编制的《大学计算机基础课程教学基本要求》编写，特别关注学生信息素养和计算思维能力的培养，将课程内容中的相关知识进行提炼，建立从知识认识到计算思维意识构建的桥梁，既强调教材的基础性和系统性，又注重内容宽度和知识深度的结合，通过把科学思维的要素、方法融入问题和案例，从问题分析着手，强调面向计算思维和信息素养的培养，从而提高学生主动使用计算机解决问题的意识和计算思维的能力；通过"知行合一"等栏目融入课程思政，引导学生树立正确的"三观"，培养学生的家国情怀、辩证思维和工匠精神，实现知识传授、能力培养与价值引领的有机融合。

本书分理论篇和实验实训篇：第1～7章为理论篇，主要介绍计算文化与计算思维、0和1的思维、系统思维、算法思维、数据思维、网络化思维、伦理思维，围绕现代工程师应具备的素质要求，每章后还有基本知识练习和能力拓展与训练题，从多方位、多角度培养学生的工程能力；第8～11章为实验实训篇，包括常用办公软件的功能讲解和相应的实验实训。此外，为便于读者学习，对于一些重点、难点和抽象的知识点，提供了动画短片，可以通过扫描二维码进行在线学习，并配备教学课件。

本书既可作为高等院校和相关计算机技术培训的教材，也可作为办公自动化从业人员的参考用书。

图书在版编目(CIP)数据

大学计算机：计算思维导论/薛红梅，申艳光主编. —2版. —北京：清华大学出版社，2021.9（2024.8重印）
高等学校计算机基础教育教材精选
ISBN 978-7-302-58071-3

Ⅰ. ①大…　Ⅱ. ①薛…　②申…　Ⅲ. ①电子计算机－高等学校－教材　Ⅳ. ①TP3

中国版本图书馆CIP数据核字(2021)第075714号

责任编辑：龙启铭
封面设计：何凤霞
责任校对：郝美丽
责任印制：沈　露

出版发行：清华大学出版社
　网　　址：https://www.tup.com.cn，https://www.wqxuetang.com
　地　　址：北京清华大学学研大厦A座　　**邮　　编**：100084
　社 总 机：010-83470000　　**邮　　购**：010-62786544
　投稿与读者服务：010-62776969，c-service@tup.tsinghua.edu.cn
　质量反馈：010-62772015，zhiliang@tup.tsinghua.edu.cn
　课件下载：https://www.tup.com.cn，010-83470236
印 装 者：三河市春园印刷有限公司
经　　销：全国新华书店
开　　本：170mm×230mm　　**印　　张**：19.75　　**字　　数**：366千字
版　　次：2019年9月第1版　2021年9月第2版　　**印　　次**：2024年8月第8次印刷
定　　价：49.00元

产品编号：092258-01

前言

当前,世界范围内新一轮科技革命和产业变革正加速进行。以新技术、新业态、新产业为特点的新经济蓬勃发展,迫切需要新型工科人才的支撑,以加快实现我国从工程教育大国走向工程教育强国的目标。

工程师应该具备工程思维、科学思维和系统思维三种思维模式。其中科学思维包括三种:以观察和归纳自然规律为特征的实证思维;以推理和演绎为特征的逻辑思维;以抽象化和自动化为特征的计算思维。

计算思维的概念,最早是2006年3月由美国卡内基-梅隆大学周以真(Jeannette M. Wing)教授在*Communication of the ACM*上发表并定义的。她指出,计算思维是每个人的基本技能,不仅仅属于计算机科学家。我们应当使每个孩子在培养解析能力时不仅要掌握阅读、写作和算术,还要学会计算思维。

以往的计算机文化基础课程采用以操作和技能讲解为主线的教学模式,淡化了计算机科学的精髓。信息素养的培养要求学生能够对于获取的各种信息通过自己的思维进行深层次的加工和处理,从而产生新的信息。

无论是计算机教育工作者,还是计算机普通用户,在学习和使用计算机的过程中,应该着眼于“悟”和“融”:感悟和凝练计算机科学思维模式,并将其融入可持续发展的计算机应用中,这是作为工程人才不可或缺的基于信息技术的行动能力。大学生学习计算机基础课程,不仅要了解计算机是什么、能够做什么、如何做,更重要的是要了解这个学科领域解决问题的基本方法与特点。因此,在大学第一门计算机课程中引入计算思维能力的培养,是提高大学生信息素养和工程能力的有效途径。

计算思维是计算机和软件工程学科的灵魂,作为第一门大学计算机基础课程,应该把重点放在培养学生的计算思维与信息素养能力上,让学生了解和掌握如何充分利用计算机技术,对现实世界中的问题进行抽象和形式化,达到求解问题的目的,应注重可持续发展的计算机应用能力培养,强调在分析问题和解决问题当中培养终身学习的能力,从而提高学生的思维能力,扩展思维宽度,提高解决实际问题的能力。

本教材特色如下。

(1) 本教材的编写宗旨是如何使非计算机学科的人理解计算学科的思维;如何使计算机学科的人理解跨学科的思维。本教材内容不只是讲授计算机方面的知识,更注重展现计算机学科的思维方式以及读者思维能力和工程能力的训练。

(2) 围绕现代工程师应具备的素质要求,多方位、多角度培养学生的工程能力。

本教材利用"知行合一""角色模拟""能力拓展与训练"等栏目多方位、多角度来培养学生工程能力,包括终身学习能力、团队工作和交流能力、社会及企业环境下建造产品的系统能力、可持续发展的计算机应用能力等。

"知行合一"通过简洁的语言对计算思维相关知识进行解析,旨在培养学生的计算思维能力和辩证思维、善于观察、勤于思考、勤于探索的良好学习习惯和品质。

"角色模拟"主要是通过模拟工程师与真实世界之间的互动,通过项目分析、设计与实现,旨在培养学生工程实践应用能力,培养学生在团队中有效合作、有效沟通、有效管理的能力,提高学生应用工程知识的能力和处理真实世界问题的能力。

"能力拓展与训练" 包括一些思维密度较大、思维要求较高和需要自主学习的问题和要求,旨在培养学生的系统思维能力、发散思维能力、创新思维能力、沟通能力、适应变化的自信和能力以及团队协作创新的工作理念,激发学生自主探究性,在拓展创作中实现自我价值,并培养主动学习、经验学习和终身学习的能力。

(3) 将课程思政潜移默化、润物细无声地融入教学内容中。

本教材引领式隐性融入课程思政,引导学生树立正确的"三观",培养学生的家国情怀、辩证思维和工匠精神,实现知识传授、能力培养与价值引领的有机融合。

总之,本教材的编写,在适度的基础知识与理论体系覆盖下,突出回归人本和回归工程的教学方法论,既强调内容宽度和知识深度的结合,又通过把科学思维的要素、方法融入问题和案例,从问题分析着手,强调面向计算思维和信息素养的培养,力求达到"教师易教,学生乐学,技能实用"的目标。

本教材由薛红梅、申艳光主编,杨丽等大学计算机课程组的老师们也为本书的编写付出了辛勤的劳动。

本书的出版得到了国家自然科学基金资助项目(61802107)、河北省高等学校科学技术研究项目(ZD2016017)的资助。

限于编者的水平及时间仓促,书中难免存在不足之处,恳请读者批评和指正!

编　者
2021年6月

目录

理论篇

实验实训篇

理　论　篇

知之者不如好之者，好之者不如乐之者。

——孔子，《论语》

第1章 认识计算文化与计算思维

我们所使用的工具影响着我们的思维方式和思维习惯，从而也将深刻地影响着我们的思维能力。

——著名计算机科学家、1972年图灵奖得主 Edsger Dijkstra

1.1 计算与计算机科学

1.1.1 计算工具的发展史

最早的计算工具诞生在中国。中国古代最早采用的一种计算工具叫筹策，又被称为算筹。这种算筹多用竹子制成，也有用木头、兽骨充当材料的。约二百七十枚一束，放在布袋里可随身携带，如图1.1所示。直到今天仍在使用的珠算盘，是中国古代计算工具领域中的另一项发明，如图1.2所示。1982年，中国的人口普查还是使用算盘作为计数工具。可见，充满智慧的古代中国人是多么伟大！

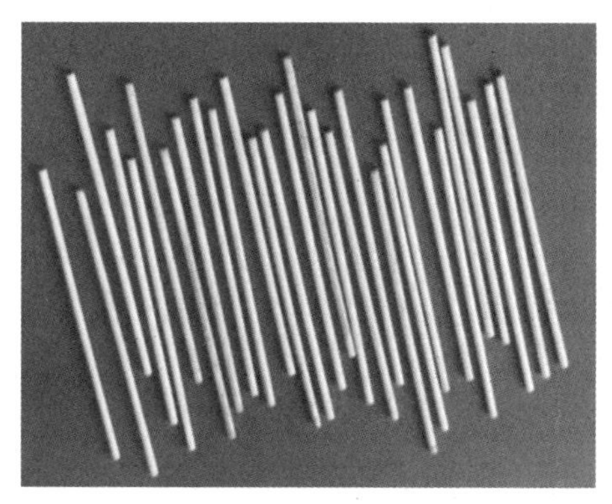

图1.1 中国的算筹

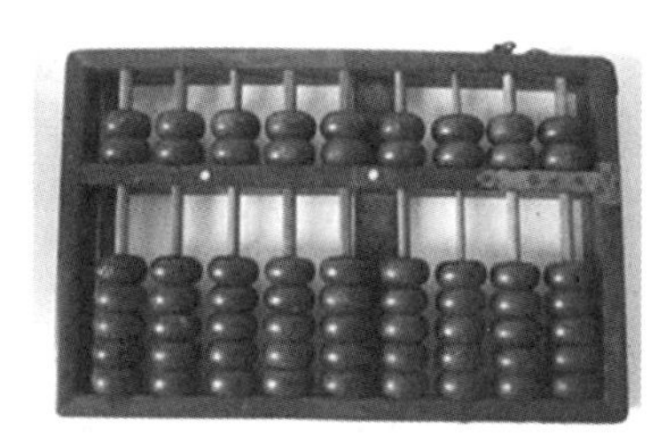

图1.2 中国的算盘

后来,基于齿轮技术设计的计算设备,在西方国家逐渐发展成近代机械式计算机。这些机器在灵活性上得到进一步提高,执行算法的能力和效率也大大加强和提高。1642 年,年仅 19 岁的法国物理学家布莱斯·帕斯卡(Blaise Pascal, 1623—1662)制造出第一台机械式计算器 Pascaline。这台计算机器是手摇的,也称为"手摇计算器",如图 1.3 所示。在这种计算器中有一些互相连锁的齿轮,一个转过十位的齿轮会使另一个齿轮转过一位,人们可以像拨电话号码盘那样,把数字拨进去,计算结果就会出现在另一个窗口中,但是只能做加减计算。1694 年,莱布尼兹在德国将其改进后可以进行乘除计算。

图 1.3 法国的第一台机械计算器

1946 年 2 月世界上第一台电子数字计算机 ENIAC 在美国宾夕法尼亚大学诞生,全称是"电子数字积分器和计算器"(Electronic Numerical Integrator and Calculator),如图 1.4 所示。它与以前的计算工具相比,计算速度快、精度高、能按给定的程序自动进行计算。当时美国陆军为了计算兵器的弹道,由美国宾夕法尼亚大学摩尔电子工程学院的约翰·莫奇利(John Mauchly)和约翰·埃克特(John Presper Eckert)等共同研制。设计这台计算机的总工程师埃克特当时年仅 24 岁。ENIAC 共用了 18 000 多只电子管,总重量达 30 吨,占地 170 平方米,每小时耗电 150 千瓦,真可谓"庞然大物"。它每秒只能作 5000 次加法运算;存储容量小,而且全部指令还没有存放在存储器中;操作复杂、稳定性差。尽管如此,它标志着科学技术的发展进入了新的时代——电子计算机时代。

图 1.4 第一台电子数字计算机 ENIAC

1.1.2 计算文化和计算机科学

1. 计算文化

文化是一个非常广泛的概念，文化可以定义为人类在社会历史发展过程中所创造的物质财富和精神财富的总和，它是一个群体（可以是国家、民族、企业、家庭等）在一定时期内形成的思想、理念、行为、风俗、习惯、代表人物，以及由这个群体整体意识所辐射出来的一切活动。文化能够促进人类社会的发展和人体生物的进化。

人类在解决应用需求时认识到人脑能力的局限性，促成了计算机这种工具的诞生。人类社会的生存方式因使用计算机而发生了根本性变化，从而产生的一种新的文化形态——计算文化（Computational Culture），它是计算思想、精神、方法、观点等形成和发展的演变史。

思维方式是由文化衍生的，不同的文化决定了不同的思维和行为模式。例如，计算机诞生于西方，它的文化带有西方文化的烙印；又如，计算机软件就是一种固化的人类思维，反映了人类的思维和智能，所以，软件也蕴含着文化。

> **知行合一**
>
> 感悟计算机文化的思想特点，在使用计算机过程中注重捕捉其经验规律和应用模式，将大大提高人类利用计算机进行问题求解的能力和效率。

2. 计算机科学

在计算机科学中，当一个问题的描述及其求解方法或求解过程可以用构造性数学来描述，而且该问题所涉及的论域为有穷或虽为无穷但存在有穷表示时，则该问题就一定能用计算机来求解，所以计算机科学研究和解决的是什么能计算且被有效地自动计算的问题。

简单地说，计算机科学是研究计算机以及它们能干什么的一门学科。它研究抽象计算机的能力与局限、真实计算机的构造与特征以及用于求解问题的计算机应用。计算机科学既是构造计算机器的学科，也是基于自动计算进行问题求解的学科。

每个学科都有其所谓的“终极”问题。计算机科学的“终极”问题被认为是“什么可以被自动地计算”。

1.2 计算思维

1.2.1 计算

我们的生活中，计算无处不在。当今的每个学科都需要进行大量的计算。天文学家需要计算机来分析星位移动；生物学家需要计算机发现基因组的奥秘；数学家需要计算圆周率的更精确值；经济学家需要利用计算机分析在众多因素作用下某个企业、城市、国家的发展方向从而进行宏观调控；工业界需要利用计算机准确计算生产过程中的材料、能源、加工与时间配置的最佳方案。

计算是依据一定的法则对有关符号串的变换过程。

计算的可行性是计算机科学的理论基础。计算的可行性理论起源于对数学基础问题的研究。可计算性理论是计算机科学的理论基础之一。可计算性理论确定了哪些问题可能用计算机解决，哪些问题不可能用计算机解决。

计算可以分为硬计算和软计算两类。

1. 硬计算

硬计算（传统计算）这个术语首先由美国加州大学的 Zadeh 教授于 1996 年提出，长久以来它就被用以解决各种不同的问题。

让我们一起看看硬计算解决一个工程问题要遵循的步骤：

(1) 首先辨识与该问题相关的变量，继而分为两组，即输入（或条件变量，也称为前件）和输出（或行动变量，也称为后件）。

(2) 用数学方程表示输入输出关系。

(3) 用解析方法或数值方法求解方程。

(4) 基于数学方程的解，决定控制行动。

硬计算的主要特征是严格、确定和精确。但是硬计算并不适合处理现实生活中的许多不确定性、不精确的问题。

2. 软计算

软计算通过对不确定、不精确及不完全真值的容错以取得低代价的解决方案和健壮性。它模拟自然界中智能系统的生化过程（如人的感知、脑结构、进化和免疫等）来有效处理日常工作。软计算包括几种计算模式：模糊逻辑、人工神经网络、遗传算法和混沌理论等。这些模式是互补及相互配合的，因此在许多应用系统中组合使用。

1.2.2 计算思维的概念

2006年3月,美国卡内基·梅隆大学计算机系主任周以真(Jeannette M.Wing)教授在美国计算机权威杂志 *Communication of the ACM* 上发表并定义了计算思维(Computational Thinking)。她认为:计算思维是运用计算机科学的基础概念进行问题求解、系统设计,以及人类行为理解等的涵盖计算机科学领域的一系列思维活动。她指出,计算思维是每个人的基本技能,不仅仅属于计算机科学家,应当使每个学生在培养解析能力时不仅掌握阅读、写作和算术(Reading, WRiting, and ARithmetic,3R),还要学会计算思维。这种思维方式对于学生从事任何事业都是有益的。简单地说,计算思维就是计算机科学解决问题的思维。

近年来,移动通信、普适计算、物联网、云计算、大数据这些新概念和新技术的出现,在社会经济、人文科学、自然科学的许多领域引发了一系列革命性的突破,极大改变了人们对于计算和计算机的认识。无处不在、无事不用的计算思维成为人们认识和解决问题的基本能力之一。

计算思维的特性如下:

(1) 计算思维是人的思维,而非计算机或其他计算设备的思维。

思维是人所特有的一种属性,也是由疑问引发并以问题解决为终点的一种思想活动。计算思维是用人的思维驾驭以计算设备为核心的技术工具来解决问题的一种思维方式,它以人的思维为主要源泉,而计算设备仅仅是计算运行问题求解的一种必要的物质基础。所以,计算思维是人在解决问题的过程中所反映的思想、方法,并不是计算机或其他计算设备的思维。

(2) 计算思维具有双向运动性。

计算思维属于思维的一种,具有归纳和演绎的双向运动性。但是,计算思维中的归纳和演绎更多地表现为"抽象"和"分解",其中,"抽象"是将待求解的问题进行符号标识或系统建模的一种思维过程,算法便是抽象的典型代表;"分解"是将复杂问题合理分解为若干待求解的小问题,予以逐个击破,进而解决整个问题的一种思维过程。

(3) 计算思维具有可计算特性。

计算思维具有明显的计算机学科所独有的"可计算"特性。采用计算方法进行问题求解的计算思维,要求问题求解步骤具备确定性、有效性、有限性、机械性等可计算特性。

计算思维中的"计算"并不仅限于信息加工处理,从计算过程的角度出发,计算是指依据一定法则对有关符号串进行变换的过程，即从已有的符号开始，一步一步地改变符号串，经过有限步骤，最终得到一个满足预定条件的符号串。基于此，可以说计算的本质就是递归。

计算思维的目的在于问题求解。2011 年，美国计算机科学教师协会、国际教育技术协会在共同提出的计算思维的操作性定义中明确指出，计算思维是一种问题求解的过程，这一过程包括问题确定、数据分析、抽象表示、算法设计、方案评估、概括迁移等六个环节。

计算方法和模型给了人们勇气去处理那些原本无法由任何个人独自完成的问题求解和系统设计。计算思维直面机器智能的不解之谜。

马克思认为："人类的特性恰恰就是自由的有意识的活动。"自古至今，所有的教育都是为了人的发展。人的发展，首在思维，一个人的科学思维能力的养成，必然伴随着创新能力的提高。工程师应该具备的三种思维模式是工程思维、科学思维和系统思维。而其中科学思维又可以分为三种：以观察和归纳自然（包括人类社会活动）规律为特征的实证思维；以推理和演绎为特征的逻辑思维；以抽象化和自动化为特征的计算思维。

计算思维综合了数学思维（求解问题的方法）、工程思维（设计、评价大型复杂系统）和科学思维（理解可计算性、智能、心理和人类行为）。

计算思维就是把一个看起来困难的问题重新阐述成一个我们知道怎样解的问题，如通过约简、嵌入、转化和仿真的方法。

计算思维是一种递归思维，它是并行处理的，它是把代码译成数据又把数据译成代码。它评价一个程序时，不仅仅根据其准确性和效率，还有美学的考量，而对于系统的设计，还要考虑简洁和优雅。

计算思维采用抽象和分解来迎战浩大复杂的任务。它选择合适的方式来陈述一个问题，或者对一个问题的相关方面进行建模使其易于处理。

计算思维是通过冗余、堵错、纠错的方式，在最坏情况下进行预防、保护和恢复的一种思维。计算思维是利用启发式推理来寻求解答。它就是在不确定情况下的规划、学习和调度。它就是搜索、搜索、再搜索，最后得到的是一系列的网页，一个赢得游戏的策略，或者一个反例。计算思维是利用海量的数据来加快计算。它就是在时间和空间之间，在处理能力和存储容量之间的权衡。

考虑这样一些日常中的事例：当一位学生早晨去学校时，会把当天需要的东西放进书包，这就是预置和缓存；当一个孩子弄丢了手套时，沿走过的路回寻，这就是回推；你不再租用滑雪板而是为自己买一对，这就是在线算法；在超市付账时你应当去排哪个队，这就是多服务器系统的性能模型；停电时你的电话仍然可用，这就是失败的无关性和设计的冗余性。

我们已见证了计算思维在其他学科中的影响。例如，计算生物学正在改变着生物学家的思考方式，计算博弈理论正改变着经济学家的思考方式，纳米计算正改变着化学家的思考方式，量子计算正改变着物理学家的思考方式。这种思维将成为每一个人的技能。计算思维是人类除了理论思维、实验思维以外，应具备的第三种思维方式。

计算思维解决的最基本的问题是：什么是可计算的，即弄清楚哪些是人类比计算机做得好的，哪些是计算机比人类做得好的？也就是说，计算思维着重于解决人类与机器各自计算的优势以及问题的可计算性。人类的思维是用有限的步骤去解决问题，讲究优化与简洁；而计算机可以从事大量的、重复的、精确的运算，并乐此不疲。

可计算性有七大原则：程序运行、传递、协调、记忆、自动化、评估与设计。

形式化后的问题有算法吗？如果我们对一个形式化后的问题找到了一个算法，就称这个问题是可计算的。在计算科学中，当一个问题的描述及其求解方法或求解过程可以用构造性数学来描述，而且该问题所涉及的认论域为有穷，或虽为无穷但存在有穷表示时，那么，这个问题就一定能用计算机来求解。

【例 1-1】 四色问题的解决。

四色问题又称四色猜想，是近代世界三大数学难题(费马猜想、哥德巴赫猜想和四色猜想)之一。四色问题的内容是："任何一张地图，只用四种颜色就能使具有共同边界的国家着上不同的颜色。"用数学语言表示，即"将平面任意地细分为不相重叠的区域，每一个区域总可以用 1、2、3、4 这四个数字之一来标记，而不会使相邻的两个区域得到相同的数字。"这里的相邻区域，是指有一整段边界是公共的。如果两个区域只相遇于一个点或有限多个点，就不是相邻的，因为用相同的颜色给它们着色不会引起混淆。

四色猜想的提出来自英国。1852 年，毕业于伦敦大学的弗南西斯·格思里(Francis Guthrie)来到一家科研单位做地图着色工作时，发现了一个有趣的现象："每幅地图都可以用四种颜色着色，使得有共同边界的国家都着上不同的颜色。"这个现象能不能从数学上加以严格证明呢？他和当时正在大学读书的弟弟决心试一试，兄弟二人虽然经历艰苦，可研究工作没有得到任何进展。

从 1878 年到 1880 年的两年间，著名的律师兼数学家肯普(Alfred Kempe)和泰勒(Peter Guthrie Tait)两人分别提交了证明四色猜想的论文，宣布证明了四色定理。大家都认为四色猜想从此也就解决了，但其实肯普并没有证明四色问题。1890 年，在牛津大学就读的年仅 29 岁的赫伍德以自己的精确计算指出了肯普在证明上的漏洞。

进入 20 世纪以来，科学家们对四色猜想的证明基本上是按照肯普的想法进行的。1913 年，美国著名数学家、哈佛大学的伯克霍夫(George David Birkhoff)利用肯普的想法，结合自己的新设想，证明了某些大构形可约。后来，美国政治家和数学家本杰明・富兰克林(Benjamin Franklin)于 1939 年证明了 22 国以内的地图都可以用四色着色。1950 年，有人从 22 国推进到 35 国。1960 年，有人又证明了 39 国以下的地图可以用四色着色；随后又推进到了 50 国。但这种推进仍然十分缓慢。

计算机问世以后，由于演算速度迅速提高，加之人机对话的出现，大大加快了对四色猜想证明的进程。美国伊利诺大学数学家哈肯(Wolfgang Haken)于 1970 年着手改进"放电过程"，后与美国数学家阿佩尔(Kenneth Appel)合作编制了一个很好的程序。1976 年 6 月，他们在美国伊利诺斯大学的两台计算机上，用了 1200 小时，做了 100 亿次判断，终于完成了四色猜想的证明，轰动了全世界。对数学家与数学爱好者来说，这是一件大事，当两位数学家将他们的研究成果发表时，当地的邮局在当天发出的所有邮件上都加盖了"四色足够"的特制邮戳，以庆祝这一难题获得解决。

四色问题的证明，不仅解决了一个历时一百多年的难题，而且成为数学史上一系列新思维的起点。在四色问题的研究过程中，不少新的数学理论随之产生，也发展了很多数学计算技巧。例如，将地图的着色问题化为图论问题，丰富了图论的内容。不仅如此，四色问题在有效地设计航空班机日程表、设计计算机的编码程序上都起到了推动作用。不过不少数学家并不满足于计算机取得的成就，他们认为应该有一种简洁明快的书面证明方法。直到现在，仍有不少数学家和数学爱好者在寻找更简洁的证明方法。

四色问题的解决，正是利用了计算机不畏重复、不惧枯燥、快速高效的优势。

1.2.3 计算思维中的思维方式

计算思维主要包括数学思维、工程思维以及科学思维中逻辑思维、算法思维、网络思维和系统思维方式。其中运用逻辑思维精准地描述计算过程；运用算法思维有效地构造计算过程；运用网络思维有效地组合多个计算过程；运用系统思维对事情全面思考。

1. 逻辑思维

逻辑思维是人类运用概念、判断、推理等思维类型来反映事物本质与规律的认识过程，属于抽象思维，是思维的一种高级形式。其特点是以抽象、判断和推理作为思维的基本形式，以分析、综合、比较、抽象、概括和具体化作为思维的基本过程，从而揭露事物的本质特征和规律性联系。

【例 1-2】 某团队旅游地点安排问题。

某个团队去西藏旅游，除拉萨市之外，还有 6 个城市或景区可供选择：E 市、F 市、G 湖、H 山、I 峰、J 湖。考虑时间、经费、高原环境、人员身体状况等因素，有以下要求：

(1) G 湖和 J 湖中至少要去一处。

(2) 如果不去 E 市或者不去 F 市，则不能去 G 湖游览。

(3) 如果不去 E 市，也就不能去 H 山游览。

(4) 只有越过 I 峰，才能到达 J 湖。

如果由于气候原因，这个团队不去 I 峰，以下哪项一定为真？

A. 该团去 E 市和 J 湖游览

B. 该团去 E 市而不去 F 市游览

C. 该团去 G 湖和 H 山游览

D. 该团去 F 市和 G 湖游览

答案：D。

逻辑分析：条件(1)G 或 J；条件(2)非 E 或非 F→非 G，即 E 且 F←G；条件(3)非 E→非 H；条件(4)I←J，即非 I→非 J。

已知：非 I，根据条件(4)，非 J；再根据条件(1)，非 J，则 G；根据条件(2)，G 则 E 且 F；根据条件(3)，H 不确定。所以，必去 E、F、G；必不去 I、J；H 不定。

生活中逻辑思维的例子很多，比如常见的“数独”游戏等。

2. 算法思维

算法思维具有非常鲜明的计算机科学特征。算法思维是思考使用算法来解决问题的方法。这是学习编写计算机程序时需要开发的核心技术。

2016 年 3 月，谷歌公司的围棋人工智能 AlphaGo 战胜李世石，总比分定格在 4∶1，标志着此次人机围棋大战，最终以机器的完胜结束。AlphaGo 的胜利，是深度学习的胜利，是算法的胜利。你鼠标的每一次单击，你在手机上完成的每一次购物，天上飞行的卫星，水下游弋的潜艇，拴着你钱袋子的股票涨跌——我们这个世界，正是建立在算法之上。

电影《战国》中，孙膑带着齐国的军队打仗，半路上收留了几百个灾民。齐国的情报系统告诉孙膑，灾民之中有敌国奸细。仓促之间，如何判断谁才是敌人呢？孙军师心生一计，嘱咐手下人煮粥，并在粥里加了很多辣椒。如此味道，一般人肯定是不肯喝的，但灾民就不一样了，都快饿死了，谁还敢挑食？下属们纷纷称赞军师神算。

计算机有时就是这么处理问题的。比如五把钥匙中，有一把是正确的，如果一把一把地依次试一下，最后总能开锁，这个例子体现了一种常用算法——枚举法。

3. 网络思维

网络思维有特定的所指，即强调网络构成的核心是对象之间的互动关系，可以包括基于机器的人际互动（人-机-人关系），涉及以虚拟社区为基础的交往模式、传播模式、搜索模式、组织管理模式、科技创新模式等，如社交网络、自媒体、人肉搜索、专业发展共同体；也可以包括机器间的互联（机-人-机关系），涉及因特网、物联网、云计算网络等的运作机制，如网络协议、大数据。

4. 系统思维

系统思维就是把认识对象作为系统，从系统和要素、要素和要素、系统和环境的相互联系、相互作用中综合地考察认识对象的一种思维方法。简单地说，就是对事情全面思考，而不只就事论事，把想要达到的结果、实现该结果的过程、过程优化以及对未来的影响等一系列问题作为一个整体系统进行研究。

《易经》是最古老的系统思维方法，建立了最早的模型与演绎方法，成为中医学的整体观与器官机能整合的理论基础。在古代希腊则有非加和性整体概念，但西医以分解和还原论方法占主导地位，现代西方心身医学的"社会-心理-生物"综合医学模式兴起，开启了中西医学又一轮对话，并促进了系统医学与系统生物科学在世纪之交的发展。

1.2.4 计算思维的本质

计算思维的本质是抽象（Abstraction）和自动化（Automation）。抽象指的是将待求解的问题用特定的符号语言标识并使其形式化，从而达到机械执行的目的（即自动化），算法就是抽象的具体体现。自动化就是自动执行的过程，它要求被自动执行的对象一定是抽象的、形式化的，只有抽象、形式化的对象经过计算后才能被自动执行。由此可见，抽象与自动化是相互影响、彼此共生的。

日常生活中，我们经常要使用家用电器。以微波炉为例，使用微波炉的人恐怕没有几个深入了解微波的加热原理、电路通断的控制、计时器的使用等，但这不意味着他们不能加热食品。那些复杂难懂的理论及控制系统，由专家和技术人员负责处理。他们将电器元件封装起来，复杂的理论被简化成说明书上通俗易懂的操作步骤。微波、控制电路是一般人无法解决的。然而，当那些电路的通断、产生的现象被抽象以后，就可以仅凭那些按钮去操作，并且可以预见产生的结果，将抽象、复杂的问题转化为可解决的问题。所有可能用到的程序都被提前储存起来，操作者的指令通过按钮转化为信号，从而调用程序进行执行，自动地控制电路的开合、微波的发射，最后将信号转化为热量。

1. 抽象

在计算思维中，抽象思维最为重要的用途是产生各种各样的系统模型，作为解决问题的基础，因此建模是抽象思维更为深入的认识行为。抽象思维是对同类事物去除其现象的次要方面，抽取其共同的主要方面，从个别中把握一般，从现象中把握本质的认知过程和思维方法。在计算机科学中，抽象思维具有科学抽象的一般过程和方法：分离→提纯→区分→命名→约简。“分离”即暂时不考虑事物（研究对象）与其他事物的总体联系。任何一种对象总是处于与其他事物千丝万缕的联系之中，是复杂整体的一部分。但任何具体的科学研究不可能对事物间各种各样的关系都加以考察，必须将研究对象临时“分离”出来。“提纯”就是观察分析隔离出来的现实事物，从“共性中寻找差异，差异中寻找共性”，提取出淹没在各种现象和差异中的“共性”要素。“区分”即对研究对象各方面的要素进行分别，并考虑这种区分的必要性和可行性。“命名”即对每个需要区分的要素赋予恰当的命名，以反映“区分”的结果。命名体现了抽象化是“现实事物的概念化”，以概念的形式命名和区分所理解的要素。“约简”就是撇开非本质要素，以简略的形式（如模型）表达或表征“区分”和“命名”要素及其之间的关系，形成抽象化的最终结果。

2. 自动化

自动化可从自动执行和自动控制两方面来考察。

（1）自动执行。

自动化首先体现为自动执行，即预先设计好的程序或系统可自动运行。这需要一组预定义的指令及预定义的执行顺序，一旦执行，这组指令就可根据安排自动完成某特定任务。这源自冯·诺依曼的预置程序的计算机思想，在电子计算机时代一直被延续。

（2）自动控制。

自动执行体现了程序执行后的必然效果。人机交互并非总是线性的，往往因时而变，程序应能随时响应用户的需要。比较直观的是面向对象程序设计，它提出了事件驱动机制，即“触发-响应”机制：程序通过事件接收用户发出的指令或响应系统环境的变化。例如，对屏幕元素“按钮”来说，“单击鼠标”是“按钮”的一个事件；对屏幕元素“文本框”来说，“敲键”是“文本框”对象的事件，“内容改变”也是一个事件。当然，触发事件不一定是行为，也可能是系统环境的变化（如时钟）。在程序中，每类对象对其可能发生的事件都有对应的事件处理程序，特定事件的发生将触发相应事件处理程序的执行，这个过程称为“事件驱动”。在现实生活中，由于人类意识和行为的复杂性，有“刺激”并不一定有外显的“反应”

产生；在计算机中，“触发-响应”也不一定是纯机械的，自动控制及智能控制的发展使得系统的事件触发机制更加智能化、人性化。自动控制是能按规定程序对机器或装置进行自动操作或控制的过程，其基本思想源自控制论。具体而言，自动控制是在无人直接参与的情况下，利用外加设备装置（即控制装置或控制器），使机器设备（统称为被控对象）的某个工作状态或参数（即被控制量）自动按照预定规律运行。例如，一个装置能自动接收所测得的过程物理变量（如通过传感器获得外界的温度、湿度数据）而进行自动计算，对过程进行自动调节（如增温、除湿）。20 世纪 80 年代以来，随着人工智能技术的发展，自动控制开始走向智能控制。智能控制是指无须人的干预，能够独立驱动智能机器自主实现其目标的过程，即是智能化的自动控制。自动控制不仅仅体现在计算机程序中，在社会事物的处理方面也不鲜见。例如，广泛建立的应急预案就是针对特定事件的产生而“自动执行”的快速反应机制。毋庸置疑，自动化技术的发展有利于将人类从复杂、耗时、烦琐、机械、危险的劳动环境中解放出来，并大大提高工作效率，尤其在诸多智能产品走向日常生活的当下，自动化技术正改变人们的生产、生活和学习方式，也正改变着人们的思维方式。理解自动化的必要性、实现自动执行和自动控制的基本思想方法，能够辨识自动化的限度，理解人类在自动执行和控制系统中的功能和价值，将成为普通大众“祛魅”高科技产品的钥匙，也是人类在高科技面前保持人类自信本质的基石。这种思维能力必将成为新时代公民的重要素养之一。

计算思维的概念正在走出计算机科学乃至自然科学领域，向社会科学领域拓展，成为一种新的具有广泛意义的思想方法，有着重要的社会价值。

知行合一

计算思维能力训练不仅使我们理解计算机的实现机制和约束、建立计算意识、形成计算能力，有利于发明和创新，而且有利于提高信息素养，也就是处理计算机问题时应有的思维方法、表达形式和行为习惯，从而更有效地利用计算机。

1.3 计算模型与计算机

计算模型是刻画计算这一概念的一种抽象的形式系统或数学系统。在计算科学中，计算模型是具有状态转换特征，用于对所处理对象的数据或信息进行表示、加工、变换和输出的数学模型。

1.3.1 图灵机

1936 年，年仅 24 岁的英国数学家、物理学家艾伦·图灵（1912—1954，如图 1.5 所示）发表了著名的《论应用于决定问题的可计算数字》一文，提出了理想计算机的数学模型——图灵机（Turing Machine）。

图 1.5　艾伦·图灵

图灵机是图灵构造出的一台抽象的机器，该机器由以下几部分组成：

（1）一条无限长的纸带。纸带被划分为一个接一个的方格，每个方格上包含一个来自有限字母表的符号，字母表中有一个特殊的符号表示空白。纸带上的方格从左到右依此被编号为 0，1，2，…，纸带的右端可以无限伸展。

（2）一个读写头。该读写头可以在纸带上左右移动，它能读出当前所指的方格上的符号，并能改变当前方格上的符号。

（3）一套控制规则。它根据当前机器所处的状态以及当前读写头所指的方格上的符号来确定读写头下一步的动作，并改变状态寄存器的值，令机器进入一个新的状态。

（4）一个状态寄存器。它用来保存图灵机当前所处的状态。图灵机的所有可能状态的数目是有限的，并且有一个特殊的状态。

注意，这个机器的每一部分都是有限的，但它有一个潜在的无限长的纸带，因此这种机器只是一个理想的设备。图灵认为这样的一台机器就能模拟人类所能进行的任何计算过程。

简单地说，设想有一条无限长的纸条，纸条上有一个个方格，每个方格可以存储一个符号，纸条可以向左或向右运动。图灵机可以做三个基本操作：读取指针头指向的符号；修改方格中的字符；将纸带向左或向右移动，以便修改其临近方格的值。

下面我们通过在空白的纸带条上打印 1、1、0 这三个数字的例子来描述图灵机的计算过程，如图 1.6 所示。

（1）往指针头指向的方格中写入数字 1。

（2）让纸带向左移动一个方格。

(3) 往指针头指向的方格写入数字 1。

(4) 然后,继续让纸带向左移动一个方格。

(5) 往指针头指向的方格写入数字 0,这样我们就完成了一个简单的图灵机操作。

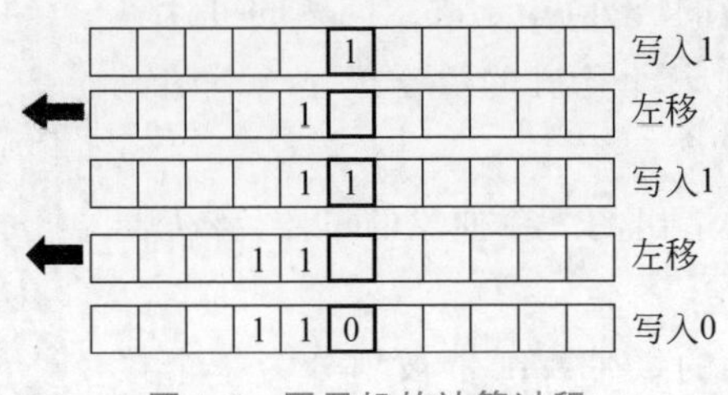

图 1.6 图灵机的计算过程

图灵把人在计算时所做的工作分解成简单的动作,把人的工作机械化,并用形式化方法成功地表述了计算这一过程的本质:所谓计算就是计算者(人或机器)对一条两端可无限延长的纸带上的一串 0 和 1 执行指令,一步一步地改变纸带上的 0 或 1,经过有限步骤,最后得到一个满足预先规定的符号串的变换过程。图灵机理论通过假设模型证明了任意复杂的计算都能通过一个个简单的操作完成,图灵机的出现为计算机的诞生奠定了理论基础。

图灵机模型是指给出固定的程式,模型能够按照程式和输入完全确定性地运行。

图灵机反映的是一种具有可行性的、用数学方法精确定义的计算模型,而现代计算机正是这种模型的具体实现。

【例 1-3】 人机博弈传奇。

1997 年 5 月 11 日,国际象棋世界冠军卡斯帕罗夫败给了 IBM 公司的一台机器"深蓝",全世界永远都不会忘记那震惊世界的 9 天的"搏杀"。

棋盘一侧是卡斯帕罗夫,棋盘的另一侧是许峰雄博士。许峰雄通过一台带有液晶显示屏的黑色计算机操纵"深蓝"迎战人类世界冠军。许峰雄和另外四位计算机科学家给计算机输入了近 200 万局国际象棋程序,提高了它的运算速度,使它每秒能分析 2 亿步棋。由国际象棋特级大师本杰明为它当"陪练",找出某些棋局的弱点,然后再修改程序。

5 月 3 日到 5 月 11 日,"深蓝"最终以 3.5∶2.5 的总比分将卡斯帕罗夫逼下了世界冠军的王座。"深蓝"战胜卡斯帕罗夫后,"深蓝"队获得奖金 70 万美元,卡斯帕罗夫获 40 万美元。

“深蓝”战胜世界冠军卡斯帕罗夫后，在社会上引起了轩然大波。一些人认为，机器的智力已超越人类，甚至还有人认为计算机最终将控制人类。其实人的智力与机器的智力根本就是两回事，因为，人们现在对人的精神和脑的结构的认识还相当缺乏，更不用说对它用严密的数学语言来进行描述了，而计算机是一种用严密的数学语言来描述的计算机器。

1.3.2 冯·诺依曼机

在图灵机的影响下，1946 年美籍匈牙利科学家冯·诺依曼(von Neumann，如图 1.7 所示)提出了一个“存储程序”的计算机方案。这个方案包含了以下三个要点。

(1) 采用二进制的形式表示数据和指令。

(2) 将指令和数据存放在存储器中。

(3) 由控制器、运算器、存储器、输入设备和输出设备五大部分组成计算机。

图 1.7　冯·诺依曼

冯·诺依曼机模型的工作原理的核心是“程序存储”和“程序控制”，即先将程序(一组指令)和数据存入计算机，启动程序就能按照程序指定的逻辑顺序读取指令并逐条执行，自动完成指令规定的操作。

由于存储器与中央处理单元之间的通路太狭窄，每次执行一条指令，所需的指令和数据都必须经过这条通路，因此单纯地扩大存储器容量和提高 CPU 速度，并不能更加有效地提高计算机性能，这是冯·诺依曼机结构的局限性。

知行合一

图灵是人工智能研究的先驱者之一，实际上，图灵机，尤其是通用图灵机作为一种非数值符号计算的模型，就蕴含了构造某种具有一定的智能行为的人工系统以实现脑力劳动部分自动化的思想，这正是人工智能的研究目标。图灵的机器智能思想无疑是人工智能的直接起源之一。

1.3.3 计算机的发展

1. 计算机的发展史

从第一台电子计算机的诞生到现在,计算机的发展随着所采用的电子器件的变化,已经历了四代。

第一代(1946年—1958年)——电子管计算机时代

这一代计算机的主要特征是:以电子管为基本电子器件;使用机器语言和汇编语言;应用领域主要局限于科学计算;运算速度每秒只有几千次至几万次。由于体积大、功率大、价格昂贵且可靠性差,因此,很快被下一代计算机所替代。然而,第一代计算机奠定了计算机发展的科学基础。

第二代(1959年—1964年)——晶体管计算机时代

这一代计算机的主要特征是:晶体管取代了电子管;软件技术上出现了算法语言和编译系统;应用领域从科学计算扩展到数据处理;运算速度已达到每秒几万次至几十万次,此外,体积缩小,功耗降低,可靠性有所提高。

第三代(1965年—1970年)——中小规模集成电路时代

这一代计算机的主要特征是:普遍采用了集成电路,使体积、功耗均显著减少,可靠性大大提高;运算速度达到每秒几十万次至几百万次;在此期间,出现了向大型和小型化两级发展的趋势,计算机品种多样化和系列化;同时,操作系统的出现,使得软件技术与计算机外围设备发展迅速,应用领域不断扩大。

第四代(1971年至今)——大规模和超大规模集成电路时代

这一代计算机的主要特征是:中、大及超大规模集成电路(VLSI)成为计算机的主要器件;运算速度已达每秒几十万亿次以上。大规模和超大规模集成电路技术的发展,进一步缩小了计算机的体积和功耗,增强了计算机的性能;多机并行处理与网络化是第四代计算机的又一重要特征,大规模并行处理系统、分布式系统、计算机网络的研究和实施进展迅速;系统软件的发展不仅实现了计算机运行的自动化,而且正在向工程化和智能化迈进。

另外,第五代计算机也可以称为智能化计算机,其目标是使计算机像人类那样具有听、说、写、逻辑推理、判断和自我学习能力。

现在也可以按年代将其重新分类:

(1) 大型主机阶段(20世纪40—50年代):经历了电子管数字计算机、晶体管数字计算机、集成电路数字计算机和大规模集成电路数字计算机的发展历程,计算机技术逐渐走向成熟。

(2) 小型计算机阶段(20世纪60—70年代):是对大型主机进行的第一次

“缩小化”,可以满足中小企业事业单位的信息处理要求,成本较低,价格可接受。

(3) 微型计算机阶段(20 世纪 70—80 年代):是对大型主机进行的第二次“缩小化”,1976 年美国苹果公司成立,1977 年就推出了 Apple Ⅱ计算机,大获成功。1981 年 IBM 推出 IBM-PC,此后它经历了若干代的演进,占领了个人计算机市场,使得个人计算机得到了很大的普及。

(4) 客户端/服务器阶段,即 C/S(Client/Server)阶段:随着 1964 年 IBM 与美国航空公司建立了第一个全球联机订票系统,把美国当时 2000 多个订票的终端用电话线连接在了一起,标志着计算机进入了 C/S 阶段,这种模式至今仍在大量使用。在 C/S 网络中,服务器是网络的核心,而客户端是网络的基础,客户机依靠服务器获得所需要的网络资源,而服务器为客户端提供网络必需的资源。C/S 结构的优点是能充分发挥客户端 PC 的处理能力,很多工作可以在客户端处理后再提交给服务器,大大减轻了服务器的压力。

(5) Internet 阶段(也称互联网、因特网、网际网阶段):广域网、局域网及单机按照一定的通信协议组成了国际计算机网络。

(6) 云计算时代:从 2008 年起,云计算(Cloud Computing)概念逐渐流行起来。云计算被视为“革命性的计算模型”,因为它使得超级计算能力通过互联网自由流通成为可能。

2. 我国计算机的发展情况

我国电子计算机的研究是从 1953 年开始的,1958 年中国科学院计算技术研究所研制出第一台计算机,即 103 型通用数字电子计算机,它属于第一代电子管计算机;20 世纪 60 年代初,我国开始研制和生产第二代计算机。

1983 年 12 月,中国国防科技大学的慈云桂教授,历经 5 年奋战,主持研制成功我国首台亿次级巨型计算机系统“银河Ⅰ”,慈教授因此被誉为“中国巨型机之父”。他率领的科研队伍先后研制出一系列型号各异的大、中、小型计算机,在我国计算机从电子管、晶体管、集成电路到大规模集成电路的研制开发历程中,做出了重要贡献。

“银河Ⅰ”巨型机是我国高速计算机研制的一个重要里程碑;1992 年“银河Ⅱ”巨型机峰值速度达每秒 4 亿次浮点运算;1997 年“银河Ⅲ”巨型机每秒能进行 130 亿次运算。1995 年 5 月“曙光 1000”研制完成,这是我国独立研制的第一套大规模并行计算机系统。在 2013 年 6 月公布的全球超级计算机 TOP500 排行榜中,中国的“天河二号”成为全球最快超级计算机。

2020 年全球超级计算机 TOP500 榜单中,中国部署的超级计算机数量继续位列全球第一,TOP500 超级计算机中中国客户部署了 226 台,占总体份额超过 45%;我国的神威“太湖之光”超级计算机曾连续获得全球超级计算机排行榜

TOP500 四届冠军,该系统全部使用中国自主知识产权的处理器芯片。

1.3.4 计算机的特点

1. 运算速度快

计算机运算速度从诞生时的几千次/秒发展到几十千万亿次/秒以上,使得过去烦琐的计算工作,现在可以在极短的时间内完成。

2. 计算精度高

计算机采用二进制进行运算,只要配置相关的硬件电路就可增加二进制数字的长度,从而提高计算精度。目前微型计算机的计算精度可以达到 64 位。

3. 具有“记忆”和逻辑判断功能

“记忆”功能是指计算机能存储大量信息,供用户随时检索和查询,既能记忆各类数据信息,又能记忆处理加工这些数据信息的程序。逻辑判断功能是指计算机除了能进行算术运算外,还能进行逻辑运算。

4. 能自动运行且支持人机交互

所谓自动运行,就是人们把需要计算机处理的问题编写成程序,存入计算机中;当发出运行指令后,计算机便在该程序控制下依次逐条执行,不再需要人工干预。人机交互则是在人们想要干预计算机时,采用问答的形式,有针对性地解决问题。

1.3.5 计算机的分类

随着计算机的发展,其分类方法也在不断变化,现在常用的分类方法有以下几种。

1. 按计算机处理的信号分类

(1) 数字式计算机。数字式计算机处理的是脉冲变化的离散量,即以 0、1 组成的二进制数字。它的计算精度高,抗干扰能力强。日常使用的计算机就是数字式计算机。

(2) 模拟式计算机。模拟式计算机处理的是连续变化的模拟量,例如电压、电流、温度等物理量的变化曲线。模拟式计算机解题速度快、精度低、通用性差,用于过程控制,已基本被数字式计算机所取代。

(3) 数模混合计算机。数模混合计算机是数字式计算机和模拟式计算机的结合。

2. 按计算机的硬件组合及用途分类

(1) 通用计算机。这类计算机硬件系统是标准的,并具有扩展性,安装上不同的软件就可完成不同的工作。它的通用性强,应用范围广。

(2) 专用计算机。这类计算机是为特定的应用量身打造的计算机,其内部的程序一般不能被改动,常常被称为"嵌入式系统"。例如,控制智能家电的计算机,工业用计算机和机器人,汽车内部的数十个用于控制的计算机,所有船舰、飞机、航天上的控制计算机,安检侦测设备,智能卡,网络路由器,数码相机等。

3. 按计算机的规模分类

计算机按其运算速度快慢、存储数据量的大小、功能的强弱,以及软硬件的配套规模等不同又分为巨型机、大中型机、小型机、微型计算机、工作站与服务器等。

(1) 巨型机(Giant Computer)。巨型机又称超级计算机(Super Computer),通常是指最大、最快、最贵的计算机。其主存容量很大,处理能力很强。一般用在国防和尖端科技领域,这类计算机的生产能力可以反映一个国家的计算机科学水平。我国是世界上能生产巨型计算机的少数国家之一,主要用于解决如气象、太空、能源、医药等尖端科学研究和战略武器研制中的复杂计算。

(2) 大中型计算机(Large-scale Computer and Medium-scale Computer)。这种计算机也有很高的运算速度和很大的存储量,并允许相当多的用户同时使用。当然在量级上不及巨型计算机,结构上也较巨型机简单些,价格相对巨型机更便宜,因此使用的范围较巨型机普遍,是事务处理、商业处理、信息管理、大型数据库和数据通信的主要支柱。

(3) 小型机(Minicomputer)。其规模和运算速度比大中型机要差,但仍能支持十几个用户同时使用。小型机具有体积小、价格低、性能价格比高等优点,适合中小企业、事业单位用于工业控制、数据采集、分析计算、企业管理以及科学计算等,也可做巨型机或大中型机的辅助机。

(4) 微型计算机(Microcomputer)。微型计算机简称微机,是当今使用最普及、产量最大的一类计算机,体积小、功耗低、成本少、灵活性大,性能价格比明显地优于其他类型计算机,因而得到了广泛应用。微型计算机可以按结构和性能划分为单片机、单板机、个人计算机等几种类型。

- 单片机(Single Chip Computer)。单片机又称单片微控制器,它是把一个计算机系统(包括微处理器、一定容量的存储器以及输入输出接口电路等)集成到一个芯片上,即一块芯片就成了一台计算机。越来越多的电器设备中都嵌入了单片机,能够自动、精确地控制设备的运转,如洗衣机、微波炉、电视机、汽车、DVD机等。可见单片机仅是一片特殊的、具有计算机功能的集成电路芯片。单片机体积小、功耗低、使用方便,但存储容量较小。

- 单板机(Single Board Computer)。把微处理器、存储器、输入输出接口电路安装在一块印制电路板上,就成为单板机。一般在这块板上还有简易键盘、液晶和数码管显示器以及外存储器接口等。单板机价格低廉且易于扩展,广泛用于工业控制、微型计算机教学和实验,或作为计算机控制网络的前端执行机。
- 个人计算机(Personal Computer,PC)。供单个用户使用的微型计算机一般称为个人计算机或PC,是目前用得最多的一种微型计算机。PC配置有一个紧凑的机箱、显示器、键盘、打印机以及各种接口,可分为台式微机和便携式微机。台式微机可以将全部设备放置在书桌上,因此又称为桌面型计算机。便携式微机包括笔记本计算机、袖珍计算机以及个人数字助理(Personal Digital Assistant,PDA)等。

(5) 工作站(Workstation)。工作站是介于PC和小型机之间的高档微型计算机,通常配备有大屏幕显示器和大容量存储器,具有较高的运算速度和较强的网络通信能力,有大型机或小型机的多任务和多用户功能,同时兼有微型计算机操作便利和人机界面友好的特点。工作站的独到之处是具有很强的图形交互能力,因此在工程设计领域得到广泛使用。

(6) 服务器(Server)。随着计算机网络的普及和发展,一种可供网络用户共享的高性能计算机应运而生,这就是服务器。服务器是指一个管理资源并为用户提供服务的计算机,通常分为文件服务器、数据库服务器和应用程序服务器。运行以上软件的计算机或计算机系统也被称为服务器。

1.4 新的计算模式

随着计算机的迅猛发展,出现了一些新的计算模式。

1. 普适计算

普适计算(Pervasive Computing),又称普存计算、普及计算、遍布式计算,是一个强调和环境融为一体的计算概念,而计算机本身则从人们的视线里消失。在普适计算模式下,人们能够在任何时间、任何地点、以任何方式进行信息的获取与处理。普适计算的促进者希望嵌入环境或日常工具中的计算,能够使人更自然地与计算机交互。普适计算的显著目标之一是使得计算机设备可以感知周围的环境变化，从而根据环境的变化做出自动的、基于用户需要或设定的行为。比如手机感知，如果用户正在开会，自动切换为静音模式，并且自动答复来电者“主人正在开会”。这意味着普适计算不用为了使用计算机而去寻找一台计算机。无论走到哪里，无论什么时间，都可以根据需要获得计算能力。随着汽车、照相机、手表以及电视屏幕几乎都拥有计算能力，计算机将彻底退居到“幕后”，以至于用户感觉不到它们的存在。

总之，普适计算的核心思想是小型、便宜、网络化的处理设备广泛分布在日常生活的各个场所，计算设备将不只依赖命令行、图形界面进行人机交互，而更依赖“自然”的交互方式，计算设备的尺寸将缩小到毫米甚至纳米级。

普适计算是一个涉及研究范围很广的课题，包括分布式计算、移动计算、人机交互、人工智能、嵌入式系统、感知网络以及信息融合等多方面技术的融合。

2. 高性能计算

高性能计算(High Performance Computing，HPC)是计算机科学的一个分支，主要是指从体系结构、并行算法和软件开发等方面研究开发高性能计算机的技术。它是一个计算机集群系统，通过各种互联技术将多个计算机系统连接在一起，利用所有被连接系统的综合计算能力来处理大型计算问题，所以通常又被称为高性能计算集群。

高性能计算机的发展趋势主要表现在网络化、体系结构主流化、开放和标准化、应用的多样化等方面。网络化趋势将是高性能计算机最重要的趋势，高性能计算机主要用于网络计算环境中的主机。

3. 智能计算

智能计算(Intelligent Computing)是一种经验化的计算机思考性程序，是人工智能化体系的一个分支，它是辅助人类来处理各类问题的具有独立思考能力的系统。智能计算也称为计算智能，包括遗传算法、模拟退火算法、禁忌搜索算法、进化算法、启发式算法、蚁群算法、人工鱼群算法、粒子群算法、混合智能算法、免疫算法、人工智能、神经网络、机器学习、生物计算、DNA 计算、量子计算、智能计算与优化、模糊逻辑、模式识别、知识发现、数据挖掘等。

4. 云计算

云计算(Cloud Computing)是一种基于互联网的计算方式，通过这种方式，共享的软硬件资源和信息可以按需提供给计算机和其他设备。提供资源的网络被称为“云”。“云”中的资源在使用者看来是可以无限扩展的，并且可以随时获取，按需使用，随时扩展，按使用付费。这种特性经常被称为像水和电一样使用 IT 基础设施。

云计算是分布式计算(Distributed Computing)、并行计算(Parallel

Computing)、效用计算(Utility Computing)、网络存储(Network Storage Technologies)、虚拟化(Virtualization)、负载均衡(Load Balance)等传统计算机和网络技术发展融合的产物。

云计算特点主要有以下几点:

(1) 超大规模。"云"具有相当的规模,Google 云计算已经拥有 100 多万台服务器, Amazon、IBM、微软、Yahoo 等的"云"均拥有几十万台服务器。企业私有云一般拥有数百上千台服务器。"云"能赋予用户前所未有的计算能力。

(2) 虚拟化。云计算支持用户在任意位置使用各种终端获取应用服务。所请求的资源来自"云",而不是固定的有形的实体。应用在"云"中某处运行,用户无须了解、也不用担心应用运行的具体位置。只需要一台笔记本或者一个手机,就可以通过网络服务来实现我们需要的一切,甚至包括超级计算这样的任务。

(3) 高可靠性。"云"使用了数据多副本容错、计算结点同构可互换等措施来保障服务的高可靠性,使用云计算比使用本地计算机可靠。

(4) 通用性。云计算不针对特定的应用,在"云"的支撑下可以构造出千变万化的应用,同一个"云"可以同时支撑不同的应用运行。

(5) 高可扩展性。"云"的规模可以动态伸缩,满足应用和用户规模增长的需要。

(6) 按需服务。"云"是一个庞大的资源池,可以按需购买;云可以像自来水、电、煤气那样计费。

(7) 极其廉价。由于可以采用极其廉价的结点来构成"云","云"的自动化集中式管理,使大量企业无须负担日益高昂的数据中心管理成本,"云"的通用性使资源的利用率较之传统系统大幅提升,因此用户可以充分享受"云"的低成本优势,经常只要花费几百美元、几天时间就能完成以前需要数万美元、数月时间才能完成的任务。

(8) 潜在的危险性。云计算服务除了提供计算服务外,还必然提供了存储服务。但云计算服务当前垄断在私人机构(企业)手中,而它们仅仅能够提供商业信用。对于政府机构、商业机构(特别像银行这样持有敏感数据的商业机构)选择云计算服务应保持足够的警惕。一旦商业用户大规模使用私人机构提供的云计算服务,无论其技术优势有多强,都不可避免地让这些私人机构以"数据(信息)"的重要性挟制整个社会。对于信息社会而言,"信息"是至关重要的。另一方面,云计算中的数据对于数据所有者以外的其他云计算用户是保密的,但是对于提供云计算的商业机构而言却是毫无秘密可言。所有这些潜在的危险,是商业机构和政府机构选择云计算服务,特别是选择国外机构提供的云计算服务时,不得不考虑的一个重要前提。

5. 量子计算

量子计算是一种遵循量子力学规律，调控量子信息单元进行计算的新型计算模式，在“平行”运算处理方面具有较强的优越性。量子力学态叠加原理使得量子信息单元的状态可以处于多种可能性的叠加状态，从而导致量子信息处理从效率上相比于经典信息处理具有更大潜力。普通计算机中的2位寄存器在某一时间仅能存储4个二进制数(00、01、10、11)中的一个，而量子计算机中的2个量子比特(qubit)寄存器可同时存储这4种状态的叠加状态。随着量子比特数目的增加，对于n个量子比特而言，量子信息可以处于2种可能状态的叠加，配合量子力学演化的并行性，可以展现比传统计算机更快的处理速度。

2019年8月，中国科学技术大学潘建伟小组与其合作者，首次实现了确定性偏振、高纯度、高全同性和高效率的单光子源，为光学量子计算，特别是超越经典计算能力的量子霸权的实现奠定了坚实的科学基础。这项成果标志着我国在可扩展光学量子信息技术方面在国际上进一步扩大了领跑的优势。

6. 绿色计算

绿色计算指利用各种软件和硬件先进技术，将目前大量计算机系统的工作负载降低，提高其运算效率，减少计算机系统数量，进一步降低系统配套电源能耗，同时，改善计算机系统的设计，提高其资源利用率和回收率，降低二氧化碳等温室气体排放，从而达到节能、环保和节约的目的。

知行合一

如果我们可以做到，那我们就可以成功建造出自然界都无法创造的超智能系统，我不知道成功的可能性有多大，也许我们需要仰望星空来获取灵感，并不断地提高自己！

基础知识练习

(1) 什么是计算？什么是计算机科学？

(2) 简述计算思维的概念。

(3) 四色问题又称四色猜想，是世界近代三大数学难题之一。四色问题的解决，利用了计算机的哪些优势？

(4) 简述图灵机模型。

(5) 冯·诺依曼提出的“程序存储”的计算机方案的要点是什么？

(6) 计算机的发展经历了哪几代？

能力拓展与训练

(1) 找出一些具体的案例，分析计算机的发展所带来的思维方式、思维习惯和思维能力的改变。

(2) 尝试写一份关于“我国高性能计算机研究现状”的报告。该报告内容应包括高性能计算机的应用，我国高性能计算机的研究成果及发展前景等。

(3) 查阅资料，进一步了解并行计算与并行计算机。

(4) 你对未来计算机有何设想？你设想的依据是什么？

(5) 推荐观看以下视频课。

- 哈佛大学公开课“计算机科学导论”：
  http://v.163.com/special/lectureroncomputerscience/
- 麻省理工学院公开课“计算机科学及编程导论”：
  http://v.163.com/special/opencourse/bianchengdaolun.html
- 斯坦福大学公开课“人与计算机的互动”：
  http://v.163.com/special/opencourse/humancomputer.html

(6) 拓展阅读：

[1] 崔林，吴鹤龄. IEEE 计算机先驱奖：计算机科学与技术中的发明史(1980—2006)[M]. 北京：高等教育出版社，2018.

[2] 沙行勉. 计算机科学导论——以 Python 为舟[M]. 2 版. 北京：清华大学出版社，2016.

第2章 0和1的思维——信息在计算机内的表示

上联：111111111

下联：000000000

横批：Hello，World

上面是一副能够凸显IT行业特色的有趣对联，寓意有二：一是告诉我们计算机的基因就是0和1，即计算机内部只能使用二进制数；二是告诉我们世界上的第一个程序就是Hello World，是指在计算机屏幕上输出"Hello World"这行字符串的计算机程序，由Brian Kernighan创作。

本章将阐述在计算机中，所有信息都是以二进制形式存储和表示的，所有数据都是由0和1组成的。计算机世界的加减乘除是由逻辑构成的，而逻辑是由基本的0和1开关构成的，即一切的计算是由神奇的0和1构成的。因此，0和1的思维实质上就是符号化思维和逻辑思维。

2.1 信息与信息技术

2.1.1 信息的概念

作为一个科学概念，信息最早出现于通信领域。关于信息的概念，不同学科及其学者在自己学科领域内有不同的理解，主要有以下几种。

(1) 信息是不确定性内容的减少或消除。1948年，信息论的创始人香农(Shannon)认为，信息是可以减少或消除不确定性的内容。当人们利用各种方法手段，对客观事物的认识从不清楚变得较清楚或完全清楚时，不确定性的内容就减少或消除了，这时就获得了关于这些事物的信息。

(2) 信息是控制系统进行调节活动时，与外界相互作用、相互交换的内容。

1950 年,控制论的创始人维纳(N. Wiener)提出:“信息就是我们对外界进行调节并使我们的调节为外界所了解时而与外界交换来的东西。”例如,人与人相互交换信息,人与计算机相互交换信息等。

(3) 信息是事物运动的状态和状态变化的形式。信息是关于事物状态以及客观事实的可以通信的知识。信息来源于物质和物质的运动,反映了事物的状态特征及其变化,体现了人们对事物的认识和理解程度。我国信息专家钟义信教授曾提出:“事物的信息是该事物运动的状态和状态变化的方式,包括这些状态和方式的外在形式、内在含义和实际效用。”

(4) 信息是经过加工的、能够对接受者的行为和决策产生影响的数据。信息是一种经过处理加工后的数据,因而具有知识的含义,而且是可以保存和传递的。

总之,信息是人们对客观存在的一切事物的反映,是通过载体所发出的消息、情报、指令、数据、信号中所包含的一切可传递和交换的知识内容。

2.1.2 信息技术

信息技术的概念,因使用的目的、范围、层次不同而有不同的表述。

广义而言,信息技术是指能充分利用与扩展人类信息器官功能的各种方法、工具与技能的总和。该定义强调的是从哲学上阐述信息技术与人的本质关系。

中义而言,信息技术是指对信息进行采集、传输、存储、加工、表达的各种技术之和。该定义强调的是人们对信息技术功能与过程的一般理解。

狭义而言,信息技术是指利用计算机、网络、广播电视等各种硬件设备、软件工具与科学方法,对文图声像各种信息进行获取、加工、存储、传输与使用的技术之和。该定义强调的是信息技术的现代化与高科技含量。

因而可以认为,信息技术的内涵包括两个方面:一方面是手段,即各种信息媒体,例如印刷媒体、电子媒体、计算机网络等,是一种物化形态的技术;另一方面是方法,即运用信息媒体对各种信息进行采集、加工、存储、交流、应用的方法,是一种智能形态的技术。信息技术就是由信息媒体和信息媒体应用的方法两个要素所组成的。

2.2 数值的表示

计算机内部为什么要用二进制表示信息呢?其原因有以下 4 点。

(1) 电路简单。计算机是由逻辑电路组成,逻辑电路通常只有两个状态。

例如，电流的“通”和“断”，电压电平的“高”和“低”等。这两种状态正好表示成二进制的两个数码 0 和 1。

（2）工作可靠。两个状态代表的两个数码在数字传输和处理中不容易出错，因此电路更加可靠。

（3）简化运算。二进制运算法则简单。

（4）逻辑性强。计算机的工作是建立在逻辑运算基础上的，二进制只有两个数码，正好代表逻辑代数中的“真”和“假”。

因此，数字式电子计算机内部处理数字、字符、声音、图像等信息时，是以 0 和 1 组成的二进制数的某种编码形式与之对应。

1. 数制的有关概念

数制是人们利用符号来记数的科学方法。数制可以有很多种，但在计算机的设计和使用中，通常引入二进制、八进制、十进制、十六进制。

进位计数制的有关概念如下。

（1）用不同的数字符号表示一种数制的数值，这些数字符号称为数码。

（2）数制中所使用的数码的个数称为基数，如十进制数的基数是 10。

（3）数制每一位所具有的值称为权，如十进制各位的位权是以 10 为底的幂。例如，680 326 这个数，从右到左各位的位权为个、十、百、千、万、十万，即以 10 为底的 0 次幂、1 次幂、2 次幂等。所以为了简便也可以顺次称其各位为 0 权位、1 权位、2 权位等。

（4）用“逢基数进位”的原则进行计数，称为进位计数制。如十进制数的基数是 10，所以其计数原则是“逢十进一”。

（5）位权与基数的关系：位权的值等于基数的若干次幂。

例如，十进制数 4567.123，可以展开成下面的多项式：

$$4567.123=4\times10^{3}+5\times10^{2}+6\times10^{1}+7\times10^{0}+1\times10^{-1}+2\times10^{-2}+3\times10^{-3}$$

式中，10^{3}、10^{2}、10^{1}、10^{0}、10^{-1}、10^{-2}、10^{-3}为该位的位权，每一位上的数码与该位权的乘积，就是该位的数值。

（6）任何一种数制表示的数都可以写成按位权展开的多项式之和，其一般形式为：

$$N=d_{n-1}b^{n-1}+d_{n-2}b^{n-2}+d_{n-3}b^{n-3}+\cdots+d_{1}b^{1}+d_{0}b^{0}+d_{-1}b^{-1}+\cdots+d_{-m}b^{-m}$$

式中：

- n——整数部分的总位数。
- m——小数部分的总位数。
- $d_{下标}$——该位的数码。
- b——基数。如二进制数 b=2；十进制数 b=10；十六进制数 b=16 等。

- $b^{上标}$——位权。

2. 常用计数制的表示方法

（1）常用计数制。常用计数制见表 2.1。

表 2.1　常用计数制的比较

进制	数　码	基数	位权	计数规则
二进制	0、1	2	2^i	逢二进一
八进制	0、1、2、3、4、5、6、7	8	8^i	逢八进一
十进制	0、1、2、3、4、5、6、7、8、9	10	10^i	逢十进一
十六进制	0、1、2、3、4、5、6、7、8、9、A、B、C、D、E、F	16	16^i	逢十六进一

（2）常用计数制的对应关系。常用计数制的对应关系见表 2.2。

表 2.2　常用计数制的对应关系

十进制数	二进制数	八进制数	十六进制数
0	0000	0	0
1	0001	1	1
2	0010	2	2
3	0011	3	3
4	0100	4	4
5	0101	5	5
6	0110	6	6
7	0111	7	7
8	1000	10	8
9	1001	11	9
10	1010	12	A
11	1011	13	B
12	1100	14	C
13	1101	15	D
14	1110	16	E
15	1111	17	F

(3) 常用计数制的书写规则。在应用不同进制的数时，常采用以下两种方法进行标识。

① 采用字母后缀。

- B(Binary)——表示二进制数。二进制数的101可写成101B。
- O(Octonary)——表示八进制数。八进制数的101可写成101O。
- D(Decimal)——表示十进制数。十进制数101可写成101D；一般情况下，十进制数后的D可以省略，即无后缀的数字默认为十进制数。
- H(Hexadecimal)——表示十六进制数。十六进制数101可写成101H。

② 采用括号外面加下标。举例如下：

$(1011)_2$——表示二进制数1011。

$(1617)_8$——表示八进制数1617。

$(9981)_{10}$——表示十进制数9981。

$(A9E6)_{16}$——表示十六进制数A9E6。

3. 不同进制数之间的转换

(1) r进制数与十进制数之间的转换。

① 将r进制数转换为十进制数。

r进制数转换为十进制数使用“位权展开式求和”的方法。

【例2-1】 将二进制数1101.011B转换为十进制数。

解：

$$1101.011B=1\times2^3+1\times2^2+0\times2^1+1\times2^0+0\times2^{-1}+1\times2^{-2}+1\times2^{-3}=13.375D$$

② 将十进制数转换为r进制数。

十进制整数转换为r进制整数的方法如下：整数部分使用“除基数倒取除法”，即除以r取余，直到商为0，然后余数从右向左排列(即先得到的余数为低位，后得的余数为高位)；小数部分使用“乘基数取整法”，即乘以r取整，然后所得的整数从左向右排列(即先得到的整数为高位，后得到的整数为低位)，并取得有效精度。

【例2-2】 将十进制数13.25D转换为二进制数。

解：

先将整数部分13转换：

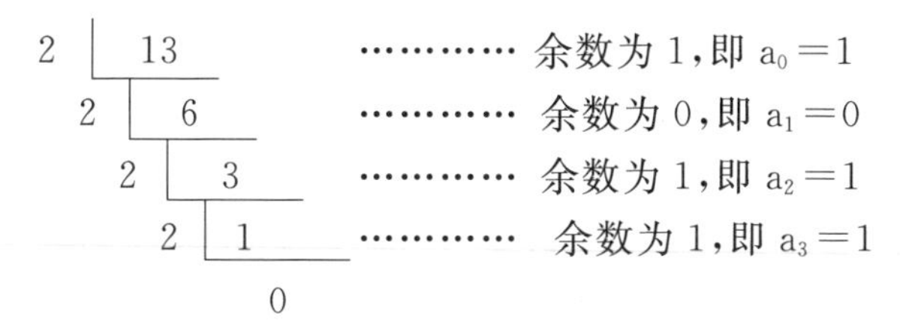

再将小数部分 0.25 转换：

$$
\begin{array}{r}
0.25 \\
\times\quad 2 \\
\hline
0.50
\end{array}
\qquad \cdots\cdots\cdots\cdots \text{整数为 0，即 } a_{-1}=0
$$

$$
\begin{array}{r}
0.50 \\
\times\quad 2 \\
\hline
1.00
\end{array}
\qquad \cdots\cdots\cdots\cdots \text{整数为 1，即 } a_{-2}=1
$$

所以最后转换结果：13.25D＝1101.01B。

(2) 二进制数、八进制数、十六进制数之间的转换。

因为 $8=2^3$，$16=2^4$，可以想象为，八进制数相当于三位二进制数，十六进制数相当于四位二进制数，因此，转换方法分别为"三位合一或一分为三"和"四位合一或一分为四"。

① 二进制数转换为八进制数或十六进制数。

方法为：以小数点为界向左和向右划分，小数点左边(整数部分)每三位或每四位一组构成一位八进制数或十六进制数，位数不足三位或四位时最左边补0；小数点右边(小数部分)每三位或每四位一组构成一位八进制数或十六进制数，位数不足三位或四位时最右边补 0。

【例 2-3】 将二进制数 10111011.0110001011D 转换为八进制数。

解：

```
010   111   011.011   000   101   100
 ↓     ↓     ↓   ↓     ↓     ↓     ↓
 2     7     3 . 3     0     5     4
```

10111011.0110001011B＝273.3054O

② 八进制数或十六进制数转换为二进制数。

方法为：只需把一位八进制数用三个二进制数表示，把一位十六进制数用四个二进制数表示。

【例 2-4】 将八进制数 135.361O 转换为二进制数。

解：

```
 1     3     5 . 3     6     1
 ↓     ↓     ↓   ↓     ↓     ↓
001   011   101.011   110   001
```

135.361O＝001011101.011110001B＝1011101.011110001B

4. 进制数在计算机中的表示

数以正负号数码化的方式存储在计算机中，称为机器数。机器数通常以二进制数码0、1形式保存在有记忆功能的电子器件——触发器中。每个触发器记忆一位二进制代码，所以n位二进制数将占用n个触发器，将这些触发器排列组合在一起，就成为寄存器。一台计算机的“字长”取决于寄存器的位数。目前常用的寄存器有8位、16位、32位、64位等。

要全面完整地表示一个机器数，应考虑三个因素：机器数的范围、机器数的符号和机器数中小数点的位置。

(1) 机器数的范围。机器数的范围由硬件决定。当使用16位寄存器时，其字长为16位，所以一个无符号整数的最大值是：1111111111111111B=$(2^{16}-1)$D=65535D。

(2) 机器数的符号。二进制数与人们通常使用的十进制数一样也有正负之分，为了在计算机中正确表示有符号数，通常规定寄存器中最高位为符号位，并用0表示正，用1表示负，这时在一个8位字长的计算机中，正数和负数的格式如图2.1和图2.2所示。

图2.1　正数　　图2.2　负数

最高位D_7为符号位，D_6～D_0为数值位。这种把符号数字化，并与数值位一起编码的方法，很好地解决了带符号数的表示方法及其计算问题。常用的有原码、反码、补码三种编码方法。

① 原码编码。

原码编码规则：符号位用0表示正，用1表示负，数值部分不变。

【例2-5】　写出N1=+1010110、N2=-1010110的原码。

解：

$[N1]_{原}=01010110$　　$[N2]_{原}=11010110$

② 反码编码。

反码编码规则：正数的反码与原码相同；负数的反码是将符号位用1表示，数值部分按位取反。

【例2-6】　写出N1=+1010110、N2=-1010110的反码。

解：

$[N1]_{反}=01010110$　　$[N2]_{反}=10101001$

③ 补码编码。

补码编码规则：正数的补码与原码相同；负数的补码是将符号位用1表示，

数值部分先按位取反，然后末位加1。

【例2-7】 写出N1=+1010110、N2=-1010110的补码。

解：

$[N1]_{补}=01010110$　　$[N2]_{补}=10101010$

(3) 机器数中小数点的位置。计算机中的数据有定点数和浮点数两种表示方法。这是由于在计算机内部难以表示小数点，故小数点的位置是隐含的。隐含的小数点位置可以是固定的，也可以是浮动的，前者表示形式称为“定点数”，后者表示形式称为“浮点数”。

① 定点数。

定点数是指小数点固定在某个位置上的数据，一般有小数和整数两种表现形式。定点整数是把小数点固定在数据数值部分的右边，如图2.3所示。定点小数是把小数点固定在数据数值部分的左边，符号位的右边，如图2.4所示。

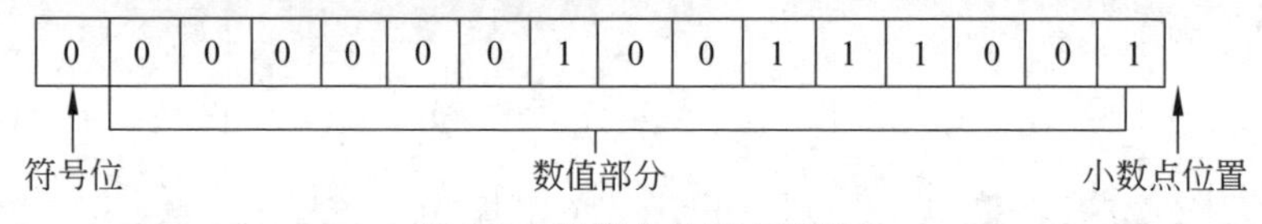

图2.3 机器内的定点整数

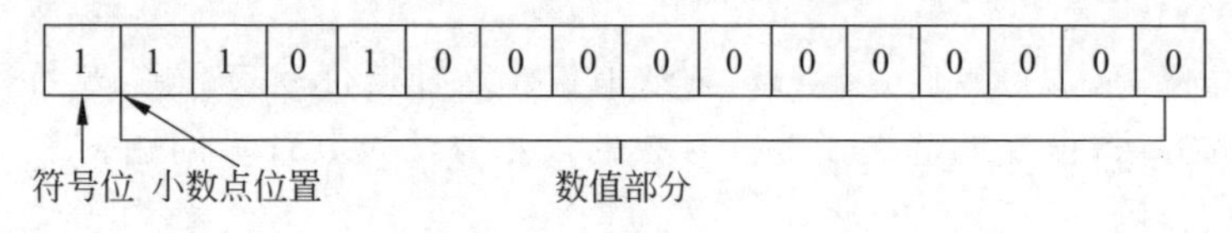

图2.4 机器内的定点小数

【例2-8】 设机器的定点数长度为2字节，用定点整数表示十进制数313D。

解：因为313D=100111001B，故机器内表示形式如图2.3所示。

【例2-9】 用定点小数表示十进制数-0.8125D。

解：因为-0.8125D=-0.110100000000000B，故机器内表示形式如图2.4所示。

② 浮点数。

之所以称为浮点数，是因为按照科学记数法表示时，一个浮点数的小数点位置是可变的，比如，1.23×10^9 和 12.3×10^8 是相等的。浮点数可以用数学写法，如1.23、3.14、-9.01等。但是对于很大或很小的浮点数，就必须用科学记数法表示，比如，将十进制数68.38、-6.838、0.6838、-0.06838用科学记数法形式表示，可以分别表示为 0.6838×10^2、-0.6838×10^1、0.6838×10^0、-0.6838×10^{-1}。

用一个纯小数(称为尾数，有正、负)与10的整数次幂(称为阶码，有正、负)

的乘积形式来表示一个数，就是浮点数的表示法。同理，一个二进制数 N 也可以表示为：

$$N=\pm S\times 2^{\pm P}$$

式中的 N、P、S 均为二进制数。S 为 N 的尾数，即全部的有效数字(数字小于1)，S 前面的±号是尾数的符号，简称数符；P 为 N 的阶码，P 前的±为阶码的符号，简称阶符。

在计算机中一般浮点数的存放形式如图 2.5 所示。

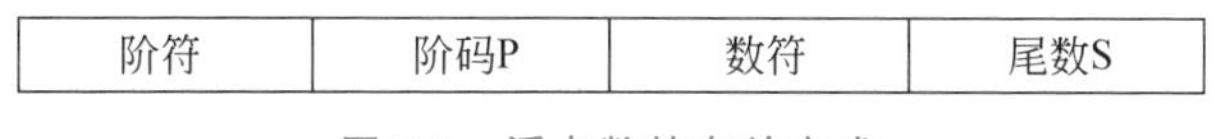

图 2.5 浮点数的存放方式

注意：在浮点表示法中，尾数的符号和阶码的符号各占一位；阶码是定点整数，阶码的位数决定了所表示的数的范围；尾数是定点小数，尾数的位数决定了数的精度。在不同字长的计算机中，浮点数所占的字节不同。

5. 二进制的四则运算计算机中的一切计算归根结底都是逻辑运算

计算机中二进制数与十进制数加、减、乘、除四则运算法则相同。加法是基本运算，减法用负数的加法来实现，乘法用多个加法的累积来实现，除法用减法来实现。也就是说，在计算机中，我们只需要一种实现加法的硬件就能完成所有的四则运算。那么，在计算机的电子电路中加法又是如何实现的呢？

计算机中常见的电子元件有电阻、电容、电感和晶体管等，它们组成了逻辑电路，逻辑电路通常只有两个状态。例如，电流的“通”和“断”，电压电平的“高”和“低”等。这两种状态正好表示成二进制的两个数码 0 和 1。因此，计算机中的一切计算归根结底都是逻辑运算。逻辑运算是对逻辑变量(0 与 1，或者真与假)和逻辑运算符号的组合序列所做的逻辑推理。

计算机中基本逻辑运算有与(AND)、或(OR)、非(NOT)三种，计算机中用继电器开关来实现，如图 2.6 所示。

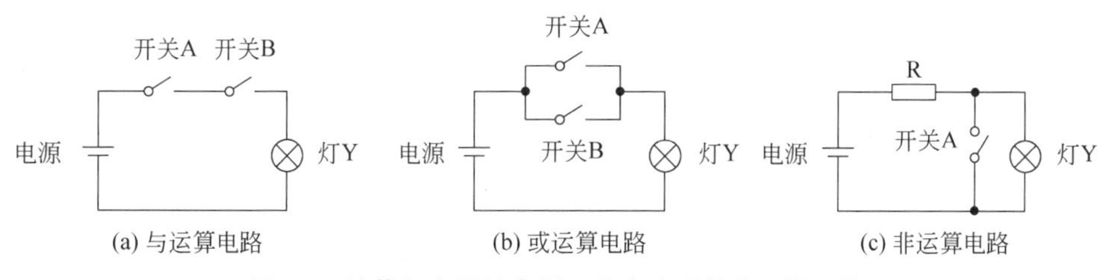

图 2.6 计算机中用继电器开关来实现基本逻辑运算

(1) 逻辑与。当决定一个事件的结果的所有条件都具备时，结果才成立的逻辑关系。

(2) 逻辑或。当决定一个事件的结果的条件中只要有任何一个满足要求，结果就成立的逻辑关系。

(3) 逻辑非。运算结果是对条件的否定。

6. 十进制数的二进制编码

计算机中使用的是二进制数，人们习惯的是十进制数。因此，输入到计算机中的十进制数，需要转换成二进制数；数据输出时，又要将二进制数转换成十进制数。这个转换工作，是通过标准子程序实现的。两种进制数间的转换依据的是数的编码。

用二进制数码来表示十进制数，称为"二-十进制编码"，简称 BCD(Binary-Coded Decimal)码。

因为十进制数有 0～9 这 10 个数码，显然需要 4 位二进制数码以不同的状态分别表示它们。而 4 位二进制数码可编码组合成 16 种不同的状态，因此，选择其中的 10 种状态作为 BCD 码的方案有许多种，这里只介绍常用的 8421 编码，见表 2.3。

表 2.3 8421 编码表

十进制数	8421 编码	十进制数	8421 编码
0	0000	8	1000
1	0001	9	1001
2	0010	10	0001 0000
3	0011	11	0001 0001
4	0100	12	0001 0010
5	0101	13	0001 0011
6	0110	14	0001 0100
7	0111	15	0001 0101

从表 2.3 中可以看到，这种编码是有权码。若按权求和，和数就等于该代码所对应的十进制数。例如，0110＝22＋21＝6。这就是说，编码中的每位仍然保留着一般二进制数所具有的位权，而且 4 位代码从左到右的位权依次是 8、4、2、1，8421 码就是因此而命名的。例如十进制数 63，用 8421 码表示为 0110 0011。

2.3 字符编码

现在国际上广泛采用美国标准信息交换码(American Standard Code for Information Interchange,ASCII)。它选用了常用的128个符号,其中包括32个控制字符、10个十进制数(注意:这里是字符形态的数)、52个英文大写和小写字母、34个专用符号。这128个字符分别由128个二进制数码串表示。目前广泛采用键盘输入方式来实现人与计算机间的通信。当键盘提供输入字符时,编码电路给出与字符相应的二进制数码串,然后送交计算机处理。计算机输出处理结果时,则把二进制数码串按同一标准转换成字符。

ASCII码采用7位二进制数对它们进行编码,即用0000000～1111111共128种不同的数码串分别表示128个字符,见表2.4。因为计算机的基本存储单位是字节(Byte),一字节含8个二进制位(Bit),所以ASCII码的机内码要在最高位补一个“0”,以便用一字节表示一个字符。

表2.4 ASCII码编码标准

$b_7b_6b_5$ / $b_4b_3b_2b_1$	000	001	010	011	100	101	110	111
0000	空白(NUL)	转义(DLE)	SP	0	@	P	、	p
0001	序始(SOH)	机控$_1$(DC1)	!	1	A	Q	a	q
0010	文始(STX)	机控$_2$(DC2)	"	2	B	R	b	r
0011	文终(EXT)	机控$_3$(DC3)	#	3	C	S	c	s
0100	送毕(EOT)	机控$_4$(DC4)	$	4	D	T	d	t
0101	询问(ENQ)	否认(NAK)	%	5	E	U	e	u
0110	承认(ACK)	同步(SYN)	&	6	F	V	f	v
0111	告警(BEL)	阻终(ETB)	'	7	G	W	g	w
1000	退格(BS)	作废(CAN)	(	8	H	X	h	x
1001	横表(HT)	载终(EM)	)	9	I	Y	i	y
1010	换行(LF)	取代(SUB)	*	:	J	Z	j	z
1011	纵表(VT)	扩展(ESC)	+	;	K	[	k	{
1100	换页(FF)	卷隙(FS)	,	<	L	\	l	|

续表

$b_7b_6b_5$ / $b_4b_3b_2b_1$	000	001	010	011	100	101	110	111
1101	回车(CR)	群隙(GS)	-	=	M	]	m	}
1110	移出(SO)	录隙(RS)	.	>	N	∧	n	~
1111	移入(SI)	元隙(US)	/	?	O	—	o	DEL

【例 2-10】 分别用二进制数和十六进制数写出“good!”的 ASCII 码。

解：

二进制数表示：01100111B 01101111B 01101111B 01100100B 00100001B

十六进制数表示：67H 6FH 6FH 64H 21H

【例 2-11】 字符通过键盘输入和显示器输出的过程。

解：当键盘按下某键时，则会产生位置信号，根据位置来识别所按的字符，依据 ASCII 码编码标准，找出对应的 ASCII 码的存储，完成此功能的程序称为编码器。

解码器用来读取存储的 ASCII 码，找出其对应的字符，查找相应的字形信息，然后将其显示在显示器上。

知行合一

编码器和解码器，体现了信息表示和处理的一般性思维，即对于任何信息，只要给出信息的编码标准或协议，就可以研发相应的编码器和解码器，从而将其表示成二进制，在计算机中进行处理。

2.4 汉字编码

计算机处理汉字信息的前提条件是要先对每个汉字进行编码，称汉字编码。归纳起来，汉字编码可分为以下四类：汉字输入码、汉字交换码、汉字内码和汉字字形码。

四种编码之间的逻辑关系如图 2.7 所示，即通过汉字输入码将汉字信息输入到计算机中，再用汉字交换码和汉字内码对汉字信息进行加工、转换、处理，最后使用汉字字形码将汉字通过显示器显示出来或使用打印机打印出来。

1. 汉字输入码

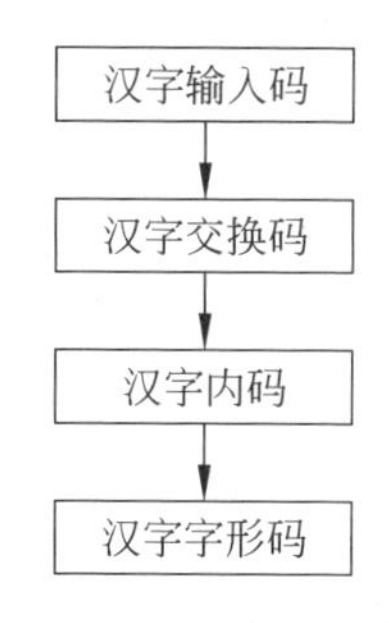

图 2.7 汉字编码之间的逻辑关系

汉字输入码是为从计算机外部输入汉字而编制的汉字编码，也称汉字外部码，简称为外码。到目前为止，国内外提出的编码方法有百种之多，每种方法都有自己的特点，可归并为下列几种。

(1) 顺序码。

这是一种使用历史较长的编码方法，用 4 位十六进制数或 4 位十进制数编成一组代码，每组代码表示一个汉字。可以按照汉字出现的概率的大小顺序进行编码，也可根据汉字的读音顺序进行编码。这种代码不易记忆，不易操作。例如区位码、邮电码等就属于顺序码。

(2) 音码。

这种编码方法根据汉字的读音进行编码。输入时可在通用键盘上像输入西文一样进行，但同音异字、发音不准或不知道发音的字难以处理。例如微软拼音输入法、搜狗拼音输入法、智能 ABC 输入法等就属于音码。

(3) 形码。

这种编码方法是根据汉字的字形进行编码，将汉字分解成若干基本元素(即字元)，然后给每个字元确定一个代码，并按字元位置(左右、上下、内外)顺序将其代码排列，就可以构成汉字的代码。例如五笔字型、表形码、郑码等就属于形码。

(4) 音形码。

这种编码方法是综合了字形和字音两方面的信息而设计的。例如全息码、五十字元等就属于音形码。

为提高输入速度，输入方法智能化是目前的发展趋势。例如，基于模式识别的语音识别输入、手写板输入或扫描输入等。

2. 汉字交换码

汉字交换码是指在不同汉字信息系统之间进行汉字交换时所使用的编码。我国 1981 年制定的“中华人民共和国国家标准信息交换汉字编码”(代号 GB 2312—80)中规定的汉字交换码为标准汉字编码，简称为 GB 2312—80 编码或国标码。

国标码中共收录了 7445 个汉字和字符符号，其中一级常用汉字 3755 个，二级非常用汉字和偏旁部首 3008 个，字符符号 682 个。在这个汉字字符集中，汉字是按使用频度进行选择的，其中包含的 6763 个汉字使用覆盖率达到了 99%。

一个国标码由两个七位二进制编码表示，占两字节，每个字节最高位补 0。

例如,汉字"大"的国标码为 3473H,即 00110100 01110011。

为了编码,将国标码中的汉字和字符符号分成 94 个区,每个区又分成 94 个位,这样汉字和字符符号就排列在这 94×94 个编码位置组成的代码表中。每个字符用两字节表示,第一个字节代表区码,第二个字节代表位码,由区码和位码构成了区位码。因此,国标码和区位码是一一对应的:区位码是十进制表示的国标码,国标码是十六进制表示的区位码。

我国台湾地区的汉字编码字符集代号为 BIG5,通常称为大五码,主要用于繁体汉字的处理,它包含了 420 个图形符号和 13 070 个汉字(不包含简体汉字)。

3. 汉字内码

汉字内码是汉字在信息处理系统内部最基本的表现形式,是信息处理系统内部存储、处理、传输汉字而使用的编码,简称为内码。

前面讲过,一个国标码占两字节,每个字节最高位补 0,而 ASCII 码的机内码也是在最高位补一个 0,以便用一个字节表示一个字符。所以为了在计算机内部能够区分是汉字编码还是 ASCII 码,将国标码的每个字节的最高位由 0 变为 1,变换后的国标码称汉字机内码。例如,汉字"大"的机内码为 10110100 11110011。也由此可知,汉字机内码的每个字节都大于 128,而每个西文字符的 ASCII 码值均小于 128。

4. 汉字字形码

汉字字形码是表示汉字字形信息的编码,在显示或打印时使用。目前汉字字形码通常有点阵方式和矢量方式两种表示方式。

(1) 点阵方式。

点阵方式是将汉字字形码用汉字字形点阵的代码来表示,所有汉字字形码的集合就构成了汉字库。经常使用的汉字库有 16×16 点阵、24×24 点阵、32×32 点阵和 48×48 点阵,一般 16×16 点阵汉字库用于显示,而其他点阵汉字库则多在打印输出时使用。如图 2.8 所示的点阵及代码是以"大"字为例,点阵中的每一个点都由 0 或 1 组成,一般 1 代表"黑色",0 代表"白色"。

在汉字库中,每个汉字所占用的存储空间与汉字书写简单复杂无关,每个点阵块分割的粗细决定了每个汉字占用空间的大小。点阵越大,占用的磁盘空间就越大,输出的字形越清晰美观,如 16×16 点阵的一个汉字约占 32B。对于不同的字体应使用不同的字库。

(2) 矢量方式。

矢量字库保存的是每一个汉字的描述信息,比如一个笔画的起始、终止坐标,半径、弧度等,即每一个字形是通过数学曲线来描述的,它包含了字形边界上的关键点、连线的导数信息等,字体的渲染引擎通过读取这些数学矢量,然后进行一定

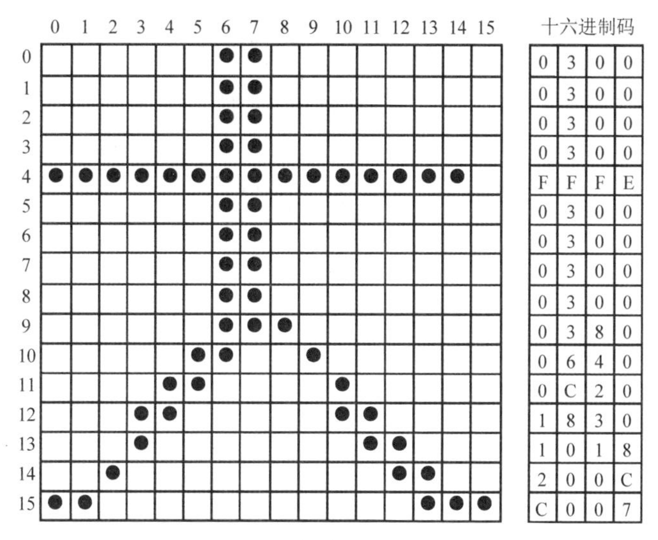

图 2.8 字形点阵及代码

的数学运算来进行渲染。这类字体的优点是字体实际尺寸可以任意缩放而不变形、不变色。Windows 中使用的 TrueType 就是汉字矢量方式。Windows 使用的字库在 Fonts 目录下,字体文件扩展名为 fon 的表示是点阵字库,扩展名为 ttf 是矢量字库。

点阵和矢量方式的区别是:前者编码和存储方式简单,无须计算直接输出,显示速度快,后者正好相反,字形放大时效果也很好,且同一字体不同的点阵不需要不同的字库。

2.5 多媒体信息的表示

2.5.1 多媒体技术的基本概念

1. 多媒体的概念

多媒体是一种以交互方式将文字、声音、图形、视频等多种媒体信息和计算机技术集成到一个数字环境中,并能扩展利用这种组合技术的新应用。多媒体技术就是对多种媒体上的信息进行处理和加工的技术。

2. 多媒体的信息

多媒体的信息主要包括以下几种。

(1) 文本(Text):包括数字、字母、符号、汉字。

(2) 声音(Audio):包括语音、歌曲、音乐和各种发声。

(3) 图形(Graphics):由点、线、面、体组合而成的几何图形。

(4) 图像(Image):主要指静态图像,例如照片、画片等。

(5) 视频(Video):指录像、电视、视频光盘(VCD)播放的连续动态图像。

(6) 动画(Animation):由多幅静态画片组合而成,它们在形体动作方面有连续性,从而产生动态效果,包括二维动画(2D、平面效果)、三维动画(3D、立体效果)。

3. 多媒体技术的主要特征

多媒体具有如下的主要特征。

(1) 多样性。多媒体技术把声音、动画、图形、图像等多种多样的表示形式引入计算机中,使人们可以通过多种方式与计算机交流。

(2) 数字化。多媒体技术是"全数字"技术,各种信息媒体都是以数字形式生成、存储、处理和传送的。

(3) 集成性。集成性是将多种媒体有机地组织在一起,共同表达一个完整的事物,实现图、文、声、像一体化。

(4) 交互性。交互性是指人机交互,它除了制作播放之外,还可通过与计算机的"对话"进行人工干预。例如,在播放多媒体节目时,随时可以进行调整和改变。

(5) 实时性。对于需要实时处理的信息,多媒体计算机能及时处理。例如新闻报道、视频会议等,可通过多媒体计算机网络及时采集、处理和传送。

2.5.2 多媒体处理的关键技术

多媒体技术就是对多种载体(媒介)上的信息和多种存储体(媒质)上的信息进行处理的技术,包括多媒体的录入、压缩、存储、变换、传送、播放等。多媒体技术的核心则是"视频、音频的数字化"和"数据的压缩与解压缩"。

1. 视频、音频的数字化

原始的视频、音频的模拟信号经过采样、量化和编码后,就可以转换为便于计算机进行处理的数字符号,然后再与文字等其他媒体信息进行叠加,构成多种媒体信息的组合。

2. 数据的压缩与解压缩

(1) 数据压缩的目的。

数字化后的视频、音频信号的数据量非常大,不进行合理压缩根本就无法传输和存储。例如,一帧中等分辨率的彩色数字视频图像的数据量约为7.37MB,100MB的硬盘空间只能存储100帧,若按25帧/秒的标准(PAL制式)传送,则要求184 MB/s的传送速率。对于音频信号,若取采样频率44.1kHz,采样数字数据为16位,双通道立体声,那么100MB的硬盘空间仅能存储10分钟的录音。

因此,视频、音频信息数字化后,必须再进行压缩才有可能存储和传送。播放时则需解压缩以实现还原。

数据压缩的目的就是用最少的代码来表示源信息,减少所占存储空间,并利于传输。

(2) 数据压缩的思路。

数据压缩的思路是将图像中的信息按某种关联方式进行规范化并用这些规范化的数据描述图像,以大量减少数据量。例如,某个三角形为蓝色,这时只要保存三个顶点的坐标和蓝颜色代码就可以了。如此规范化之后,就不必存储每个像素的信息了。

(3) 数据压缩的分类。

按照压缩后丢失信息的多少,分为无损压缩和有损压缩两种。

无损压缩也称冗余压缩法。它去掉数据中的冗余部分,在以后还原时可以重新插入,从而实现信息不丢失。因此,这种压缩是可逆的,但压缩比很小。

有损压缩是在采样过程中设置一个门限值,只取超过门限的数据,也就是以丢失部分信息来达到压缩的目的。例如,把某一颜色设定为门限值后,则与其十分相近的颜色便被视为相同,而实际存在的细微差异都被忽略了。由于丢失的信息不能再恢复,所以这种压缩是不可逆的,图像质量较差,但压缩比很大。

对数据进行压缩时应综合考虑,尽量做到压缩比要大、压缩算法要简单、还原效果要好。

(4) 常用的多媒体压缩算法标准。

目前应用于计算机的多媒体压缩算法标准有压缩静态图像的JPEG标准、压缩运动图像的MPEG标准和GIF标准。

① JPEG标准。

JPEG(Join Photographic Expert Group)是由国际标准化组织(ISO)和国际电报电话咨询委员会(CCITT)联合组织专家组制定的“静态图像压缩标准”,于1992年经ISO批准。这一标准适用于黑白和彩色的照片、传真及印刷图片,可以支持很高的图像分辨率和量化精度。

② MPEG标准。

MPEG是动态图像专家组(Moving Pictures Experts Group)的英文缩写,这个专家组始建于1988年,专门负责为CD建立视频和音频标准,其成员均为视频、音频及系统领域的技术专家。由于ISO/IEC1172压缩编码标准是由此小组提出并制定,MPEG由此扬名世界。对于今天我们所泛指的MPEG-X版本,是指一组由ITU(International Telecommunications Union)和ISO制定发布的视频、音频、数据的压缩标准。

③ GIF标准。

GIF(Graphic Interchange Format)的原意是"图像互换格式",是CompuServe公司在1987年开发的图像文件格式。GIF分为静态GIF和动画GIF两种,支持透明背景图像,适用于多种操作系统,体型很小,网上很多小动画都是GIF格式。GIF是一种连续色调的无损压缩格式。其压缩率一般在50%左右,它不属于任何应用程序。目前几乎所有相关软件都支持它,公共领域有大量的软件在使用GIF图像文件。

3. 高速运算

进行多媒体信息的数字化处理,需要进行大量的计算且实时完成。目前一般采用高速CPU或利用先进的大规模集成电路技术生产的多媒体专用芯片(如音频/视频数据压缩和解压缩芯片、图像处理芯片、音频处理芯片等)来实现。

4. 虚拟现实技术

虚拟现实(Virtual Reality,VR)集成了计算机多媒体技术、计算机仿真技术、人工智能、传感技术、显示技术、网络并行处理等技术的最新发展成果,是一种由计算机生成的高技术模拟系统,它最早源于美国军方的作战模拟系统,20世纪90年代初逐渐为各界所关注并且在商业领域得到了进一步的发展。这种技术的特点在于计算机产生一种人为虚拟的环境,这种虚拟的环境是通过计算机图形构成的三维数字模型,经过编码,在计算机中生成一个以视觉感受为主,也包括听觉、触觉的综合可感知的人工环境,从而使得在视觉上产生一种沉浸于这个环境的感觉,可以直接观察、操作、触摸、检测周围环境及事物的内在变化,并能与之发生"交互"作用,使人能够"身临其境",并能通过语言、手势等自然的方式与之进行实时交互,创建了一种多维信息空间,比如,汽车驾驶室、作战模拟系统等。

2.5.3 多媒体应用中的媒体元素

多媒体应用的根本目的是以自然习惯的方式,有效地接收计算机世界的信息,信息则通过媒体元素展现。媒体元素一般包括文本、图形与图像、音频、流媒体等。

2.5.3.1 文本

在人机交互中，文本主要有非格式化文本和格式化文本两种形式。

1. 非格式化文本

非格式化文本是指文本中字符的大小是固定的，仅能按一种形式和类型使用，不具备排版功能。

2. 格式化文本

格式化文本是指可对文本进行编排，包括各种字体、尺寸、格式及色彩等。可以进行文字处理（编辑格式化文本）的软件很多，如 Word、WPS 等，这些软件也称为文本编辑软件。其编辑的文本文件大都可在多媒体应用程序中使用，此外，一般的图形、图像处理及多媒体编辑软件也具有一定的文字处理能力。

2.5.3.2 图形与图像

图形与图像是多媒体应用中最活跃的媒体元素。

1. 分类

(1) 按媒体信息生成方式分类如下。

① 主观图形。主观图形指使用各种绘制软件制作的图片，包括点、线、面、体构成的图形（Graphic）和二维、三维动画（Animation）。

② 客观图像。客观图像由光电转换设备（摄像机、扫描仪、数码相机、帧捕捉设备等）生成的具有自然明暗、颜色层次的图片，包括图像（Image）和视频（Video）。

(2) 按媒体信息存储方式分类如下。

① 矢量（Vector）图形。矢量图形文件中存放的是描述图形的指令，用“数学表达式”对图形中的实体进行抽象描述（即矢量化），然后存储这些抽象化的特征，适用于图形和动画。

② 位图（Bitmap）图像。位图图像是指按“像素”逐点存储全部信息，一幅图像就是由若干行和若干列的像素点组成的阵列，每个像素点用若干个二进制进行编码，这就是图像的数字化，适用于各类视觉媒体信息。这种存储方式占用存储空间很大。

(3) 按图像的视觉效果分类如下。

① 静态图像。静态图像只有一幅图片，包括图形和图像。

② 动态图像。任何动态图像都是由多幅连续的、顺序的图像序列构成，序列中的每幅图像称为一帧。如果每一帧图像是由人工或通过一些工具软件（如 3D Studio Max、Flash 等）对图像素材进行编辑制作而成时，该动态图像就称为

动画；若每帧图像都是计算机产生的具有真实感的图像，则称为三维真实感动画，两者统称动画；而当每一帧图像是对视频信号源（如电视机、摄像机等）经过采样和数字化后得到的，即是实时获取的自然景物图像时，就称为动态影像视频，简称动态视频或视频（Video）。动画的每一幅画面是用人工合成的方法对真实世界的模拟；视频影像则是对真实世界的记录。

（4）按图像的颜色模式分类。

颜色模式是指将某种颜色表现为数字形式的模型，或者说是一种记录图像颜色的方式，分为RGB模式、CMYK模式、HSB模式、Lab颜色模式、位图模式、灰度模式、索引颜色模式、双色调模式和多通道模式。

由上述各种分类可以看出：图形和图像之间，图像和视频之间，视频和动画之间，既有联系，又有区别。

2. 图像的形成

（1）图像采集。

使用光电转换设备从第一行左端的第一个像素点开始，每行自左向右（对应行频）、各行间自上向下（对应帧频）进行水平扫描和垂直扫描，然后依次将全部像素点转换成有序的RGB电信号，便采集到一帧图像。这一过程由扫描电路和其他辅助电路自动完成。

（2）光电转换。

通过光敏器件CCD（电荷耦合器件）可以把一个像素点的颜色转换成包含有R、G、B三种信息成分的电信号。

（3）图像显示。

通过与图像采集完全相同的扫描过程控制显像管的电子枪依次有序地击打屏幕上的像素点；同时按该像素点的RGB数值控制电子束的强度；当把屏幕上的像素点全部扫描一遍之后，便可看到复原的一帧图像。

（4）图像的稳定。

保持一定的水平和垂直扫描速度，使显示的图像一帧一帧地不断刷新，利用人眼的"视觉暂留"现象，便看到了稳定的图像。如果每次刷新的各帧图像完全相同就成为"静态图像"，否则就是"动态图像"。

3. 影响图像处理的因素

（1）分辨率。

分辨率影响图像质量，包括屏幕分辨率（计算机显示屏幕图像的显示区）、图像分辨率（数字化图像的大小）和像素分辨率（像素的高宽比，一般为1∶1）三方面。

（2）图像灰度。

可以把图像进行二维空间（行、列）分割，每个行、列的交点就称为"像素点"

(Pixel)。位图中的每个像素点是基本数据单位(可用一定位数的二进制表示,二进制位数也称为图像深度),用来定义每个像素点的颜色和亮度。典型的图像深度包含1、2、4、8、12、16或24位。对于黑白线条图(例如传真)常用1位值表示,1位值有2个等级,故称为二值图像;灰度图像常用4位(16种灰度)或8位(256种灰度等级)表示该点的亮度;对于彩色图像则有多种描述方式,常用RGB方式,即根据三基色原理,将红(Red)、绿(Green)、蓝(Blue)三种基本颜色进行不同比例的组合,从而组合出丰富多彩的所有颜色。

(3) 图像存储容量。

由上可知,一幅图像分割得越细或表示每个像素点的位数越多,则图像质量越好,越接近自然状况,但需存储的数据量越大。例如,一幅640×480像素点的图像,若每个像素点用4位表示,则其数据量为640×480×4/8=150(KB)。

运动图像每秒的数据量是帧速乘以单帧数据量。若一幅图像的数据量为1MB,帧速为25帧/秒,则1秒的数据量为25MB。因此,运动图像(特别是视频)的数据量是很大的,必须进行压缩。

(4) 图形图像文件的存储格式。

图形图像文件主要有如下几种格式。

① BMP(Bitmap)格式是Microsoft公司专门为Windows制定的位图文件格式,也就是以前Windows版本的DIB(Device Independent Bitmap)格式。

② JPEG格式、GIF格式和MPEG格式前面已经介绍过。

③ WMF(Windows Meta File)格式是Microsoft公司制定的图元存储格式。文件使用矢量图形描述语言,占用存储空间要比位图存储方式小很多,显示时利用编译程序将文件内容转换成可见的图形,故又称矢量格式转换文件。

④ PSD(Photoshop Document)格式是Adobe公司的图像处理软件Photoshop的专用格式。

⑤ TIF(Tag Image File Format)格式是Aldus和Microsoft公司为扫描仪和计算机的“出版软件”而制定的。

⑥ DXF(Drawing Exchange File)格式是Autodesk公司为计算机辅助设计(CAD)制定的一种数据交换格式。

⑦ AVI(Audio Video Interleaved,声音/影像交错)是Windows所使用的动态图像格式,无须特殊的设备就可以将声音和影像同步播出,这种格式的数据量较大。

⑧ ASF(Advanced Stream Format)是Microsoft公司采用的流式媒体播放的格式,比较适合在网络上进行连续音频、视频播放。

⑨ PNG(Portable Network Graphics)是一种新兴的网络图像格式,是目前

保证最不失真的格式，它吸取了GIF和JPG的优点，存储形式丰富，兼有GIF和JPG的色彩模式；能把图像文件压缩到极限以利于网络传输，但又能保留所有与图像品质有关的信息；显示速度很快；PNG同样支持透明图像的制作；缺点是不支持动画应用效果。

4. 常用的视频信号

（1）RGB信号。

RGB信号是根据三基色原理由光电转换器件直接生成的电信号。

（2）YUV信号。

YUV信号是采用一个亮度信号（Y）和两个色差信号（U、V）描述像素，通过降低色差信号采样频率达到频带宽度变小的目的。

（3）Y/C信号。

Y/C信号是将U、V两个色差信号合成为一个色度信号C，在视频设备上使用的S-Video接口就是这种信号，它的图像质量不如YUV信号。

（4）复合视频信号。

复合视频信号也称彩色全电视信号，是将Y、C信号再进行合成得到的，易产生串扰，图像质量最差。

5. 视频信号的制式

（1）PAL制式。

PAL制式是我国和一些欧洲国家采用的电视标准，帧速是25帧/秒，每帧画面625行，以分辨率表示的图像大小为768×576。

（2）NTSC制式。

NTSC制式是美国和日本等国家采用的电视标准，帧速是30帧/秒，每帧画面525行，以分辨率表示的图像大小为720×486。

6. 常用视频文件的格式

（1）DV-AVI格式。

DV的英文全称是Digital Video，是由索尼、松下、JVC等多家厂商联合提出的一种家用数字视频格式。目前数码摄像机就是使用这种格式记录视频数据的。这种视频格式的文件扩展名一般是.AVI，所以也称为DV-AVI格式。

（2）MPEG格式。

MPEG格式前面已介绍过。

（3）DivX格式。

DivX格式是由MPEG-4衍生出的另一种视频编码（压缩）标准，也即通常所说的DVDrip格式，它使用DivX压缩技术对DVD盘片的视频图像进行高质量压缩，同时用MP3或AC3对音频进行压缩，然后再将视频与音频合成，并加上相应的外挂字幕文件而形成的视频格式。其画质直逼 DVD 但体积只有 DVD 的几分之一。

(4) MOV 格式。

MOV 即 QuickTime 影片格式，它是 Apple 公司开发的一种音频、视频文件格式，用于存储常用数字媒体类型。

(5) WMV 格式。

WMV 是 Microsoft 公司推出的一种流媒体格式，在同等视频质量下，WMV 格式的体积非常小，因此很适合在网上播放和传输。

(6) RMVB 格式。

RMVB 是一种视频文件格式，RMVB 中的 VB 指 VBR，即 Variable Bit Rate（可改变之比特率），较上一代 RM 格式画面清晰了很多，可以用 RealPlayer、暴风影音、QQ 影音等播放软件来播放。

(7) FLV 格式。

FLV 是当前视频文件的主流格式，目前各在线视频网站均采用 FLV 视频格式。

7. 视频信息采集设备

视频采集设备就是将摄像机（摄像头）、录像机、光碟机、电视机等输出的视频数据或者视音频的混合数据输入计算机，并转换成计算机可辨别的数字数据，存储在计算机硬盘中，也称为可编辑处理的视频数据文件的设备。常见的视频采集设备有视频采集/编辑卡、多功能电视卡、USB 电视盒、视频压缩卡、IEEE 1394 卡、VCD 压缩卡、MPEG 实时压缩卡、非线性编辑卡、广播级实时非线性编辑卡等。

2.5.3.3 音频

音频（Audio）有时也泛称声音，除语音、音乐外，还包括各种音响效果。数字化后，计算机中保存声音文件的格式有多种。

1. 影响数字声音波形质量的技术参数

(1) 采样频率。

采样频率（Sampling Rate）即每秒内对声波模拟信号采样的次数。采样频率越高，声音保真度越好，产生的数据量也就越大，占用存储空间也越多。为此按照对声音的不同要求，设置了三个标准，分别为语音效果、音乐效果、高保真效果。

(2) 采样数据位数。

采样数据（Sampling Data）位数也称采样点精度，是指每一个采样点振幅值的二进制位数，有8位、12位、16位之分，此位数对声音的音质有重大影响，位数越多，还原的音质越细腻，占用存储空间越大。例如，16位采样点精度有2^{16}个等级。

(3) 声道数。

声道数(Channels)是指声音通道的个数，有单声道、双声道(立体声)和多声道。声道越多，数据量越大，空间感越强。

计算每秒存储声音数据量(存储容量)的公式为：

存储容量(字节/秒)＝采样频率×采样数据位数×声道数/8

2. 常见的音频文件格式

(1) WAV格式。

波形声音(WAVE)是来自自然界的真实声音。若要通过计算机处理或回放这些波形声音的模拟信号，必须先用模数转换器(ADC)把它们转换成数字信号，然后才可以进行处理或者储存；回放时，则需用数模转换器(DAC)把数字信号还原成波形声音的模拟信号，然后放大后输出。这个过程就是声音的数字化技术，也是声卡的工作原理。波形声音的模拟信号经ADC数字化后，可将数据存储在扩展名为wav的波形音频文件中。该文件直接记录了真实声音的二进制采样数据，一般没有经过压缩处理，所以占用存储空间较大。

(2) MIDI格式。

数字音乐是乐器数字接口(Musical Instrument Digital Interface，MIDI)，是为了把电子乐器与计算机相连而制定的一个规范，是数字音乐的一个国际标准。与图形文件格式相类似，数字音乐是以一系列指令来表示声音的，可看成是声音的符号表示，是将数据存储在扩展名为mid的数字音频文件中。

与WAVE文件的相比，MIDI文件有以下几个特点。

① MIDI文件占用空间小。

② MIDI文件可以灵活处理。MIDI文件在音序器的帮助下，用户可以任意改变音调、音色等属性，产生特殊配乐效果；两个WAVE文件不能同时播放。当播放WAVE文件时，可同时播放MIDI音乐，从而产生配乐效果。

③ MIDI文件无法得到自然界中的所有声音。WAVE文件可以从任何声源录制生成，而且在各种计算机上的播放效果基本一致；MIDI文件则无法得到自然界中的所有声音，而且播放效果还与合成器的质量有关，不同档次的声卡差异较大。

(3) MP3格式。

MP3(Moving Picture Experts Group Audio Layer Ⅲ)是指动态影像专家压缩标准音频层面3，是当今较流行的一种数字音频编码和有损压缩格式，将音乐以 1∶10 甚至 1∶12 的压缩率,压缩成容量较小的文件。

(4) CD-DA 格式。

1979 年,飞利浦和索尼公司结盟联合开发 CD-DA(Compact Disc-Digital Audio,精密光盘数字音频)标准。CD 唱片对声音的生成、处理、还原方法与 WAV 文件基本相同,也是通过数字采样技术制作的,但不是生成 WAV 文件,而是把采样数据直接写在光盘上。它的规范是:采样频率 44.1kHz、采样数据 16 位、立体声,因此能完全重现原来声音的效果。

(5) Real 格式。

RA(Real Audio)是一种可以在网络上实时传送和播放的音乐文件的音频格式的流媒体技术。此类文件格式有以下几个主要形式:RA(Real Audio)、RM(Real Media,Real Audio G2)、RMX(RealAudio Secured)。这些格式统称为 Real。RA 采用的是有损压缩技术,由于它的压缩比相当高,因此音质相对较差。此外 RA 可以随网络带宽的不同而改变声音质量,从而使用户在得到流畅声音的前提下,尽可能地提高声音质量。由于 RA 格式的这些特点,因此特别适合在网络传输速度较低的互联网上使用。

(6) WMA 格式。

WMA(Windows Media Audio)是 Microsoft 公司力推的一种音频格式。WMA 格式是以减少数据流量但保持音质的方法来达到更高的压缩率目的,其压缩率一般可以达到 1∶18,生成的文件大小只有相应 MP3 文件的一半。此外,WMA 还可以通过 DRM(Digital Rights Management)方案防止复制,或者限制播放时间和播放次数,甚至是对播放机器的限制,可有力地防止盗版。

2.5.3.4 流媒体

流媒体是指以流的方式在网络中传输音频、视频和多媒体文件的形式。流媒体是应用流技术在网络上传输的多媒体文件,它将连续的图像和声音信息经过压缩后存放在网站服务器,让用户一边下载一边观看、收听,不需要等整个压缩文件下载到用户计算机后就可以观看。

自 1995 年第一个流媒体播放器问世以来,流媒体技术在世界范围内得到广泛的应用,目前已有许多广播电台和电视台实现了网上流媒体点播。在许多大学,流媒体技术被广泛应用于远程教学、监控、直播等方面。

目前流媒体的主要文件格式有声音流、视频流、文本流、图像流、动画流等,比如,swf、avi、wma、mpeg、mpg、dat 等。

2.5.4 多媒体计算机的组成与应用

在多媒体系统中,发展最快和最普及的系统平台是以 PC 为基础的集成环境,这种系统称多媒体个人计算机,简称 MPC(Multimedia Personal Computer)。多媒体计算机系统是由多媒体计算机硬件系统和多媒体计算机软件系统组成的。

1. 多媒体计算机硬件系统

由于多媒体计算机需要综合声音、动画等信息的多种媒体,所以多媒体计算机除了具备一般 PC 的硬件配置外,还要求中央处理器、输入输出接口及系统总线的速度尽可能快、存储器的容量尽可能大。一台 MPC 的硬件系统主要包括以下几部分。

(1) 多媒体主机。

多媒体主机必须有支持多媒体指令的 CPU,可以使用高档微型计算机或者工作站。

(2) 多媒体输入设备。

多媒体输入设备包括摄像机、话筒、录像机、录音机、扫描仪、DVD-ROM 等。

(3) 多媒体输出设备。

多媒体输出设备包括显示器、电视机、打印机、绘图仪以及各种音响设备等。

(4) 外存储器。

外存储器包括磁盘、光盘、录音录像带等。

(5) 操纵控制设备。

操纵控制设备包括键盘、鼠标、操纵杆、触摸屏以及遥控器等。

(6) 多媒体接口卡。

多媒体接口卡包括如下。

① 声卡。又称为声效卡或声霸卡,是 MPC 必不可少的组成部分。一般插入主机板上的 PCI 插槽中。它是 MPC 接收、处理、播放各类音频信息的重要部件。声卡具有录音、放音、MIDI 音乐功能、混合输出功能及语音压缩、解压缩功能等。在声卡上设有多个插口,用于连接话筒、CD 唱机、MIDI 控制器、DVD-ROM 驱动器、游戏机、音频播放机以及喇叭等输入输出设备,在其软件的支持下实现语音的输入输出和乐曲的播放。

② 视卡及其类型。视卡又称视频卡,是 MPC 的重要部件,用来连接视频设备的电路板,实现视频信号与数字信号之间的转换,可接收来自摄像机、录像机、电视机和各种激光视盘的视频信号。视频卡根据其功能不同,有多种产品和名

称。比如,视频采集压缩卡用于将摄像机、录像机、影碟机或光盘上的图像信号进行采样、量化,然后将数据压缩后存储到存储设备中。通常为电子出版物和制作电视节目所使用。电视接收卡(TV 卡)具有电视信号的采集、存储及某些特技处理的功能。

2. 多媒体计算机软件系统

多媒体计算机软件系统包括多媒体操作系统、媒体处理系统工具和用户应用软件。多媒体系统软件包括如下。

(1) 多媒体操作系统。

多媒体操作系统也称多媒体核心系统(Multimedia Kernel System),具有实时任务调度、多媒体数据转换和同步控制对多媒体设备的驱动和控制,以及图形用户界面管理等。

(2) 多媒体处理系统工具。

多媒体处理系统工具或称多媒体系统开发工具软件,是多媒体系统重要组成部分。多媒体系统开发工具大致分为多媒体素材制作工具、多媒体创作工具、多媒体编程语言以及设备驱动软件与接口程序等 4 类。

① 多媒体素材制作工具是为多媒体应用软件进行数据准备的软件,其中包括文字特效制作软件 Word(艺术字)、COOL 3D,图形图像编辑与制作软件 CorelDRAW、Photoshop,二维和三维动画制作软件 Animator Studio、3D Studio MAX,音频编辑与制作软件 Wave Studio、Cakewalk,以及视频编辑软件 Adobe Premiere 等。

② 多媒体创作工具是利用编程语言调用多媒体硬件开发工具或函数库来实现的,并能被用户方便地编制程序,组合各种媒体,最终生成多媒体应用程序的工具软件。常用的多媒体创作工具有 PowerPoint、Authorware、ToolBook、Flash 等。

③ 多媒体编程语言用来直接开发多媒体应用软件,不过对开发人员的编程能力要求较高。常用的多媒体编程语言有 Visual Basic、Visual C++、Python 等。

④ 设备驱动软件与接口程序是高层软件与驱动程序之间的接口软件,为高层软件建立虚拟设备。

多媒体应用软件又称多媒体应用系统或多媒体产品,它是由各种应用领域的专家或开发人员利用多媒体编程语言或多媒体创作工具编制的最终多媒体产品,是直接面向用户的。

2.5.5 移动多媒体终端

随着通信技术和网络技术的发展，移动多媒体终端走进了人类的生活，它是一种同时具备移动性、便携性、实时性、交互性、计算机处理能力、网络通信功能于一体的高端电子产品。它能够随时随地地接入互联网络，使用丰富的网络资源，是“三网融合”业务内容呈现的载体。目前常用的移动多媒体终端有平板电脑、智能手机、便携的网络型笔记本(上网本)等。

> **知行合一**
>
> 关于“0和1”的思维：现实世界的各种信息都可以被转换成0和1，在计算机中处理，也可以将0和1转换成各种满足人们现实世界需要的信息，即任何事物只要表示成信息，就能够被表示成0和1，就能够被计算机处理。
>
> 通过转换成0和1，各种运算就转换成了逻辑运算，逻辑运算可以方便地使用计算机中的晶体管等器件来实现，即0和1是计算机软件和硬件的纽带。
>
> 0和1的思维体现了语义符号化、符号0/1化、0和1计算机化、计算自动化的思维，是最重要的计算思维之一。

基础知识练习

(1) 什么是信息和信息技术？各自的主要特征有哪些？

(2) 进行以下数制转换：

213D=(　　　)B=(　　　)H=(　　　)O

3E1H=(　　　)B=(　　　)D=(　　　)O

10110101101011B=(　　　)H=(　　　)O=(　　　)D

(3) 某台计算机的机器数占8位，写出十进制数−57的原码、反码和补码。

(4) 什么是ASCII码和BCD码？它们各自的作用及编码方法是什么？

(5) 汉字编码有哪几类？各有什么作用？

(6) 对于16×16的汉字点阵，一个汉字的存储需要多少字节？

(7) 多媒体的概念及其特征是什么？常用的媒体元素有哪些？

(8) MPC的主要硬件有哪些？简述这些硬件的作用。

(9) 举例说明模拟视频与数字视频的特点，并加以比较。

（10）常用视频处理工具有很多，比如 EDIUS、Premiere、绘声绘影等，比较它们各自的特点。

（11）多媒体的压缩标准有哪些？

（12）简述你对于 0 和 1 的思维的理解。

能力拓展与训练

一、实践与探索

（1）如果你想开发一种新的汉字输入法，应该如何完成？写出你的实现思路。

（2）启动“录音机”程序，录制一段最想给父母说的话。

（3）尝试利用一种音频软件将一个 WAVE 文件转换成 MP3 格式的文件。

（4）写一份关于流媒体技术的报告，内容包括流媒体的概念、基本原理和最新发展情况。

（5）了解常用图形图像处理工具（Photoshop、CorelDRAW、AutoCAD 等）和常用动画制作工具（Flash、3ds Max、Maya 等），试分析比较各自的特点。

（6）查阅资料，思考和分析各类行业标准和技术、行业的关系，写一份相关研究报告。

（7）结合所学的计算思维和相关知识，写一份关于移动多媒体终端的研究报告。

二、拓展阅读

王选院士，计算机文字信息处理专家，计算机汉字激光照排技术创始人，当代中国印刷业革命的先行者，被称为“汉字激光照排系统之父”，1976 年夏，发明了高分辨率字形的高倍率信息压缩技术（压缩比达到 500∶1）和高速复原方法，率先设计了提高字形复原速度的专用芯片，使汉字字形复原速度达到 700 字/秒的领先水平，在世界上首次使用控制信息（或参数）描述笔画宽度、拐角形状等特征，以保证字形变小后的笔画匀称和宽度一致。

1981 年 7 月，王选院士主持研制的中国第一台计算机激光汉字照排系统原理性样机（华光Ⅰ型）通过国家计算机工业总局和教育部联合举行的部级鉴定，鉴定结论是“与国外照排机相比，在汉字信息压缩技术方面领先，激光输出精度和软件的某些功能达到国际先进水平。”

第3章 系统思维——计算机系统基础

谚语："Pull oneself up by one's bootstraps."

字面意思是"拽着鞋带把自己拉起来。"这当然是不可能的事情。

最早的时候，工程师们用它来比喻计算机启动这个过程：必须先运行程序，然后计算机才能启动，但是计算机不启动就无法运行程序！

早期真的是这样，必须想尽各种办法，把一小段程序装进内存，然后计算机才能正常运行。所以，工程师们把这个过程称为"拉鞋带"，久而久之bootstrap(鞋带)就简称为boot(靴子)了。因此，我们现在用boot单词来表达启动。

3.1 计算机系统

计算机是如何启动的？计算机的启动是一个非常复杂的过程。它涉及硬件系统和软件系统。本章主要讲述计算机的硬件系统、软件系统知识，以及关于计算机件系统思维的解析。

一台完整的计算机应包括硬件部分和软件部分。硬件的功能是接收计算机程序，并在程序控制下完成数据输入、数据处理和输出等任务；软件是保证硬件的功能得以充分发挥，并为用户提供良好的工作环境。

冯·诺依曼型计算机系统由硬件系统和软件系统两大部分组成，如图3.1所示。

硬件系统是指由电子部件和机电装置组成的计算机实体，如用集成电路芯片、印制线路板、接插件、电子元件和导线等装配成中央处理器、存储器及外部设备等。

软件系统是指为运行、管理和维护计算机而编制的各种程序、数据和文档的

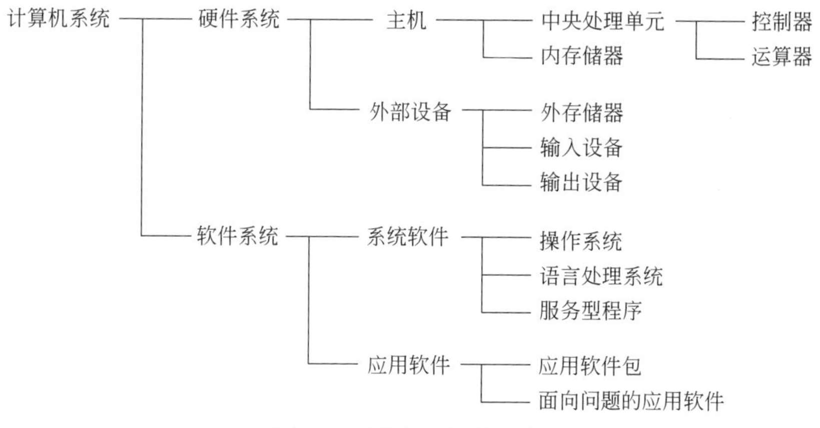

图 3.1　计算机系统的组成

总称。程序是完成某一任务的指令或语句的有序集合;数据是程序处理的对象和处理的结果;文档是描述程序操作及使用的相关资料。计算机的软件是计算机硬件与用户之间的一座桥梁。

软件按其功能分有应用软件和系统软件两大类。系统软件面向计算机硬件系统本身,解决普遍性问题;应用软件面向特定问题处理,解决特殊性问题。用户与计算机系统各层次之间的关系,如图 3.2 所示。

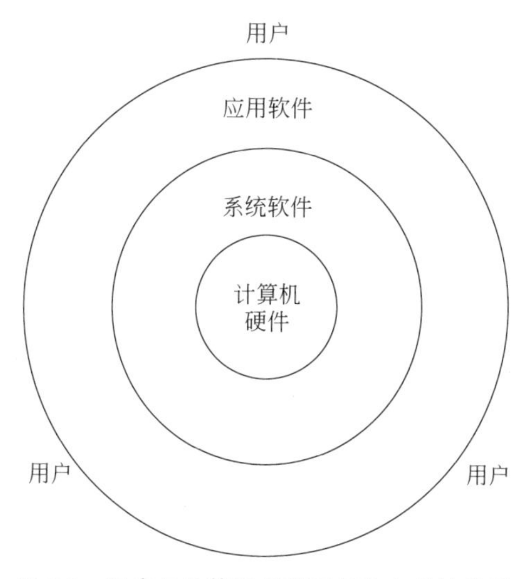

图 3.2　用户与计算机系统各层次之间的关系

3.1.1 计算机硬件系统

计算机的规模不同、机种和型号不同，它们在硬件配置上差别很大。但是，绝大多数都是根据冯·诺依曼计算机体系结构的思想来设计的，因而具有共同的基本配置，即五大部件：控制器、运算器、存储器、输入设备和输出设备。运算器和控制器合称为中央处理单元，即CPU(Central Processing Unit)，它是计算机的核心。

计算机硬件系统中五大部件的相互关系，如图3.3所示，其中空心箭头线代表数据流，实心箭头线代表控制流。

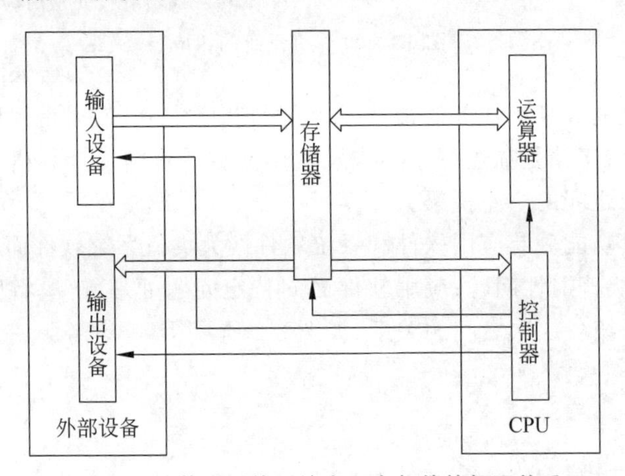

图3.3 计算机硬件系统中五大部件的相互关系

1. 控制器

控制器(Control Unit)是计算机的指挥中心，它使计算机各部件自动协调地工作。控制器每次从存储器中读取一条指令，经过分析译码，产生一串操作命令，发往各个部件，控制各部件的动作，使整个机器连续地、有条不紊地运行。控制器一般是由程序计数器(Program Counter,PC)、指令寄存器(Instruction Register,IR)、指令译码器(Instruction Decoder,ID)和操作控制器(Operation Controller,OC)等组成。程序计数器(PC)用来存放下一条指令的地址，具有自动加1的功能。指令寄存器(IR)用来存放当前要执行的指令代码。指令译码器(ID)用来识别IR中所存放要执行指令的性质。操作控制器(OC)根据指令译码器对要执行指令的译码，产生实现该指令的全部动作的控制信号。

2. 运算器

运算器(Arithmetic Unit)是用于信息处理的部件。算术逻辑运算单元是运算器的主要部件，其功能是对数据编码进行算术运算和逻辑运算。

算术运算是按照算术规则进行的运算。逻辑运算一般泛指非算术性运算，例如，比较、移位、逻辑加、逻辑乘、逻辑取反以及“异或”操作等。运算器通常由运算逻辑部件（ALU）和一系列寄存器组成。基本的逻辑运算可以由开关及其电路连接来实现，也可以由电子元器件及其电路连接来实现。比如，电路接通为1，电路断开为0（高电平为1，低电平为0）。

3. 存储器

存储器（Memory）的主要功能是存放程序和数据。不管是程序还是数据，在存储器中都是用二进制的形式表示，统称为信息。

（1）存储器的分类。

存储器分为内存储器（主存储器）和外存储器（辅助存储器）两类。

内存储器简称内存，是计算机各部件信息交流的中心，用来存放现行程序的指令和数据。用户通过输入设备输入的程序和数据先送入内存，控制器执行的指令和运算器处理的数据取自内存，运算的中间结果和最终结果保存在内存中，输出设备输出的信息来自内存，内存中的信息如果要长期保存应送到外存中。总之，内存要与计算机的各个部件打交道，所以内存的存取速度直接影响计算机的运算速度。

目前大多数内存由半导体器件构成，内存储器由许多存储单元组成，每个存储单元存放一个数据或一条指令，且有自己的地址，根据地址就可找到所需的数据和程序。内存具有容量小、存取速度快、停电后数据丢失的特点。

外存储器简称外存，用来存储大量暂时不参与运算的数据和程序以及运算结果。通常外存不与计算机的其他部件直接交换数据，而是成批地与内存交换信息。外存储器具有容量大、存取速度慢、停电后数据不丢失的特点。常见的外存设备有软盘、硬盘、闪盘、光盘和磁带等。

（2）存储器有关术语如下。

① 地址。整个内存被分成若干存储单元，每个存储单元都可以存放程序或数据。用于标识每个存储单元的唯一的编号称为地址。

② 位。一个二进制数（0 或 1）称为位（bit，比特），是数据的最小单位。

③ 字节。每八个二进制位称为一字节。为了衡量存储器的容量，统一以字节（Byte，简写为 B）为基本单位。存储器的容量一般使用 KB、MB、GB、TB 表示，它们之间的关系是 1KB＝1024B，1MB＝1024KB，1GB＝1024MB，1TB＝1024GB，1PB＝1024TB，1EB＝1024PB，其中 $1024=2^{10}$。再往上还有 ZB、YB、BB、NB、DB 等。

④ 字和字长。在计算机中，作为一个整体被存取或运算的最小信息单位称

为单元或字，每个字中存放的二进制数的长度称为字长。计算机的字长，一般指参加运算的寄存器所能表示的二进制数的位数。字长通常为字节的整数倍。计算机的字长越长，运行速度也就越快，其结构也就越复杂。计算机的字长可以是32位、64位等。

4. 输入设备

输入设备用来接收用户输入的原始数据和程序，并将它们变换为计算机能识别的形式，存放到内存中。常用的输入设备有键盘、鼠标、扫描仪、触摸屏和语音识别系统等。输入设备和主机之间通过接口连接。

5. 输出设备

输出设备用于将存放在内存中由计算机处理的结果转变为人们所能理解的形式。常用的输出设备有显示器、打印机、绘图仪和音响等。外存储器是计算机中重要的外部设备，它既可以作为输入设备，也可以作为输出设备。

总之，计算机硬件系统是运行程序的基本组成部分，人们通过输入设备将程序和数据存入存储器，运行时，控制器从存储器中逐条取出指令，将其解释成控制命令，控制各部件的动作。数据在运算器中被加工处理，处理后的结果通过输出设备输出。

知行合一

硬件系统是用正确的、低复杂度的芯片电路组合成高复杂度的芯片，逐渐组合，功能越来越强，这种层次化构造化的思维是计算及自动化的基本思维之一。

3.1.2 问题求解与计算机软件系统

通过了解计算机学科独特的思维方式，能够为我们将来创新性地解决生活工作中的问题奠定基础，能够为我们提供可持续发展的应用计算机技术的能力。

人类社会中一般问题的求解，可以归纳为4个主要步骤：分析和确定问题、制定计划与方案、执行计划与方案、评估与反思。

计算机软件系统可以固化人类的行为和思维特征，可以演绎人类解决各类问题的思想和方法，从而完成各种各样的功能。

人类使用计算机进行问题求解的方式主要有交互方式和程序方式两类。交互方式是直接使用计算机，是一种最基本的方法，也称为人机对话式；程序方式是通过程序间接使用计算机，是人类使用计算机的高级方式。

有些问题我们可以通过简单的人机交互或称人机对话来完成，比如，通过选择一个菜单项或单击一个命令按钮进行命令式人机交互。有些问题必须首先把问题求解的过程用“程序化”的方式表示出来，建立模型、设计算法，然后用计算机语言编程实现。两种方式很类似于人类社会中的讲话和写作。人与人之间的交流用简单的语言就可以完成，而在写作中，必须要求文章语法规范、语义清晰。

前面讲过，软件系统是指为运行、管理和维护计算机而编制的各种程序、数据和文档的总称。软件按其功能分为应用软件和系统软件两大类。系统软件面向计算机硬件系统本身，解决普遍性问题；应用软件面向特定问题处理，解决特殊性问题。

1. 系统软件

系统软件是指控制计算机的运行，管理计算机的各种资源，并为应用软件提供支持和服务的一类软件，其功能是方便用户，提高计算机使用效率，扩充系统的功能。系统软件具有两大特点：一是通用性，其算法和功能不依赖特定的用户，无论哪个应用领域都可以使用；二是基础性，其他软件都是在系统软件的支持下开发和运行的。系统软件是构成计算机系统必备的软件，例如，操作系统、数据库管理系统等。

2. 应用软件

应用软件是用户利用计算机硬件和系统软件，为解决各种实际问题而设计的软件。它包括应用软件包和面向问题的应用软件。某些应用软件经过标准化、模块化，逐步形成了解决某些典型问题的应用程序的组合，称为软件包(Package)。例如 AutoCAD 绘图软件包、通用财务管理软件包、Office 软件包等。目前，软件市场上能提供数以千计的软件包供用户选择。面向问题的应用软件是指计算机用户利用计算机的软硬件资源为某一专门的目的而开发的软件，例如，科学计算、工程设计、数据处理、事务管理等方面的程序。随着计算机的广泛应用，应用软件的种类及数量将越来越多、越来越庞大。根据应用软件的功能大致可分为字处理、电子表格、辅助设计、网络应用软件、实时控制、工具软件等，例如，文字处理软件、CAD 软件、城市交通监管系统、生产设备的自动控制系统软件等。

3.1.3 计算机的基本工作原理

计算机的基本工作原理包括存储程序和程序控制。计算机工作时先要把程序和所需数据送入计算机内存，然后存储起来，这就是“存储程序”的原理。运行时，计算机根据事先存储的程序指令，在程序的控制下由控制器周而复始地取出指令,分析指令,执行指令,直至完成全部操作,这就是“程序控制”的原理,计算机的工作原理如图3.4所示。

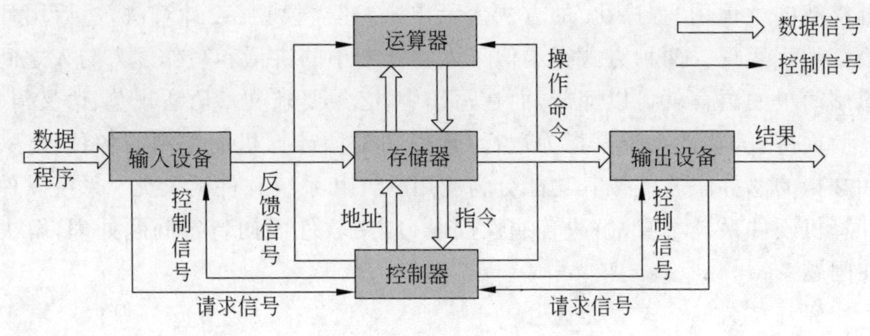

图 3.4 计算机的工作原理

1. 指令和指令系统

指令是指示计算机执行某种操作的命令,它由一串二进制数码组成。一条指令通常由两个部分组成:操作码+地址码。

(1) 操作码。

操作码规定计算机完成什么样的操作,如算术运算、逻辑运算或输出数据等操作。

(2) 地址码。

地址码是指明操作对象的内容或所在的存储单元地址,即指明操作对象是谁等信息。

一台计算机所能识别和执行的全部指令的集合称为这台计算机的指令系统。

指令按其完成的操作类型可分为数据传送指令(主机←→内存)、数据处理指令(算术和逻辑运算)、程序控制指令(顺序和跳转)、输入/输出指令(主机←→I/O设备)和其他指令。

程序是由指令组成的有序集合。对一个计算机系统进行总体设计时,设计师必须根据要完成的总体功能设计一个指令系统。指令系统中包含许多指令。为了区别这些指令,每条指令用唯一的代码来表示其操作性质,这就是指令操作码。操作数表示指令所需要的数值或数值在内存中所存放的单元地址。

2. 计算机的工作过程

计算机的工作过程,是计算机依次执行程序的指令的过程。一条指令执行完毕后,控制器再取下一条指令执行,如此下去,直到程序执行完毕。计算机完成一条指令操作包括取指令、分析指令和执行指令三个阶段。

(1) 取指令。

控制器根据程序计数器的内容(存放指令的内存单元地址)从内存中取出指令送到指令寄存器,同时修改程序计数器的值,使其指向下一条要执行的指令。

(2) 分析指令。

对指令寄存器中的指令进行分析和译码。

(3) 执行指令。

根据分析和译码实现本指令的操作功能。

知行合一

计算机或计算系统可以被认为是由基本动作以及基本动作的各种组合所构成的。对这些基本动作的控制就是指令。指令的各种组合和数据组成了程序。指令和程序的思维是一种重要的计算思维。

3.2 微型计算机的硬件系统

微型计算机是大规模集成电路技术发展的产物,又称个人计算机(PC),本节就微型计算机系统的基本组成(即硬件系统和软件系统)分别进行阐述。

微型计算机的硬件系统根据冯·诺依曼体系结构配置,由运算器、控制器、存储器、输入设备和输出设备组成。

3.2.1 总线

1. 系统总线的概念

主板上配有连接插槽,这些插槽又称"总线接插口"。计算机的外设通过接口电路板连接到主板上的总线接插口,与系统总线相连接。

系统总线(Bus)是 CPU 与其他部件之间传送数据、地址和控制信号的公用通道。如果说主板是一座城市,那么总线就像是城市里的公共汽车,能按照固定行车路线传输信号,总线上传输的信号就像公共汽车上运载的人或物。

总线是由导线组成的传输线束,主机的各个部件通过总线相连接,外部设备通过相应的接口电路再与总线相连接,从而形成了计算机硬件系统。

从物理上讲,系统总线是计算机硬件系统中各部分互相连接的方式;从逻辑上讲,系统总线是一种通信标准,是关于扩展卡能在 PC 中工作的协议。采用总线结构便于部件或设备的扩充,使用统一的总线标准,不同设备间互连将更容易实现。

2. 总线的分类

按照计算机所传输的信息种类,计算机的总线主要分为数据总线、地址总线和控制总线三种,分别用来传输数据、数据地址和控制信号。

(1) 数据总线。

数据总线(Data Bus)用于实现数据的输入和输出,数据总线的宽度等于计算机的字长。因此数据总线的宽度是决定计算机性能的主要指标。

(2) 地址总线。

地址总线(Address Bus)用于 CPU 访问内存和外部设备时传送相关地址,实现信息传送的设备的选择。例如,CPU 与主存传送数据或指令时,必须将主存单元的地址送到地址总线上。地址总线通常是单向线,地址信息由源部件发送到目的部件。地址总线的宽度决定 CPU 的寻址能力。若某计算机的地址总线为 n 位,则此计算机的寻址范围为 $0\sim2^n-1$。

(3) 控制总线。

控制总线(Control Bus)用于 CPU 访问内存和外部设备时传送控制信号,从而控制对数据总线和地址总线的访问和使用。

3. 常用总线标准

在计算机系统中通常采用标准总线。标准总线不仅具体规定了线数及每根线的功能,而且还规定了统一的电气特性。主板上主要有 FSB、MB、PCI、PCI-E、USB、LPC、IHA 等 7 大总线,以及 CA、EISA、VESA、PCI、AGP 等总线标准。现在,主板上配备较多的是 PCI 和 AGP 总线。PCI(Peripheral Component Internet)是一种局部总线标准,它能够一次处理 32 位数据,用于声卡、内置调制解调器的连接。AGP(Accelerated Graphics Port)加速图形端口,是显卡的专用扩展插槽,它是在 PCI 图形接口的基础上发展而来的。AGP 直接把显卡与主板控制芯片连接在一起,从而很好地解决了低带宽 PCI 接口造成的系统瓶颈问题。

PCI-E(PCI Express)是目前流行的一种高速串行总线。PCI-E 2.0 标准制定于 2007 年,PCI-E 3.0 标准于 2010 年进入市场,PCI-E 3.0 的信号频率从 PCI-E 2.0 的 5GT/s 提高到 8GT/s。

4. 系统总线的性能指标

(1) 总线的带宽。

总线的带宽是指单位时间内总线上可传送的数据量,即每秒传送的字节数,它与总线的位宽和总线的工作频率有关。

(2) 总线的位宽。

总线的位宽是指总线能同时传送的数据位数,即数据总线的位数。

(3) 总线的工作频率。

总线的工作频率也称为总线的时钟频率,以 MHz 为单位,总线带宽越宽,总线工作速度越快。

3.2.2 中央处理单元(CPU)

1. CPU 的功能

在微型计算机中,CPU 是由大规模和超大规模集成电路组成的模块,又被称为微处理器 MPU(Micro Processing Unit)。它由运算器、控制器和寄存器组成,是微型计算机硬件中的核心部件。晶体管是制造所有微芯片的基础。晶体管只能生成二进制的信息:如果电流流过就是"1",而没有电流就是"0"。根据这些被称为位(bit)的"1"和"0",只要计算机拥有足够的晶体管以容纳所有的"1"和"0",那么它就能生成任何数字。随着大规模集成电路的出现,微处理器的所有部分都集成在一块半导体芯片上。

CPU 有 Intel 8080、80286、80386、80486、80586、Pentium 系列等,从单一核心发展到多核心。CPU 生产厂家主要有 Intel 公司、AMD 公司和 VIA 公司等。16 核的 CPU 于 2012 年由我国首先发布,目前用于超级计算机中。

现在主流计算机都配置一个或多个 CPU,每个 CPU 中又有多个核,以提高任务处理的效率。

2. CPU 的主要性能指标

(1) 字与字长。

前面讲过,计算机内部作为一个整体参与运算、处理和传送的一串二进制数,称为一个字。在计算机中,许多数据是以字为单位进行处理的,是数据处理的基本单位。字长越长,运算能力就越强,计算精度就越高。

(2) 主频。

CPU 有主频、倍频、外频三个重要参数,它们的关系是:主频=外频×倍频,主频是 CPU 内部的工作频率,即 CPU 的时钟频率(CPU Clock Speed)。外频是系统总线的工作频率,倍频是它们相差的倍数。CPU 的运行速度通常用主频表示,以 Hz 作为计量单位。主频越高,CPU 的运算速度越快。

(3) 时钟频率。

时钟频率即 CPU 的外部时钟频率(即外频),它由计算机主板提供,直接影响 CPU 与内存之间的数据交换速度。

(4) 地址总线宽度。

地址总线宽度决定了CPU可以访问的物理地址空间,即CPU能够使用多大容量的内存。假设CPU有n条地址线,则其可以访问的物理地址为2^n个。

(5) 数据总线宽度。

数据总线宽度决定了整个系统的数据流量的大小,数据总线宽度决定了CPU与二级高速缓存、内存以及输入/输出设备之间一次数据传输的信息量。

3.2.3 内存储器

内存储器是计算机中最主要的部件之一,用来存储计算机运行期间所需要的大量程序和数据。微型计算机中的内存都采用内存条的形式直接插在主板的内存条插槽上。

1. 内存储器的分类

内存储器按功能分为随机存储器(Random Access Memory,RAM)、只读存储器(Read Only Memory,ROM)、高速缓冲存储器(Cache)。

(1) RAM。

RAM的作用是临时存放正在运行用户程序和数据以及临时(从磁盘)调用的系统程序。其特点是,RAM中的数据可以随机读出或者写入;关机或者停电时,其中的数据丢失。

RAM又可分为以下两种。

① 静态存储器(Static RAM,SRAM)。“静态”是指数据被写入后,除非重新写入新数据或关机,否则写入的数据保持不变。

② 动态存储器(Dynamic RAM,DRAM)。人们平常所说的内存就是DRAM,它是用MOS型晶体管中的栅极电容来存储数据信息,需要定时(一般为2ms)充电,补充丢失的电荷,因此称为动态存储器,充电的过程称为刷新。

SRAM要比DRAM速度更快,常用来做计算机的Cache。

(2) ROM。

ROM的作用是存放一些需要长期保留的程序和数据,如系统程序、控制时存放的控制程序等。其特点是只能读,一般不能改写,能长期保留其上的数据,即使断电也不会破坏。一般在系统主板上装有ROM-BIOS,它是固化在ROM芯片中的系统引导程序,完成系统加电自检、引导和设置输入/输出接口的任务。

ROM主要分为以下几种。

① 固定只读存储器(ROM):其内容是厂家生产时写入,用户不能改写。

② 可编程只读存储器(PROM):其内容由用户事先写入,写入后不能

改写。

③ 可改写可编程只读存储器(EPROM)：其内容可用紫外线照射擦除，然后重新写入。

④ 电擦除只读存储器(E2PROM)：其内容可用电擦除，然后重新写入。

(3) Cache。

因为CPU的速度越来越快，动态随机存取存储器的速度受到制造技术的限制，无法与CPU的速度同步，因而经常导致CPU不得不降低自己的速度来适应DRAM的速度，Cache的作用是缓解高速度的CPU和低速度的DRAM之间的矛盾，以提高整机的工作效率。其实现方法是，将当前要执行的程序段和要处理的数据复制到Cache，CPU读写时，首先访问Cache。当Cache中有CPU所需的数据时，直接从Cache中读取；如果没有就从内存中读取，并把与该数据相关的部分内容复制到Cache，为下一次访问做好准备。

一般Cache分两种：一种是CPU内部Cache，也称一级Cache，内置在CPU内部，容量较小；另一种是CPU外部Cache，也称二级Cache，容量比一级Cache大一个数量级，价格也便宜。目前一级Cache和二级Cache通常集成到CPU芯片中。为了进一步提高性能，还可以把Cache设置成三级。

2. 内存的性能指标

(1) 存储容量。

通常以RAM的存储容量来表示微型计算机的内存容量。常用单位有KB、MB、GB等。

(2) 存取周期。

内存的存取周期是指存储器进行两次连续、独立的操作(存数的写操作和取数的读操作)之间所需要的最短时间，以ns(纳秒)为单位，该值越小速度越快。常见的有7ns、10ns、60ns等。存储器的存取周期是衡量主存储器工作速度的重要指标。

(3) 功耗。

功耗能反映存储器耗电量的大小，也反映了发热程度。功耗小，对存储器的工作稳定有利。

3.2.4 系统主板

系统主板(System Board)又称主板或母板，用于连接计算机的多个部件，它安装在主机箱内，是微型计算机的最基本最重要的部件之一。在微型计算机系统中，CPU、RAM、存储设备和显示卡等所有部件都是通过主板相结合，主板性能和质量的好坏将直接影响整个系统的性能。

1. 主要部件

集成在主机板上的主要部件有芯片组、扩展槽(总线)、BIOS 芯片、CMOS 芯片、电池、CPU 插座、内存槽、Cache 芯片、DIP 开关、键盘插座及小线接脚等。其结构如图 3.5 所示。

图 3.5 主板的结构

主板结构是根据主板上各元器件的布局排列方式、尺寸大小、形状、所使用的电源规格等制定出的通用标准,所有主板厂商都必须遵循,比如 ATX、BTX 等。

主板采用了开放式结构。主板上大都有 6～15 个扩展插槽,供 PC 外围设备的控制卡(适配器)插接。通过更换这些插卡,可以对微型计算机的相应子系统进行局部升级,使厂家和用户在配置机型方面有更大的灵活性。

(1) 芯片组。

芯片组(Chipset)是主板的核心组成部分,几乎决定了这块主板的功能,进而影响到整台计算机系统性能的发挥。按照在主板上的排列位置的不同,通常分为北桥芯片和南桥芯片。北桥芯片提供对 CPU 的类型和主频、内存的类型和最大容量、ISA/PCI/AGP 插槽、ECC 纠错等支持。南桥芯片则提供对键盘控制器、实时时钟控制器、USB 等的支持。其中北桥芯片起着主导性的作用,也称为主桥(Host Bridge)。

(2) CPU 插槽。

不同主板支持不同的 CPU,其上的 CPU 插槽也各不相同。

(3) 内存插槽与内存条。

在主板上,有专门用来安插内存条的插槽,称为"系统内存插槽"。根据内存条的线数,可以把内存分为 72 线、168 线、184 线、240 线等;根据内存条的容量,可以分为 512MB、1GB、2GB 等。用户可以根据自己主板上的内存插槽类型和个数酌情增插内存条以扩充计算机内存。

(4) 扩展槽与扩展总线。

扩展插槽是主板上用于固定扩展卡并将其连接到系统总线上的插槽,也称扩展槽、扩充插槽,又称“总线接插口”。计算机的外设通过接口电路板连接到主板上的总线接插口,与系统总线相连接,可以连接声卡、显卡等设备。扩展槽总线是主板与插到它上面的板卡的数据流通的通道。扩展槽口中的金属线就是扩展总线。扩展槽有 ISA、EISA、VESA、PCI、AGP 等多种类型,相应的扩展总线也分为 ISA、EISA、VESA、PCI、AGP、PCI-Express(简称 PCI-E)等多种类型。扩展槽是一种添加或增强计算机特性及功能的方法。扩展插槽的种类和数量的多少是决定一块主板性能高低的重要指标。

(5) 基本输入/输出系统。

基本输入/输出系统(Basic Input/Output System,BIOS)是高层软件(如操作系统)与硬件之间的接口。BIOS 主要实现系统启动、系统自检、基本外部设备输入/输出驱动和系统配置分析等功能。BIOS 一旦损坏,计算机将不能工作。有一些病毒(如 CIH 等)专门破坏 BIOS,使计算机无法正常开机工作,以致系统瘫痪,造成严重后果。

(6) CMOS 芯片。

CMOS 是一块小型的 RAM,具有工作电压低、耗电量少的特点。在 CMOS 中保存有存储器和外部设备的种类、规格及当前日期、时间等系统硬件配置和一些用户设定的参数,为系统的正常运行提供所需数据。若 CMOS 上记载的数据出错或数据丢失,则系统无法正常工作。恢复 CMOS 参数的方法是:系统启动时,按设置键(通常是 Delete 键)进入 BIOS 设置窗口,在该窗口内进行 CMOS 的设置。CMOS 开机时由系统电源供电,关机时靠主板上的电池供电,即使关机,信息也不会丢失,但应注意更换电池。

2. 工作原理

当主机加电时,电流会在瞬间通过 CPU、南北桥芯片、内存插槽、AGP 插槽、PCI 插槽、IDE 接口以及主板边缘的串口、并口、PS/2 接口等。随后,主板会根据 BIOS(基本输入输出系统)来识别硬件,并进入操作系统,发挥出支撑系统平台工作的功能。

3.2.5 外存储器

外存储器又称为辅助存储器,用来长期保存数据、信息。

1. 硬盘存储器

硬盘是计算机主要的存储媒介之一,由一个或多个铝制或玻璃制的碟片组成。碟片外覆盖有铁磁性材料。

硬盘主要有固态硬盘、机械硬盘、混合硬盘三类。

(1) 固态硬盘。

固态硬盘(Solid State Disk、Solid State Drive，SSD)是用固态电子存储芯片阵列而制成的硬盘。固态硬盘的存储介质分为两种：一种是采用闪存(Flash芯片)作为存储介质；另一种是采用DRAM作为存储介质。近年来还推出了XPoint颗粒技术。

基于闪存的固态硬盘是固态硬盘的主要类别，其内部构造十分简单，固态硬盘内主体其实就是一块印制电路板，而这块板上最基本的配件就是控制芯片、缓存芯片(部分低端硬盘无缓存芯片)和用于存储数据的闪存芯片。

固态硬盘的主要特点如下：

① 读写速度快。采用闪存作为存储介质，读取速度相对机械硬盘更快。固态硬盘不用磁头，寻道时间几乎为0。

② 防震抗摔性、低功耗、无噪音、抗震动、低热量、体积小、重量轻、工作温度范围大。

(2) 机械硬盘。

机械硬盘(Hard Disk Drive，HDD)即是传统普通硬盘，主要由盘片、磁头、盘片转轴及控制电机、磁头控制器、数据转换器、接口、缓存等几个部分组成。

机械硬盘中所有的盘片都装在一个旋转轴上，每张盘片之间是平行的，在每个盘片的存储面上有一个磁头，磁头与盘片之间的距离比头发丝的直径还小，所有的磁头联在一个磁头控制器上，由磁头控制器负责各个磁头的运动。磁头可沿盘片的半径方向运动，加上盘片每分钟几千转的高速旋转，磁头就可以定位在盘片的指定位置上进行数据的读写操作。

(3) 混合硬盘。

混合硬盘(Hybrid Hard Disk，HHD)是把磁性硬盘和闪存集成到一起的一种硬盘。

2. 光盘存储器

(1) 光盘及其分类。

光盘又称CD(Compact Disc，压缩盘)，由于其存储容量大、存储成本低、易保存，因此在微型计算机中得到了广泛的应用。光盘存储器由光盘驱动器和盘片组成，其盘片(也称为母盘)上敷以光敏材料，激光照射时，分子排列发生变化，形成小坑点(也称为光点)，以此记录二进制信息。常见的光盘驱动器有以下几种。

① CD-ROM光驱。它可以读取CD盘和CD-ROM(只读型光盘)中的信

息，其工作原理是利用激光束扫描光盘盘片，把盘片上的光电信息转换成数字信息并传给计算机。

② DVD-ROM 光驱。DVD(Digital Versatile Disc)又称数字化视频光盘，是 CD-ROM 的后继产品。

③ 刻录机。它能够对一次写入型光盘(包括 CD-R 和 DVD±R)和可擦写型盘片(包括 CD-RW 和 DVD±RW)一次性或重复地写入数据。其工作原理是用强激光束对光介质进行烧孔或起泡，从而产生凹凸不平的表面。它可当 CD-ROM 光驱和 DVD-ROM 光驱使用。

(2) 使用光盘的注意如下事项：

① 保持盘面清洁，要小心轻放，以免盘面划伤。

② 光盘在高速旋转状态中，不能按“弹出”按钮，以免损伤盘面。

3. 移动存储器

目前常见的移动存储设备主要是闪盘和移动硬盘。

(1) 闪盘。

闪盘具有 USB 接头，只要插入个人计算机的 USB 插槽，计算机即会检测到并把它视为另一个硬盘，又称优盘或闪存。目前常见的闪盘存储容量有 64GB、128GB、256GB、512GB、1TB 等，资料储存期限可达 10 年以上。按功能可分为无驱型、固化型、加密型、启动型和红外型等。

(2) 移动硬盘。

移动硬盘是以硬盘为存储介质，以“盘片”存储文件，容量较大，数据的读写模式与标准 IDE 硬盘是相同的。移动硬盘多采用 USB、IEEE 1394 等传输速度较快的接口。移动硬盘的容量有 500GB、1TB、5TB 等。盘片的直径常见有 2.5 英寸和 3.5 英寸两种。

4. 云存储

云存储是与云计算同时发展的一个概念。云存储是通过网络提供可配置的虚拟存储及相关的数据服务，即将存储作为一种服务，通过网络提供给用户。用户可以通过若干种方式使用云存储。用户可直接使用与云存储相关的在线服务，如网络硬盘、在线存储、在线备份或在线归档等服务。目前，提供云存储服务的有 Google Drive、iCloud、华为网盘、Windows Live Mesh 和 360 云盘等。

3.2.6 输入设备

常用的输入设备有键盘、鼠标、扫描仪、手写板、摄像头等。

1. 键盘

键盘是用于操作设备运行的一种指令和数据输入装置，是最常用也是最主要的输入设备。常规的键盘有机械式按键和电容式按键两种。在工控机键盘中还有一种轻触薄膜按键的键盘。键盘的接口有 AT 接口、PS/2 接口和 USB 接口。

2. 鼠标

鼠标是一种屏幕标定装置。鼠标是 1968 年出现的，美国科学家道格拉斯·恩格尔巴特(Douglas Engelbart)在加利福尼亚制作了第一只鼠标。

鼠标分有线和无线两种。按接口类型可分为串行鼠标、PS/2 鼠标、总线鼠标和 USB 鼠标。按其工作原理及其内部结构的不同可以分为机械式、光机式、光电式和蓝牙式。

3. 扫描仪

扫描仪是利用光电技术和数字处理技术，以扫描方式将图形或图像信息转换为数字信号的装置。

4. 手写板

手写板不仅可以通过手写输入中文，还可以代替鼠标进行操作。

5. 摄像头

摄像头是一种视频输入设备，被广泛运用于视频会议、远程医疗及实时监控等方面。

现在人们正在研究使计算机具有人的"听觉"和"视觉"，即让计算机能听懂人说的话，看懂人写的字，从而能像人类接收信息的方式一样接收信息，为此，开辟了新的研究方向，包括模式识别、人工智能、信号与图像处理等，并在这些研究方向的基础上产生了语言识别、文字识别、自然语言解与机器视觉等研究方向。

3.2.7 输出设备

常用的输出设备有显示器、打印机、绘图仪、影像输出系统、语音输出系统等。

1. 显示器

(1) 显示器主要技术参数如下。

① 屏幕尺寸。指矩形屏幕的对角线长度，以英寸为单位，反映显示屏幕的大小。

② 显示分辨率。指屏幕像素的点阵。像素是指屏幕上能被独立控制其颜色和亮度的最小区域，即荧光点。显示分辨率通常写成水平点数×垂直点数的

形式，例如，800×600、1024×768等许多规格，它取决于垂直方向和水平方向扫描线的线数。

③ 点距。指一种给定颜色的一个发光点与离它最近的相邻同色发光点之间的距离。在任何相同分辨率下，点距越小，图像就越清晰，14英寸显示器常见的点距有0.31mm和0.28mm两种。

④ 扫描频率。指显示器每秒扫描的行数，单位为千赫(kHz)。它决定着最大逐行扫描清晰度和刷新速度。水平扫描频率、垂直扫描频率、分辨率这三者是密切相关的，每种分辨率都有其对应的最基本的扫描速度，比如，分辨率为1024×768的水平扫描速率为64kHz。

⑤ 刷新速度。指每秒出现新图像的数量，单位为Hz(赫兹)。刷新率越高，图像的质量就越好，闪烁越不明显，人的感觉就越舒适。

(2) 显示卡。

显示卡也称为显示适配器，显示卡是连接CPU与显示器的接口电路，负责把需要显示的图像数据转换成视频信号，控制显示器的显示。显示卡由寄存器、显示存储器和控制电路三部分组成。显示存储器用来暂存显示卡芯片所处理的数据。

(3) LCD彩色显示器。

LCD彩色显示器的工作原理是：通过电场控制液晶分子的排列，使得通电时液晶排列有序，光线易通过；不通电时液晶分子排列混乱，阻止光线通过，从而将二进制信息转换成由亮点和暗点组成的可视信号。通过不同电压的控制，来控制点的亮度；通过光过滤器将白光分解成红、绿、蓝三基色，并通过它们的线性组合形成各种颜色。对于多个点的控制，可以组合成点阵，从而在屏幕上显示出一幅图像。

2. 打印机

衡量打印机好坏的指标有三项：打印分辨率、打印速度和噪声。按打印元件对纸是否有击打动作，分击打式打印机与非击打式打印机。按打印字符结构，分全形字打印机和点阵字符打印机。按一行字在纸上的形成方式，分串式打印机与行式打印机。按所采用的技术，分柱形、球形、喷墨式、热敏式、激光式、静电式、磁式、发光二极管式等打印机。

(1) 激光印字机。

激光印字机是一种非击打式打印机。其基本原理是：激光源发出的激光束经由字符点阵信息控制的声光偏转器调制后，进入光学系统，通过多面棱镜对旋转的感光鼓进行横向扫描，于是在感光鼓上的光导薄膜层上形成字符或图像的静电潜像，再经过显影、转印和定影，便在纸上得到所需的字符或图像。其主要优点是打印速度快，印字的质量高，噪声小。

(2) 喷墨印字机。

喷墨印字机基本原理是带电的喷墨雾点经过电极偏转后,直接在纸上形成所需字形。其主要优点是印字速度较快,分辨率较高,无击打噪声。

3. 绘图仪

绘图仪主要用于绘制各种管理图表和统计图、大地测量图、建筑设计图、电路布线图、各种机械图与计算机辅助设计图等。

3.2.8 微型计算机的主要性能指标和分类

1. 微型计算机的主要性能指标

(1) 字长。

字长是 CPU 的主要参数,字长越长,可以表示的有效位数就越多,运算精度越高,能支持功能的指令更强,计算机的处理能力更强,计算机的数据处理速度也越快。微型计算机的字长一般为 32 位和 64 位。

(2) 运算速度。

计算机的运算速度指每秒所能执行的指令数。由于不同类型的指令所需时间不同,因此,运算速度也有不同的计算方法。现在多用各种指令的平均执行时间及相应指令的运行比例来综合计算运算速度,即用加权平均法求出等效速度。单位为 MIPS(百万条指令/秒)。

(3) 主频和外频。

主频越高,CPU 的运算速度越快。外频由计算机主板提供,直接影响 CPU 与内存之间的数据交换速度。人们通常把微型计算机的类型与主频标注在一起,例如,P4/2.4G,表示 CPU 芯片的类型为 P4,主频为 2.4GHz。

(4) 内存容量。

内存容量是指随机存储器 RAM 存储容量的大小,它决定了可运行程序的大小和程序运行的效率。内存越大,主机外设交换数据所需要的时间越少,因而运行速度越快。

(5) 硬盘容量。

硬盘容量反映了微机存取数据的能力。

除了以上主要指标外,还可用存取周期、系统的兼容性、可靠性、可维护性、可用性、性能价格比等方面衡量计算机的性能。

2. 微型计算机的分类

(1) 按字长分类。

微型计算机按不同的字长可以分为 8 位机、16 位机、32 位机和 64 位机。

(2) 按结构分类。

按结构分类分为以下三种。

① 单片机。单片机是把微机处理器、存储器、输入输出接口都集成在一块集成电路芯片上。

② 单板机。单板机是将计算机的各个部分都组装在一块印制电路板上。

③ 多板机。多板机是由多个功能不同的电路板组成的计算机,目前的微型计算机都属于多板机。单片机和单板机主要用于设备和仪器仪表的控制部件或用于生产过程控制。

3.3 计算机的启动过程

计算机是如何启动的呢?计算机的启动是一个非常复杂的过程。计算机的启动从打开电源到开始操作,我们看见屏幕快速滚动,并出现各种提示。

计算机的整个启动过程分成四个阶段。

1. 第一阶段:BIOS

20 世纪 70 年代初,只读内存(ROM)发明,开机程序被刷入 ROM 芯片,计算机通电后,第一件事就是读取它。

(1) 硬件自检。

基本输入输出系统(BIOS)程序首先检查,计算机硬件能否满足运行的基本条件,这称为"硬件自检"(Power-On Self-Test,POST)。如果硬件出现问题,主板会发出不同含义的蜂鸣,启动中止。如果没有问题,屏幕就会显示出 CPU、内存、硬盘等信息。

(2) 启动顺序。

硬件自检完成后,BIOS 把控制权转交给下一阶段的启动程序。

这时,BIOS 需要知道下一阶段的启动程序具体存放在哪一个设备。也就是说,BIOS 需要有一个外部储存设备的排序,排在前面的设备就是优先转交控制权的设备。这种排序称为启动顺序(Boot Sequence)。打开 BIOS 的操作界面,里面有一项就是"设定启动顺序"。

2. 第二阶段:主引导记录

BIOS 按照启动顺序,把控制权转交给排在第一位的储存设备。这时,计算机读取该设备的第一个扇区,也就是读取最前面的 512 字节。如果这 512 字节的最后两字节是 0×55 和 0xAA,表明这个设备可以用于启动;如果不是,表明设备不能用于启动,控制权于是被转交给启动顺序中的下一个设备。

这最前面的512字节,就称为“主引导记录”(Master Boot Record,MBR)。

(1) 主引导记录的结构。

主引导记录只有512字节,主要作用是,告诉计算机到硬盘的哪一个位置去找操作系统。

主引导记录由3部分组成:第1～446字节为调用操作系统的机器码;第447～510字节为分区表(Partition Table),它的作用是将硬盘分成若干个区;第511～512字节为主引导记录签名(0x55和0xAA)。

(2) 分区表。

硬盘分区有很多好处。考虑到每个区可以安装不同的操作系统,主引导记录必须知道将控制权转交给哪个区。分区表的长度只有64字节,里面又分成四项,每项16字节。所以,一个硬盘最多只能分四个一级分区,又称为主分区。

每个主分区的16字节,由6部分组成:第1字节如果为0×80,就表示该主分区是激活分区,控制权要转交给这个分区(四个主分区里面只能有一个是激活的);第2～4字节是主分区第一个扇区的物理位置(柱面、磁头、扇区号等);第5字节是主分区类型;第6～8字节是主分区最后一个扇区的物理位置;第9～12字节是该主分区第一个扇区的逻辑地址;第13～16字节是主分区的扇区总数,决定了这个主分区的长度。也就是说,一个主分区的扇区总数不超过2^{32}。

如果每个扇区为512字节,就意味着单个分区最大不超过2TB。再考虑到扇区的逻辑地址也是32位,所以单个硬盘可利用的空间最大也不超过2TB。如果想使用更大的硬盘,只有两个方法:一是提高每个扇区的字节数;二是增加扇区总数。

3. 第三阶段:硬盘启动

这时,计算机的控制权就要转交给硬盘的某个分区了,这里又分成三种情况。

① 情况1:卷引导记录。上面提到,四个主分区里面,只有一个是激活的。计算机会读取激活分区的第一个扇区,称为卷引导记录(Volume Boot Record,VBR)。卷引导记录的主要作用是,告诉计算机,操作系统在这个分区里的位置。然后,计算机就会加载操作系统了。

② 情况2:扩展分区和逻辑分区。随着硬盘越来越大,四个主分区已经不够了,需要更多的分区。但是,分区表只有四项,因此规定有且仅有一个区可以被定义成扩展分区(Extended Partition)。所谓扩展分区,就是指这个区里面又分成多个区。这种分区里面的分区,就称为逻辑分区(Logical Partition)。计算

机先读取扩展分区的第一个扇区,称为扩展引导记录(Extended Boot Record, EBR)。它里面也包含一张64字节的分区表,但是最多只有两项(也就是两个逻辑分区)。计算机接着读取第二个逻辑分区的第一个扇区,再从里面的分区表中找到第三个逻辑分区的位置,以此类推,直到某个逻辑分区的分区表只包含它自身为止(即只有一个分区项)。因此,扩展分区可以包含无数个逻辑分区。但是,似乎很少通过这种方式启动操作系统。如果操作系统确实安装在扩展分区,一般采用下一种方式启动。

③ 情况3:启动管理器。在这种情况下,计算机读取主引导记录前面446字节的机器码之后,不再把控制权转交给某一个分区,而是运行事先安装的启动管理器(Boot Loader),由用户选择启动哪一个操作系统。Linux环境中,目前最流行的启动管理器是Grub。

4. 第四阶段:操作系统

控制权转交给操作系统后,操作系统的内核首先被载入内存,然后是载入和初始化硬件驱动、启动服务等,从而启动整个操作系统。

至此,全部启动过程完成。

3.4 操作系统

3.4.1 操作系统概述

操作系统(Operating System, OS)是最基本的系统软件,是计算机硬件与其他软件的接口,也是用户与计算机的接口。操作系统是管理计算机各种资源、自动调度用户各种作业程序、处理各种中断的软件。它是计算机硬件的第一级扩充,是用户与计算机之间的桥梁,是软件中最基础和最核心的部分。它的作用是管理计算机中的硬件、软件和数据信息,支持其他软件的开发和运行,使计算机能够自动、协调、高效地工作。

操作系统根据不同的侧重分类如下。

1. 按用户界面分类

(1) 命令行界面操作系统。

在这类操作系统中,用户通过输入命令操作计算机,如MS-DOS、Novell等。

(2) 图形界面操作系统。

在这类操作系统中,用户可以使用鼠标对图标、菜单或按钮等图形元素进行操作。如Windows、Android、iOS等。

2. 按支持的用户数分类

(1) 单用户操作系统。

这类操作系统中,系统资源由一个用户独占,同一时间只能完成用户提交的一个任务,如 MS-DOS、早期的 Windows 系列等。

(2) 多用户操作系统。

这类操作系统中,系统资源同时为多个用户共享,如 UNIX、Linux 以及 Windows 7 以上版本等。

3. 按运行的任务分类

(1) 单任务操作系统。

这类操作系统中,用户一次只能提交一个任务,如 MS-DOS 等。

(2) 多任务操作系统。

这类操作系统中,用户一次可以提交多个任务,系统可以同时接收并且处理。Windows 多任务处理采用的是称为虚拟机(Virtual Machine)的技术,如 Windows 系列、UNIX、Linux 等。

4. 按系统的功能分类

(1) 批处理操作系统。

这类操作系统允许用户将由程序、数据及相关文档组成的作业成批地提交给系统。

(2) 分时操作系统。

这类操作系统是将 CPU 的时间划分成时间片,轮流接收和处理各个用户从终端输入的命令,使每个终端不易感觉到其他终端也在使用这台计算机。

(3) 实时操作系统。

这类操作系统是指计算机对输入信息要以足够快的速度进行处理,并在规定的时间内做出反应。具体应用的领域有导弹发射实时控制系统、飞机自动导航系统、机票订购实时信息处理系统等。

(4) 网络操作系统。

这类操作系统能够管理网络通信和网络上的资源共享,协调各个主机上任务的运行,并向用户提供统一、高效和方便易用的网络接口,常用的有 Windows NT、UNIX、Linux 等。

3.4.2 常用的操作系统

常用的操作系统有以下几种。

(1) MS-DOS。

MS-DOS 是 Microsoft 公司推出的配置在 16 位字长 PC 上命令行界面的单用户单任务的操作系统，它对硬件要求低，现已逐渐被 Windows 替代。

(2) Windows。

Windows 是 Microsoft 公司推出的基于图形界面的单用户多任务的操作系统，是 20 世纪 90 年代以后使用率最高的一种操作系统。Windows 采用了图形化模式的 GUI，比起从前的 MS-DOS 需要输入指令使用的方式更为人性化。

(3) UNIX。

UNIX 是一种运用较早、使用率较高的网络操作系统之一，是通用、交互式、多用户、多任务的操作系统，是在科学领域和高端工作站上应用最广泛的操作系统。它采用 C 语言编写，可移植性强。由于 UNIX 强大的功能和优良的性能，使之成为被业界公认的工业化标准的操作系统。

(4) Linux。

Linux 是 20 世纪 90 年代由芬兰赫尔辛基大学的学生 Linus Torvalds 创建并由众多软件爱好者共同开发的操作系统。它是由 UNIX 衍生出来的，性能与 UNIX 接近，最大特点是它的所有源代码都开放，用户可以免费获取 Linux 及其生成工具的源代码，并可以进行修改，建立自己的 Linux 开发平台，开发 Linux 应用软件。Linux 与 UNIX 兼容，能支持多任务、多进程、多 CPU 和多种网络协议，是一个性能稳定的多用户网络操作系统。

(5) 移动设备的操作系统。

智能手机、平板电脑和掌上电脑，我们都称为移动设备。移动设备中的操作系统我们自然也称为“移动设备操作系统”，它在传统 PC 操作系统的基础上又加入了触摸屏、移动电话、蓝牙、Wi-Fi、GPS、近场通信等功能模块，以满足移动设备所特有的需求。

移动设备的主流操作系统有 Android、iOS 等。Android 是一种基于 Linux 的自由及开放源代码的操作系统，主要使用于移动设备，如智能手机和平板电脑，由 Google 公司和开放手机联盟领导及开发。2005 年 8 月由 Google 收购注资。2007 年 11 月，Google 与 84 家硬件制造商、软件开发商及电信营运商组建开放手机联盟共同研发改良 Android 系统。第一部 Android 智能手机发布于 2008 年 10 月。Android 逐渐扩展到平板电脑及其他领域上，如电视、数码相机、游戏机等。

(6) 实时嵌入式操作系统。

单片机的操作系统软件称为嵌入式系统。嵌入式系统是用于控制、监视或者辅助操作机器和设备的装置。

嵌入式操作系统几乎都是实时操作系统。实时嵌入式操作系统比普通操作系统的响应速度更快。系统收到信息后，没有丝毫延迟，马上就能做出反应，因此才称为“实时”。实时嵌入式操作系统被广泛用于对时间精度要求非常苛刻的领域，例如，工业控制系统、数字机床、电网设备监测、交通管理中的 GPS(Global Positioning System，全球定位系统)、科学实验的精准控制、医疗图像系统、飞机和导弹中的导航系统、商业自动化设备(如自动售货机、收银机等)、家用电器设备(如微波炉、洗衣机、电视机、空调等)、通信设备(如手机、网络设备等)等，都需要用到实时嵌入式操作系统。

(7) 分布式操作系统。

随着网络技术的出现与发展，大量联网的计算机可以通过网络通信，相互协调一致，共同组成一个大型的计算机系统——分布式计算机系统，该系统中的每台计算机都有独立的运算能力，每台计算机内运行的分布式程序之间相互传递信息，彼此协调，共同完成特定的运算任务，其中运行的操作系统称为分布式操作系统。分布式计算机系统具有可靠性高和扩展性好的优点。该系统中任何一台(或多台)计算机发生故障，都不会影响到整个系统的正常运转。同时，整个系统的结构是可以动态变化的，也就是说，随时可以有新的计算机加入系统中来，也随时可以有计算机从系统中被移除。而且，系统中的计算机可以是多种多样的，网络连接形式也可以是多种多样的。

3.4.3 我国操作系统的发展

我国在 20 世纪末就开始研究国产的操作系统，过去 20 年，诞生超过 20 个不同的版本，其中红旗 Red Flag 、深度 Deepin、中标麒麟 Neokylin、银河麒麟 Kylin、中兴新支点等都是被人所熟知的，基本上都是基于 Linux 内核进行开发的。随着技术的成熟，国产操作系统已经从“可用”阶段向“好用”阶段发展，同时也可以支持绝大部分的常用办公软件，基本可以满足企业日常办公、电子政务、智慧城市、国防军工、教育、能源交通、党政机关、医疗、电信、教育、金融、生产作业系统以及安全可靠等多个领域应用需求。

在 2019 年 8 月 9 日，华为正式发布操作系统鸿蒙操作系统。2020 年 9 月 10 日，华为鸿蒙系统升级至华为鸿蒙系统 2.0 版本。华为鸿蒙系统是一款全新的面向全场景的分布式操作系统，创造一个超级虚拟终端互联的世界，将人、设备、场景有机地联系在一起，将消费者在全场景生活中接触的多种智能终端实现极速发现、极速连接、硬件互助、资源共享，用最合适的设备提供最佳的场景体验。

华为鸿蒙系统能够把手机的内核级安全能力扩展到其他终端，进而提升全场景设备的安全性，通过设备能力互助，共同抵御攻击，保障智能家居网络安全；通过定义数据和设备的安全级别，对数据和设备都进行了分类分级保护，确保数据流通安全可信。

> **知行合一**
>
> 递归思想：操作系统作为最基本的系统软件，是计算机硬件系统和软件系统（包括系统软件和应用软件）的组织者和管理者，因此，操作系统作为软件也要受到其自身的管理和控制。这是不是和“老和尚给小和尚讲故事”很相似？“从前有座山，山里有个庙，庙里有个老和尚，给小和尚讲故事。故事讲的是：从前有座山，山里有个庙，庙里有个老和尚，给小和尚讲故事……”。这就是著名的递归思维，即整体由局部组成，整体又可以作为局部。在日常生活中，递归一词较常用于描述以自相似方法重复事物的过程。例如，当两面镜子相互之间近似平行时，镜中嵌套的图像是以无限递归的形式出现的。还有哪些计算机应用体现或使用了递归思维呢？

3.4.4 操作系统的管理功能

操作系统是一个庞大的管理控制程序，一个操作系统通常包括进程管理、中断处理、内存管理、设备驱动、文件系统、网络协议、系统安全和输入/输出等功能模块。

1. 进程管理

计算机程序通常有两种存在形式：一种是人（通常是程序员）能够读懂的“源程序”形式。源程序经过某种处理（行话叫“编译”）就得到了程序的另一种形式，也就是我们常说的“可执行程序”，或者叫“应用软件”。源程序是给人看的，是程序员阅读、学习、修改源程序，然后可以生成新的更好的可执行程序。可执行程序通常是人看不懂的，但计算机能读懂它，并按照它里面的指令做事情，以完成一个运算任务。

那么什么是进程呢？一个运行着的程序，我们就把它称为“进程”。具体地说，程序是保存在硬盘上的源代码和可执行文件，当我们要运行它时，如当你要运行浏览器程序的时候，会在浏览器图标上双击，这个浏览器程序的可执行文件就被操作系统加载到了内存中，一个浏览器进程就此诞生了。之后，CPU 会逐行逐句地读取其中的指令，这也就是所谓的“运行”程序了。直到你上网累了，关闭了浏览器窗口,这个进程也就终止了。但浏览器程序(源代码和可执行文件)还原封不动地保存在硬盘上。

一个运转着的计算机系统就像一个小社会,每个进程都是这个社会中活生生的人,而操作系统就像是政府,它负责维持社会秩序,并为每一个进程提供服务。进程管理就是操作系统的重要工作之一,包括为进程分配运行所需的资源,帮助进程实现彼此间的信息交换,确保一个进程的资源不会被其他进程侵犯,确保运行中的进程之间不会发生冲突。

进程的产生和终止、进程的调度、死锁的预防和处理……这些都是操作系统对于进程的管理工作。

2. 中断处理

操作系统的工作会经常被打断,而且被打断得非常频繁。任何一个进程如果要请求操作系统帮它做些什么,如读写磁盘上的文件,都要去"敲操作系统的门",也就是要操作系统中断手头的工作,来为它服务。针对不同的服务请求,操作系统会调用不同的"中断处理程序"来处理。操作系统里有数以百计的"中断处理程序"来处理各种各样的服务请求。

操作系统中断处理分为硬件中断和软件中断两类。

(1) 硬件中断。

硬件中断就是"硬件来敲门,请求服务",是外围硬件设备(如键盘、鼠标、磁盘控制器等)发给 CPU 的一个电信号。在键盘上每按下一个键,都会触发一个硬件中断,于是 CPU 就要立即来处理,从而把我们敲的字母显示到屏幕上。

(2) 软件中断。

软件就是一系列指令。所谓"软件运行",就是 CPU 逐行地读取并执行这些指令。在一个软件程序中,通常有很多指令都会请求操作系统提供某种服务。由这些程序指令触发的中断就叫"软件中断"。比如说,一个进程要产生子进程、要读写磁盘上的文件、要建立或删除文件等,这些任务都是要在操作系统的帮助下才能完成的。

另外,系统运行过程中出现的硬件和软件故障也会向操作系统发出中断信号,以便这些意外情况能及时得到处理。

3. 内存管理

在计算机里有很多可以存放程序和数据的地方,按从里向外的层次依次有寄存器、缓存区、内存、硬盘、光盘、U 盘等。

一个程序如果要运行起来,必须先把它加载到内存中。为什么呢? 因为寄存器和缓存区太小,通常放不下一个程序。而硬盘又太慢,如果让 CPU 直接从硬盘里读指令,速度将是从内存里读指令的速度的百万分之一。因此,内存,这个速度较快，而且又能容纳下不少东西的地方，就成了我们加载程序的唯一选择。

内存管理是操作系统的重要工作。操作系统是计算机内硬件资源的管理者，而内存就是最为抢手的计算机硬件资源之一。大大小小的程序如果要运行，必须由操作系统给它们分配一定的内存空间。内存空间的分配是否合理直接关系到计算机的运行速度和效率。

(1) 内存管理的主要任务。

操作系统内存管理的主要任务如下：

- 随时知道内存中的哪些地方被分配出去了，还有哪些空间可用。
- 给将要运行的程序分配空间。
- 如果有程序结束了，就把它占用的空间收回，以便分配给新的进程。
- 保护一个进程的空间不会被其他进程非法闯入。
- 为相关进程提供内存空间共享的服务。

(2) 虚拟内存。

实际内存的使用情况只有操作系统才需要知道，用户进程看到的内存并不是真正的物理内存，而是一个“虚拟大内存”，大到系统能支持的上限。对于32位系统来说，这个上限是 2^{32}B，也就是4GB。而64位操作系统的寻址能力就是 2^{64}B，也就是17 179 869 184GB，当然这只是理论值，实际中不可能用到这么大的内存。目前64位Windows系统最大只支持128GB。

即使实际可用的物理内存小于用户进程所需的空间，进程也可以运行，因为用户进程并不需要100%被加载到内存中。实际上，一个程序经常包含一些极少被用到的功能模块。比如，用于出错处理的功能模块，如果程序不出错，这部分功能模块就没必要加载到内存中。一旦需要加载程序剩余的部分，而找不到可用空间，操作系统可以“拆东墙补西墙”，把暂时不运行的进程挪出内存，以腾出空间加载正要运行的程序。

上述内存管理方式采用的就是“虚拟内存”技术。它将用户进程和物理内存隔离开，给用户进程一个“虚拟内存”的概念，这是内存管理的一大飞跃。虚拟内存不仅提高了系统的安全性，还可以让更多的进程同时运行，使内存的使用效率大大提高。同时，程序员在编程时，不必考虑物理内存有多大，这也降低了编程的复杂度。

4. 设备驱动

操作系统和硬件设备打交道依靠的就是设备驱动程序。操作系统内部有很多设备驱动程序。例如，上网要用网卡，听音乐要用声卡等。键盘、鼠标、硬盘……所有这些硬件设备都必须有相应的驱动程序才能正常工作。

现代通用操作系统，如 Windows、Linux 等都会提供一个 I/O 模型，允许设备厂商按照此模型编写设备驱动程序，并加载到操作系统中。目前的 Windows 和 Linux 操作系统都支持即插即用(即插即用是一种使用户可以快速简易安装某硬件设备而无须安装设备驱动程序或重新配置系统的标准)。即插即用需要硬件和软件两方面支持，因此主要是看计算机配件是否支持即插即用，如果具备即插即用功能，安装硬件就更为简易。

前面讲过，操作系统的工作是围绕着“中断”进行的。无论是硬件中断，还是软件中断，最终的中断处理工作都是由相应的中断服务程序完成的。而所谓“中断服务程序”，实际上就是设备驱动程序的一部分。例如，一个进程要读取硬盘上的文件，它就会进行系统调用，向操作系统发出读文件(软件中断)的请求。在这个请求里，它肯定指明了要读取哪个文件(文件名)的哪些部分(读取多少)。于是，操作系统中相关的中断处理程序(也就是硬盘驱动程序)就会向硬盘控制器发出一个读文件的指令。硬盘控制器读取硬盘上的文件，并将读到的结果返回给硬盘驱动程序，最后再交给要读文件的进程。

为有效地进行计算机信息资源管理，操作系统主要采用了文件和目录(文件夹)两种概念，并建立了文件管理系统。

3.4.5 文件系统

为有效地进行计算机信息资源管理，操作系统主要采用了文件和目录(文件夹)两种概念，并建立了文件管理系统，简称文件系统(File System)。

从系统角度来看，文件系统是对文件存储器空间进行组织和分配，负责文件存储并对存入的文件进行保护和检索的系统。具体地说，它负责为用户建立文件，存入、读出、修改、转储文件，控制文件的存取，当用户不再使用时撤销文件等。

文件系统是一种用于向用户提供底层数据访问的机制。它将设备中的空间划分为特定大小的块(扇区)，一般每块为 512 字节。数据存储在这些块中，大小被修正为占用整数个块。由文件系统软件来负责将这些块组织为文件和目录，并记录哪些块被分配给了哪个文件，以及哪些块没有被使用。

1. 文件的概念

文件是具有符号名的一组相关信息的有序集合，这个符号名就是文件名，文件中存放的信息可以是语言程序、目标程序、文本、图像、数据和其他信息。操作系统是按照文件名来进行读写和管理文件的——按名存取。

FAT16(File Allocation Table，文件分配表)、FAT32、NTFS(New

Technology File System,新技术文件系统)是目前最常见的三种文件系统。

(1) FAT16。

DOS、Windows 95 都使用 FAT16 文件系统,它最大可以管理大到 2GB 的分区,但每个分区最多只能有 65 525 个簇。随着硬盘或分区容量的增大,每个簇所占的空间将越来越大,从而导致硬盘空间的浪费。

(2) FAT32。

随着大容量硬盘的出现,从 Windows 98 开始,FAT32 开始流行。它是 FAT16 的增强版本,可以支持大到 2TB 的分区。FAT32 使用的簇比 FAT16 小,从而有效地节约了硬盘空间。

(3) NTFS。

NTFS 文件系统是 Windows NT 以及之后的 Windows 2000、Windows XP、Windows Server 2003、Windows Server 2008、Windows Vista 和 Windows 7 的标准文件系统。

NTFS 也是以簇为单位来存储数据文件,但 NTFS 中簇的大小并不依赖于磁盘或分区的大小。簇尺寸的缩小不但降低了磁盘空间的浪费,还减少了产生磁盘碎片的可能。NTFS 做了若干改进,例如,支持元数据,并且使用了高级数据结构,以便于改善性能、可靠性和磁盘空间利用率,并提供了若干附加扩展功能,如访问控制列表和文件系统日志。

一个操作系统往往可以支持多个不同的文件系统。比如,Windows 操作系统支持 FAT12、FAT16、FAT32、NTFS 等 4 种文件系统。Linux 操作系统支持 FAT12、MINIX、VFAT、UMSDOS、EXT 等 15 种文件系统。

2. 文件的命名

一般地,文件名反映文件的内容和类型信息。

给文件起名时,应尽可能"见名知义",这样有助于记忆和查找。

① 文件名格式:主名.扩展名,其中,主名表达文件内容,扩展名表达文件类型。

② 约定一些专用文件的扩展名,表明了不同的文件类型。常见的有.exe(可执行文件)、.com(系统命令文件)、.sys(系统直接调用文件)、.bat(批处理文件).obj(目标程序文件)、.bak(备份文件)、.tmp(临时文件)、.txt(文本文件)、.doc(Word 文档)、.xls(Excel 工作簿文件)、.ppt(PowerPoint 演示文稿)等。在 Windows 操作系统中还给不同类型的文件赋予形象的图标。

③ 一些常用的设备也作为文件来处理。常见的设备文件名有 CON(键盘/屏幕)、PRN 或 LPT1(第一并行打印机)、LPT2(第二并行打印机)、AUX 或 COM1(第一串行口)、COM2(第二串行口)、NUL(虚拟外部设备)。用户在给文

件命名时不能使用系统保留的这些设备名。

④ 查找和显示时可以使用通配符“*”和“?”,其中“*”代表任意多个字符(包括0个);“?”代表任意一个字符。例如,“file*”可以代表“file123”“file1”“file2”“file.doc”;“file?”可以代表“file1”“file2”;A*.doc可以代表主文件名以A开头、扩展名为DOC的所有文件,像“ASTB.doc”“aBX.doc”“ADEF.doc”等。

3. Windows文件的命名规定

① 文件名中可以是数字、大小写字母、汉字和多个其他的ASCII字符,最多可以有255个字符(包括空格),忽略文件名开头和结尾的空格。

② 不能有以下字符出现:\、/、:、*、?、"、<>、|。

③ 文件名中可以分别使用英文字母大写和小写,不会将它们转换成同一种字母,但认为大写和小写字母具有同样的意义。例如,MYFILE和myfile认为是同一个文件名。

④ 可以使用多个分隔符的名字,如“myfiles.examples.2010”和“学习计划.2010.xls”等。

4. MS-DOS文件的命名规定

MS-DOS中文件的命名除符合文件的一般规定外,还有以下一些规定。

(1) 主文件名最多只允许8个字符,扩展名最多只允许3个字符,称为“8.3”型文件名。

(2) 这些字符可以是:大小写英文字母、数字0~9、汉字及一些特殊符号(如$、#、&、@、<、>、~、|、^、(、)、-、{、}等)。

注意:如果使用只能处理“8.3”型文件名的应用程序,将会失去所处理文件的长文件名。

5. 文件系统的层次结构

(1) 文件系统和文件夹。

文件系统就是负责文件存取和文件信息管理的软件机构。用编目方法管理文件是一种行之有效、广泛应用的方法。操作系统对文件的管理也是通过编目方法实现的,在MS-DOS中将文件分门别类地组织成“目录”,在Windows中,目录又称文件夹。

(2) 文件系统的层次结构。

Windows的文件系统采用树形结构进行文件的组织和管理。处于顶层(树根)的文件夹是桌面,计算机上所有资源都组织在桌面上。这里以C盘为例讲述文件系统的层次结构,如图3.6所示。

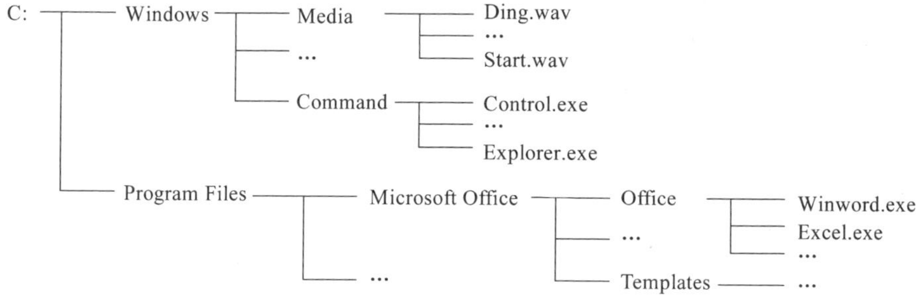

图 3.6 树形目录结构

这种文件系统的树形结构有如下几个特点。

- 每一个磁盘只有唯一的一个根结点，称根文件，用“\”符号表示，如“C:\”。
- 根结点向外可以有若干个子结点，称为文件夹(Folder)。每个子结点都可以作为父结点，再向下分出若干个子结点，即文件夹中可以有若干个文件和子文件夹。
- 在同一个文件夹中，不允许有相同的文件名和子文件夹名。

(3) 文件标识。

在文件系统和层次结构中，一个文件的位置需要由三个因素来确定：文件存放的磁盘、存放的各级文件夹和文件名。在文件层次结构中，一个文件的完整定位为：[盘符][路径]主文件名[.扩展名]，其中的方括号“[]”表示可以缺省。

- 盘符。用磁盘名加上一个冒号“:”，如“C:”等。
- 路径。树形结构中，文件夹呈层次关系。当对某个文件或某一文件夹进行操作时，必须指出该文件或文件夹的存取路径。从某一级文件夹出发(可以是根文件夹，也可以是子文件夹)，去定位另一个文件夹或文件夹中的一个文件时，中间可能需要经过若干层次的文件夹才能到达，所经过的这些文件夹序列就称为路径。各文件夹后面要加一个反斜杠“\”符号。

  例如，在图 3.6 中，从根文件夹到 Control.exe 文件的路径表示为 C:\Windows\Command\Control.exe。
- 当前文件夹。引入多级文件夹后，对任何一个操作都需要知道当前系统所在的“位置”，也就是说，要明确当前的操作是从哪一个文件夹出发的。把执行某一操作时系统所在的那个文件夹称为当前文件夹。
- 绝对路径。绝对路径是指从根文件夹出发表示的路径名。这种表示方法与当前文件夹无关。例如，在图 3.6 中，\Windows\Media\Ding.wav 表示从根文件夹出发定位文件 Ding.wav，其中，第一个字符“\”表示根文件夹，中间的“\”表示子文件夹之间或子文件夹与文件之间的分隔符。

- 相对路径。相对路径是指从当前文件夹开始表示的路径，这种表示方法与当前文件夹密切相关。

以图 3.6 为例，假设当前目录为 Media，那么 Ding.wav 表示定位当前目录下的文件 Ding.wav；..\ Command\Control.exe 表示先返回到当前目录的父目录（Windows 文件夹），再向下定位文件 Control.exe。其中，符号“..”代表当前文件夹的父文件夹。操作系统在建立子文件夹的时候，自动生成两个文件夹，一个是“.”，代表当前文件夹；另一个是“..”，代表当前文件夹的上一级文件夹。

3.4.6 操作系统中的计算思维

1. 树形目录结构与资源管理

在 Windows 中常常利用“资源管理器”和“我的电脑”进行信息资源管理，在查看和显示信息时，我们用到了树形目录结构。利用树形目录结构来进行资源管理是计算机中一个重要思想，一般地，涉及资源管理的操作都会使用树形结构。

这种树形结构的设计思想在我们日常生活中也常常用来进行信息的分类组织，比如，我们表达一个单位机构的层次结构。另外，在树形目录结构中，随着当前盘和当前文件夹的转换，也就是当前视点的不断转换，我们是不是感受到了一种层次化结构性的跳跃性思维？这种思维方式是计算机学科一个重要的思维特征。比如，网络域名管理、面向对象的分析与设计方法中的类及其继承体系的应用、Java 中的包管理及引用、程序三大结构的理解、网络规划与设计等。

2. 信息共享机制

Windows 内部出色地提供了各种机制，使应用程序能够迅速而方便地共享数据和信息，这些机制包括剪贴板、对象链接与嵌入、动态数据交换等。

剪贴板是由操作系统维护的一块内存区域，是在 Windows 程序和文件之间传递信息的临时存储区，可以存储正文、图像、声音等多种多样的信息，可以实现不同应用程序间的信息交换。

对象链接与嵌入（Object Linking and Embedding，OLE）技术可以用来创建复合文档，复合文档可以包含来源于不同源应用程序的文件，有着不同类型的数据，即可以把文字、声音、图像、表格、视频、应用程序等组合在一起。OLE 技术是一种面向对象的技术，对象被赋予了智能属性，即参与链接和嵌入的对象本身带有计算机指令，所以导致它具有明显的缺点：缓慢而且庞大。

动态数据交换（Dynamic Data Exchange，DDE）是一种允许数据在程序间被共享或者通信的技术，可以用来协调操作系统的应用程序之间的数据交换及命令调用。

3. 回收站——恢复机制

“回收站”是计算机硬盘中的一个名为“Recycled”的文件夹，用于存放被删除的文件、文件夹和快捷方式等对象，处于被回收状态。回收站中的对象仍然占用磁盘空间，但是可以恢复，给用户提供一种“后悔药”。这是一种通过纠错方式，在最坏情况下进行预防、保护和恢复的思维，是一种常用的工程思维。在软件设计时应对可能发生的种种意外故障采取措施。软件是很脆弱的，很可能因为一个微小的错误而引发严重的事故，所以必须加强防范。

3.5 软件系统中的交互方式

操作系统与大部分软件都提供程序式和交互式两种接口，本节主要介绍交互方式。

3.5.1 操作系统中的交互方式

人类交互的最自然方式是通过语言、文字、图形、图像、声音和影像等表达自己的思想，因此，计算机软件也在不断地努力使其尽可能实现自然交互的方式。在操作系统中，桌面以及桌面上的各种形象化的图标的设计，都体现了软件操作界面的自然化模拟。

在操作系统中，有一个专门处理交互方式的软件模块，称为操作系统的外壳(Shell)，与之对应地，操作系统的核心功能部分称为内核(Kernel)。交互方式一般由软件的外壳软件来实现，外壳提供给用户的交互方式一般有两种：命令方式和菜单方式。

1. 命令式交互方式

(1) 基本思想。

命令式交互方式的基本思想是：人们通过简单的语言——命令与计算机进行交互，请求计算机为我们解决各种问题。

在 Windows 操作系统中，单击图标和使用快捷键的这些方式可以看作为命令式。

命令语言有肯定句和一般疑问句两种句型。基本格式一般包括动词、宾语和参数三部分。动词表示要做的具体任务，宾语表示任务对象。

例如，在 Windows 10 系统中，可以采用两种方式进入命令式交互方式：在

“开始”菜单旁边的搜索框中输入 cmd 命令后回车；或按下 Win+R 组合键，在弹出的对话框中输入 cmd 命令，单击“确定”按钮。

这时，输入命令就可以与计算机进行交互。比如“dir c:/p”命令可以分页查看 C 盘中的内容，如图 3.7 所示，输入“msconfig”命令就能打开“系统配置”对话框等。

图 3.7　命令式交互方式

(2) 命令执行过程解析。

在操作系统中，当输入一条命令并按回车后，Shell 命令解释器首先对命令做语法检查，通过后就会调用与命令的动词部分对应的任务处理程序，并将各种参数传给程序，该程序按照命令任务的具体要求，调用操作系统的功能，完成命令的执行。如果上述任一步遇到错误或问题，都将会终止操作返回命令提示符状态，并给出错误原因。

2. 菜单式交互方式

(1) 菜单方式与命令方式的关系。

菜单本身也是按树形结构思想分类组织的。在菜单方式中，用户选择某个菜单项，就会调用与其对应的任务处理程序，这时菜单项——命令动词，使用对话框中的若干选项——各种命令参数，选择处理的具体对象——命令宾语，从而实现命令的解释和实现。

(2) 菜单执行的基本过程。

菜单执行的基本过程：选择操作对象→选择菜单项→通过对话框设置各种参数并确定，然后集成上述三方面信息，调用操作系统的功能，这些功能与负责资源管理的文件系统打交道，最终完成任务的执行。如果上述任一步遇到错误或问题，将会给出提示消息对话框。

知行合一

体验感受图形用户界面技术：计算机应用之所以能够如此迅速地进入各行各业和千家万户，其中一个很重要的原因是 Windows 操作系统及其应用软件采用了图形化用户界面。图形化用户界面技术具有多窗口技术、菜单技术、联机帮助技术等特点。

以数据为中心和软件复用的思想：交互式方式由以命令为主到以菜单为主的发展变迁，不仅反映了图形用户界面技术的优越性，而且反映了软件技术由功能型为主向数据型为主的转变。通过菜单将同样的功能运用到不同的数据集上，这种方式体现了以数据为中心和软件复用的思想。

3.5.2 应用软件中的交互方式

1. 应用软件的启动与关闭

应用软件运行在系统软件的基础之上，其启动和退出是通过系统软件的相关操作来完成的。启动是指将程序从计算机硬盘读入到内存固定区域，并让其开始执行。关闭是指处于工作状态的软件停止运行，并正确地从内存中撤销，释放所占内存空间。

应用软件的核心——应用程序，作为一种软件资源，一定存放在存储介质中，同一个应用软件(比如 Word)可以运行多次，系统软件会把它们看作不同的多个任务来处理——多任务机制。一般地，常用有以下几种启动方式。

(1) 基于查找的方式。

基于查找的方式是指通过打开资源管理的树形目录结构，逐层地查找或通过搜索的方式找到应用程序，然后将其打开。

(2) 快捷方式。

可以给任何文件、文件夹添加快捷方式。快捷方式是访问某个常用项目的捷径。双击快捷方式图标可立刻运行这个应用程序,或完成打开这个文档或文件夹的操作。例如,用户如果已经为打印机创建了快捷方式,那么以后要打印文件时,只需将该文件的图标拖到打印机图标上即可。

注意:快捷方式图标并不是对象本身,而是它的一个指针,此指针通过快捷方式文件(.lnk)与该对象联系。因此,对快捷方式的移动、复制、更名或删除只会影响快捷方式文件,而不会改变原来的对象。

(3) 基于文件类型的方式。

我们知道,系统软件中约定了一些专用文件的扩展名,表明了不同的文件类型。这时我们只要打开该类型的某一个个体文件即可启动其应用软件。比如,打开一个名为"我的大学规划.doc"文件即可启动 Word 应用软件。

2. 应用软件的操作模式

应用软件已逐渐趋于国际化软件的模式,通常它们有很多相似的操作模式,学会触类旁通,将大大提高学习和使用软件的效率。

(1) 菜单栏的设置模式。

各种应用软件在不同的应用领域具有其显著的优势和特色,所以对于不同软件的使用学习,重点掌握其优势之处,再通过其与其他软件的共性学习,就会快速把握该软件的精髓,并且能够在适当的应用领域选择不同的应用软件来解决问题,从而进一步明白软件为什么要这样设计,为什么要提供这些功能,为今后设计软件奠定基础。

比如,菜单栏的设计,一般包含与资源管理有关的操作、编辑修改的操作、查看方面的操作、高级自定义设置方面的操作、自身软件的优势和特色、窗口布局有关的操作和联机帮助,一般命名为文件(File)、编辑(Edit)、查看或视图(View)、工具(Tool)、自身软件的优势和特色、窗口(Windows)、帮助(Help)。

(2) 快捷菜单——"右击无处不在"。

一般地,在计算机屏幕的任何地方,使用鼠标右击,都会弹出一个快捷菜单——"右击无处不在",该菜单包含右击对象在当前状态下的常用命令。快捷菜单具有针对性、实时性和快捷性,一般软件的常用功能均可以通过快捷菜单来完成。

(3) 快捷键和访问键。

很多菜单项后面伴有带下画线的字母,表示该选项具有访问键,对于顶层菜单,按 Alt+访问键就可执行该项操作;对于子菜单,用户打开菜单后直接输入该字母即可执行。

有些很常用的菜单项后面跟着组合键，表示该选项具有快捷键，用户不必打开菜单，直接按下此快捷键，就可执行该项操作。比如，菜单项“复制(C) Ctrl+C”。

因为有些软件诞生于西方，所以这些快捷键和访问键往往使用该菜单项的英文单词本意的首字母，像复制(C)就是 Copy 的首字母、打开(O)就是 Open 的首字母等，使用单词本意来学习，会更好地触类旁通，实现知识的迁移。

(4) 文档格式设置策略。

常用的文字处理软件和电子表格处理软件中文档的格式设置策略，体现和应用了正向(演绎)思维和反向(归纳)思维。

- 正向(演绎)思维：先指定整个文档的各种格式，然后再输入具体内容。
- 反向(归纳)思维：先输入具体内容，然后再设置整个文档的各种格式。这种方法较为普遍。

大家在实际应用中，可以根据情况自主选择，也可以将两者结合起来使用。

(5) 对象的嵌入与链接技术。

嵌入和链接的主要区别在于数据的存放位置以及将其插入目标文件后的更新方式的不同。

链接对象是指在修改源文件之后，链接对象的信息会随着更新。链接的数据只保存在源文件中，目标文件中只保存源文件的位置，并显示代表链接数据的标识。如果需要缩小文件大小，应使用链接对象。

嵌入对象是指即使更改了源文件，目标文件中的信息也不会发生变化。嵌入的对象是目标文件的一部分，而且嵌入之后，就不再和源文件发生联系。双击嵌入对象，将在源应用程序中打开该对象。

文档和文档间、应用程序和应用程序间通过 OLE 技术，自身的功能大大丰富和扩充了，而且这也是递归思想的体现。

知行合一

各种应用软件在不同的应用领域具有其显著的优势和特色，注重捕捉软件及其使用过程中的经验规律和模式，掌握使用该软件的精髓，并在学习和使用软件的过程中注重总结归纳其共性，会大大提高学习、使用和设计软件的能力。比如，Shift 键配合鼠标往往实现多个连续对象的选择；Ctrl 键配合鼠标往往实现多个不连续对象的选择。又如，用鼠标从任意方向包围需要选择的对象，往往能够实现选择多个对象。大家可以在 Windows、Word、Excel 等多个软件中体会。这种总结归纳的思维方式对于提升终身学习能力很有益处，这也是一种知识迁移的思维方式。为深刻理解和快速掌握软件的相关概念及其操作，系统软件的学习应从计算机硬件系统入手，应用软件的学习应从系统软件入手。软件的设计与开发是从特殊到一般的抽象和归纳思维，而软件的应用是从一般到特殊的具体化和演绎思维。

基础知识练习

(1) 什么是指令和指令系统？

(2) 简述计算机的工作过程。

(3) 什么是系统总线？微型计算机中的总线分为哪几种？

(4) 对比内存和外存的作用和特点？

(5) 内存按功能分为哪几类？各自的特点是什么？

(6) 简述硬盘的结构及使用注意事项。

(7) 简述液晶显示器显示彩色的原理。

(8) 关闭应用软件时，常常会看到提示保存的消息对话框，请问它与内存有什么关系？

(9) 简单解析交互方式和程序方式这两种使用计算机的方式的区别。

(10) 软件系统分为哪两大类？操作系统属于哪一类？

(11) 操作系统的主要功能是什么？目前微型计算机上常用的操作系统有哪些？

(12) 文件系统的功能是什么？

(13) 完整的文件名包括哪几部分？在 Windows 中文件的命名规则有哪些？

(14) 什么是绝对路径、相对路径和文件标识？如何使用通配符"?"和"*"？

(15) 快捷方式的作用是什么？

(16) 你认为在日常生活中还有哪些问题没有得到计算机很好地解决？希望未来的软件是什么模式？

能力拓展与训练

一、角色模拟

(1) 现有一位大学生想购买一台价格在 4000 元左右的笔记本电脑，要求同学们分组自选角色扮演此用户和电脑公司营销人员，模拟进行需求调研。要求写出项目需求报告和项目实施报告，然后共同检查项目实施报告的可行性。

（2）现有一位用户需要进行 Windows 操作系统的日常维护（温馨提示：Windows 操作系统的维护主要包括操作系统的定时升级、安装杀毒软件和防火墙、磁盘碎片整理、清除垃圾文件、内存管理等）。围绕项目包括的内容，分组自选角色扮演用户和计算机技术人员，进行项目需求调研。要求写出项目需求和实施报告。

（3）以小组为单位，在 Windows 资源管理器中，以菜单交互方式在 D 盘根目录下建立一小组文件夹，在此文件夹下再建立小组成员的子文件夹。建成后，小组成员分别建立自己的 Word 文档，并保存到各自的文件夹下。最后，进入命令交互方式，通过 dir 命令查看所建立的小组的树形目录结构及存放的文档，并记录下所查看到的文档属性。最后提交一份对两种交互方式的感受报告。

（4）有一个物流公司需要研发物流管理软件。围绕该软件的功能和性能需求，分组自选角色扮演用户和计算机技术人员，进行软件需求分析。要求写出软件需求分析报告。

（提示：与用户沟通获取需求的方法有很多，包括访谈、发放调查表、使用情景分析技术、使用快速软件原型技术等）

二、实践与探索

（1）结合所学的计算思维和相关知识，尝试写一份关于“如何平衡 CPU 的性能和功耗”的研究报告。

（2）查阅资料，解析 U 盘的原理。

（3）结合所学的计算思维和相关知识，对比你的手机和学校的台式计算机在体系结构、信息处理能力等方面的区别和联系。

（4）查阅资料，了解 3D 打印的发展历史和目前状况。

（5）使用“和田十二法”，尝试设计一种新型多功能计算机，使其比现在常用的计算机至少在 3 方面有所改进，写出你的设计方案。

（6）比较当前几种操作系统的优缺点及应用特色，并预测未来操作系统的发展趋势，然后写出报告。

（7）结合自己用过的软件，归纳总结其中的应用模式。

（8）结合本章学习，写一份关于交互式使用计算机的研究报告，重要突出计算思维的内容。

（9）解析“软件＝程序＋数据＋文档”的含义。

三、拓展阅读

1. 摩尔定律

摩尔定律是由英特尔(Intel)创始人之一戈登·摩尔(Gordon Moore)提出来的。其内容为：当价格不变时，集成电路上可容纳的元器件的数目，大约每隔18～24个月便会增加一倍，性能也将提升一倍。换言之，每一美元所能买到的计算机性能，将每隔18～24个月翻一倍以上。这一定律揭示了信息技术进步的速度。

尽管这种趋势已经持续了超过半个世纪，摩尔定律仍应该被认为是观测或推测，而不是一个物理或自然法。预计定律将持续到至少2015年或2020年。然而，2010年国际半导体技术发展路线图的更新增长已经放缓在2013年年底，之后的时间里晶体管数量密度预计只会每三年翻一番。

2. 注册表

注册表(Registry)是Windows操作系统中的一个核心数据库，其中存放着各种参数，直接控制着Windows的启动、硬件驱动程序的装载以及一些Windows应用程序的运行，从而在整个系统中起着核心作用。这些作用包括了软硬件的相关配置和状态信息，比如注册表中保存有应用程序和资源管理器外壳的初始条件、首选项和卸载数据等，联网计算机的整个系统的设置和各种许可，文件扩展名与应用程序的关联，硬件部件的描述、状态和属性，性能记录和其他底层的系统状态信息，以及其他数据等。

具体来说，在启动Windows时，注册表会对照已有硬件配置数据，检测新的硬件信息；系统内核从注册表中选取信息，包括要装入什么设备驱动程序，以及依什么次序装入，内核传送回它自身的信息，例如版权号等；同时设备驱动程序也向注册表传送数据，并从注册表接收装入和配置参数，一个好的设备驱动程序会告诉注册表它在使用什么系统资源，例如硬件中断或DMA通道等，另外，设备驱动程序还要报告所发现的配置数据；为应用程序或硬件的运行提供增加新的配置数据的服务。

如果注册表受到了破坏，轻则使Windows的启动过程出现异常，重则可能会导致整个Windows系统完全瘫痪。因此正确地认识、使用，特别是及时备份以及有问题恢复注册表对Windows用户来说就显得非常重要。

3. “和田十二法”

“和田十二法”是一种创新技法，它利用信息的多元性来启发人们进行创新性设想，又叫“和田创新法则”(和田创新十二法)，即指人们在观察、认识一个事物时，可以考虑是否可以：

（1）加一加：加高、加厚、加多、组合等。

（2）减一减：减轻、减少、省略等。

（3）扩一扩：放大、扩大、提高功效等。

（4）变一变：变形状、颜色、气味、音响、次序等。

（5）改一改：改缺点、改不便、不足之处。

（6）缩一缩：压缩、缩小、微型化。

（7）联一联：原因和结果有何联系，把某些东西联系起来。

（8）学一学：模仿形状、结构、方法，学习先进。

（9）代一代：用别的材料代替，用别的方法代替。

（10）搬一搬：移作他用。

（11）反一反：能否颠倒一下。

（12）定一定：定个界限、标准，能提高工作效率。

如果按这十二个“一”的顺序进行核对和思考，就能从中得到启发，诱发人们的创造性设想，是一种打开人们创造思路、从而获得创造性设想的“思路提示法”。

资料来源：http://baike.so.com/doc/6349906.html。

4. 相关书籍

[1] 沙行勉. 计算机科学导论——以 Python 为舟[M]. 2 版. 北京：清华大学出版社，2016.

[2] 蒋本珊. 计算机组成原理[M]. 3 版. 北京：清华大学出版社，2013.

[3] 黄红桃，龚永义，许宪成，等. 现代操作系统教程[M]. 北京：清华大学出版社，2016.

第4章 算法思维

北京时间2016年3月9日下午15时，经过三个多小时鏖战，九段李世石向“阿尔法围棋”(AlphaGo)投子认输。这是人类顶尖围棋选手第一次输给计算机。

AlphaGo是怎么战胜李世石的？

AlphaGo的胜利，是深度学习的胜利，是算法的胜利。所以有人说：“得算法者得天下”。

算法是计算机科学的美丽体现之一。

4.1 算法的概念

1976年，瑞士苏黎世联邦工业大学的科学家Niklaus Wirth(Pascal语言的发明者，1984年图灵奖获得者)发表了专著，其中提出公式“程序＝算法＋数据结构”(Programs＝Algorithms＋Data Structures)，这一公式的关键是指出了程序是由算法和数据结构有机结合构成的。程序是完成某一任务的指令或语句的有序集合；数据是程序处理的对象和结果。数据结构的设计将在第5章介绍。就像我们写文章，文章＝材料＋构思，构思是文章的灵魂，同样算法是程序的灵魂，也是计算的灵魂，在计算思维中占有重要地位。

4.1.1 什么是算法

做任何事情都有一定的步骤。例如，学生考大学，首先要填报名单，交报名费，拿准考证，然后参加高考，拿到录取通知书，到指定大学报到。又如，网上预订火车票需要如下步骤：第一步登录中国铁路客户服务中心(12306网)，下载根证书并安装到计算机上；第二步到网站上注册个人信息，注册完毕，到信箱里单击链接，激活注册用户；第三步进行车票查询；第四步进入订票页面，提交订单，通过网上银行进行支付；第五步凭乘车人有效二代居民身份证原件到全国火车站的任意售票窗口、铁路客票代售点或车站自动售票机上办理取票手续。

人们从事各种工作和活动，都必须事先想好要进行的步骤，这种为解决一个确定类问题而采取的方法和步骤就称为“算法”(Algorithm)。算法规定了任务执行或问题求解的一系列步骤。菜谱是做菜的“算法”；歌谱是唱一首歌曲的“算法”；洗衣机说明书是使用洗衣机的“算法”等。

计算的目的是解决问题，而在问题求解过程中所采取的方法、思路和步骤则是算法。算法是计算机科学中的重要内容，也是程序设计的灵魂。计算是算法的具体实现，类似于前台运行的程序；而算法是计算过程的体现，它更像后台执行的进程。由此可见，计算与算法是密不可分的。

算法不仅是计算机科学的一个分支，更是计算机科学的核心。计算机算法能够帮助人类解决很多问题，比如，找出人类DNA中所有100 000种基因，确定构成人类DNA的30亿种化学基对的序列；快速地访问和检索互联网数据；电子商务活动中各种信息的加密及签名；制造业中各种资源的有效分配；确定地图中两地之间的最短路径；各种数学和几何计算(矩阵、方程、集合)等。

试想一下，如果高个子的父母生出的后代一定遗传其身高，那么我们人类的身高应该会无限高啊？这就是著名的回归算法。

回归是由英国著名生物学家兼统计学家弗朗西斯·高尔顿(Francis Galton，1822—1911，生物学家达尔文的表弟)在研究人类遗传问题时提出来的。为了研究父代与子代身高的关系，高尔顿搜集了1078对父亲及其儿子的身高数据。他发现这些数据的散点图大致呈直线状态，也就是说，总的趋势是父亲的身高增加时，儿子的身高也倾向于增加。但是，高尔顿对试验数据进行了深入的分析，发现了一个很有趣的现象——回归效应。因为当父亲高于平均身高时，其儿子身高比他更高的概率要小于比他矮的概率；父亲矮于平均身高时，其儿子身高比他更矮的概率要小于比他高的概率。这反映了一个规律，即儿子的身高，有向他们父辈的平均身高回归的趋势。对于这个一般结论的解释是：大自然具有一种约束力，使人类身高的分布相对稳定而不产生两极分化，这就是所谓的回归效应。

谷歌(Google)作为最大的搜索引擎，其最根本的技术核心是算法！谷歌算法始于PageRank，这是1997年拉里·佩奇(Larry Page)在斯坦福大学读博士学位时开发的。佩奇的创新性想法是：把整个互联网网页复制到本地数据库，然后对网页上所有的链接进行分析。基于链接的数量和重要性，以及锚文本对网页的受欢迎程度进行评级，也就是通过网络的集体智慧确定哪些网站最有用

(锚文本又称锚文本链接,与超链接类似,超链接的代码是锚文本,把关键词作为一个链接,指向其他的网页,这种形式的链接就称为锚文本)。

算法无处不在,你鼠标的每一次单击,你在手机上完成的每一次购物,天上飞行的卫星,水下游弋的潜艇,拴着你钱袋子的股票涨跌——我们这个世界,正是建立在算法之上。未来世界,仍将是建立在算法之上。

4.1.2 算法的分类

按照算法所使用的技术领域,算法可大致分为基本算法、数据结构算法、数论与代数算法、计算几何的算法、图论的算法、动态规划以及数值分析、加密算法、排序算法、检索算法、随机化算法、并行算法、随机森林算法等。

按照算法的形式,算法可分为以下三种:

(1) 生活算法:完成某一项工作的方法和步骤。

(2) 数学算法:对一类计算问题的机械的统一的求解方法,如求一元二次方程的解、求圆面积、求立方体的体积等。

(3) 计算机算法:对运用计算思维设计的问题求解方案的精确描述,即一种有限、确定、有效并适合计算机程序来实现的解决问题的方法。比如,回忆一下,人们玩扑克时,如果要求同花色的牌放在一起而且从小到大排序,人们一般都会边摸牌边把每张牌依次插入合适的位置,等把牌摸完了,牌的顺序也排好了。这个是我们生活中摸牌的一个的过程,也是一种算法。我们的计算机学科就把这个生活算法转化成了计算机算法,称为插入排序算法。

4.1.3 算法应具备的特征

一个算法应该具有以下五个重要的特征:

(1) 确切性。算法的每一个步骤必须具有确切的定义,不能有二义性。

(2) 可行性。算法中执行的任何计算步骤都是可以被分解为基本的可执行的操作步骤,即每个计算步骤都可以在有限时间内完成(也称为有效性)。

(3) 输入项。一个算法有零个或多个输入,以刻画运算对象的初始情况,所谓零个输入是指算法本身设定了初始条件。

(4) 输出项。一个算法有一个或多个输出,以反映对输入数据加工后的结果。没有输出的算法是毫无意义的。

(5) 有穷性。一个算法必须保证在执行有限步后能够结束。

例如操作系统,是一个在无限循环中执行的程序,因而不是一个算法。但操作系统的各种任务可看成是单独的问题，每一个问题由操作系统中的一个子程序通过特定的算法来实现。该子程序得到输出结果后便终止。

知行合一

人类的生活算法或者数学算法，通过人类的思维活动，充分利用计算机的高速度、大存储、自动化的特点，就可以生成计算机算法来帮助人类解决现实世界中的问题。

算法求解问题的基本步骤如下：数学建模→算法的过程设计→算法的描述→算法的模拟与分析→算法的复杂性分析→算法实现。

4.2 算法的设计与分析

4.2.1 问题求解的步骤

人类解决问题的方式是，当遇到一个问题时，首先从大脑中搜索已有的知识和经验，寻找它们之间具有关联的地方，将一个未知问题做适当的转换，转化成一个或多个已知问题进行求解，最后综合起来得到原始问题的解决方案。让计算机帮助我们解决问题也不例外，其步骤如下。

(1) 建立现实问题的数学模型。首先要让计算机理解问题是什么，这就需要建立现实问题的数学模型，前面提到，在计算思维中，抽象思维最为重要的用途是产生各种各样的系统模型，作为解决问题的基础，因此建模是抽象思维更为深入的认识行为。

(2) 输入输出问题。输入是将自然语言或人类能够理解的其他表达方式描述的问题转换为数学模型中的数据，输出是将数学模型中表达的运算结果转换成自然语言或人类能够理解的其他表达方式。

(3) 算法设计与分析。算法设计是设计一套将数学模型中的数据进行操作和转换的步骤，使其能演化出最终结果。算法分析主要是计算算法的时间复杂度和空间复杂度，从而找出解决问题的最优算法，提高效率。

根据模型能否被计算机自动执行，可将模型分为两大类。

一类是数学模型，即用数学表达式描述系统的内在规律，它通常是模型的形式表达；另一类是非形式化的概念模型和功能模型，这种模型说明了模型的本质而非细节。但无论何种模型，均有如下特征：模型是对系统的抽象；模型由说明系统本质或特征的诸因素构成;模型集中表明系统因素之间的相互关系。故建模过程本质上是对系统输入、输出状态变量以及它们之间的关系进行抽象,只不过其在不同类型的模型中表现不同。例如在数学模型中表现为函数关系,在非形式模型中表现为概念、功能的结构关系或因果关系。也正因为描述的关系各异,所以建模手段和方法较为多样。例如,可以通过对系统本身运动规律的分析,根据事物的机理来建模;也可以通过对系统的实验或统计数据的处理,结合已有的知识和经验来建模;还可以同时使用多种方法建模。

近年来随着大数据技术的蓬勃发展,引起关注和重视的是学习模型。学习模型通过对于大量数据的训练或者分析输出相应的结论。常见的学习模型有支持向量机(Support Vector Machine,SVM)、人工神经网络(Artificial Neural Network,ANN)、聚类分析(Cluster Analysis,CA)、K邻近分类(K-Nearest Neighbor,K-NN)等。不同的模型有着不同的获取结论的理论和方法。机器学习是利用学习模型获取结论的过程。一个典型的例子是AlphaGo,尽管其结构和算法都是人们事先给定的,但是在通过大量的训练之后,已经无法对它的行为进行预测。这种不确定性正是学习模型的特殊之处。

计算机技术参与的建模有广泛的用途,可用于预测实际系统某些状态的未来发展趋势,如天气预报根据测量数据建立气象变化模型;也可用于分析和设计实际系统,即系统仿真的一种类型;还可实现对系统的最优控制,即在建模基础上通过修改相关参数,获取最佳的系统运行状态和控制指标,属于系统仿真的另外一种类型。建模也不仅应用于物理系统,也同样适用于社会系统,复杂社会系统的建模思想已用于包括金融、生产管理、交通、物流、生态等多个领域的建模和分析。建模变得如此广泛和重要,"计算思维"功不可没,以至于有人认为,"建模是科学研究的根本,科学的进展过程主要是通过形成假说,然后系统地按照建模过程,对假说进行验证和确认取得的"。

这里主要介绍重要的数学建模。

4.2.2 数学建模

数学建模是运用数学的语言和方法,通过抽象、简化,建立对问题进行精确描述和定义的数学模型。简单地说,数学建模就是抽象出问题,并用数学语言进行形式化描述。

一些表面上看是非数值的问题,进行数字形式化后,就可以方便地进行算法设计。

如果研究的问题是特殊的,比如,我们每天要做的事情的顺序,因为每天的不一样，就没有必要建立模型。如果研究的问题具有一般性，就有必要利用模型的抽象性质，为这类事件建立数学模型。模型是一类问题的解题步骤，亦即一类问题的算法。广义的算法就是事情的次序。算法提供一种解决问题的通用方法。

【例 4-1】 国际会议排座位问题。

现要举行一个国际会议，有 7 个人参会，分别用 a、b、c、d、e、f、g 表示。已知下列事实：a 会讲英语；b 会讲英语和汉语；c 会讲英语、意大利语和俄语；d 会讲日语和汉语；e 会讲德语和意大利语；f 会讲法语、日语和俄语；g 会讲法语和德语。

试问：如果这 7 个人召开圆桌会议，应如何排座位，才能使每个人都能和左右两边的人顺利地沟通交谈？

问题分析：这个问题我们可以尝试将其转化为图的形式，建立一个图的模型，将每个人抽象为一个结点，人和人的关系用结点间的关系（即边）来表示。于是得到结点集合 V = {a,b,c,d,e,f,g}。对于任意的两点，若有共同语言，就在它们之间连一条无向边，可得边的集合 E={ab,ac,bc,bd, df,cf,ce,fg,eg}，图 G= {V,E}，如图 4.1 所示。

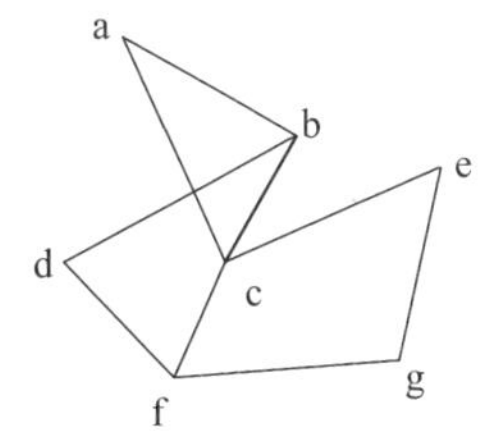

图 4.1 用数学语言来表示的问题模型

这时问题转化为在图 G 中找到一条哈密顿回路的问题。

哈密顿图是一个无向图，由天文学家哈密顿提出。哈密顿回路是指从图中的任意一点出发，经过图中每一个结点当且仅当一次。这样，我们便从图中得出，“a-b-d-f-g-e-c-a”是一条哈密顿回路，照此顺序排座位即可满足排座位问题的要求。

【例 4-2】 警察抓小偷的问题。

警察局抓了 a，b，c，d 四名偷窃嫌疑犯，其中只有一人是小偷。审问记录如下：

a 说：“我不是小偷。”

b 说：“c 是小偷。”

c 说：“小偷肯定是 d。”

d 说：“c 在冤枉人。”

已知：这四个人中三人说的是真话，一人说的是假话，请问：到底谁是小偷？

问题分析：假设变量 x 代表小偷。

审问记录的四句话，以及“四个人中三人说的是真话，一人说的是假话”分别翻译成计算机的形式化语言如下：

a 说：x≠'a';

b 说：x='c';

c 说：x='d';

d 说：x≠'d'。

四个逻辑式的值之和为：1+1+1+0=3。

使用自然语言描述的算法如下：

(1) 初始化：x='a';

(2) x 从'a'循环到'd';

(3) 对于每一个 x，依次进行检验：如果(x≠'a')+(x='c')+(x='d') +(x≠'d')的和为 3，则输出结果并退出循环，否则继续下一次循环。

(4) 重复(2)～(3)步，直到循环结束。

数学建模的实质是：提取操作对象→找出对象间的关系→用数学语言进行描述。

知行合一

计算思维是计算机和软件工程学科的灵魂，在学习和使用计算机的过程中，应该着眼于“悟”和“融”：感悟和凝练计算机科学思维模式，并将其融入可持续发展的计算机应用中，这是作为工程人才不可或缺的基于信息技术的行动能力。大学生学习计算机基础课程，不仅要了解计算机是什么、能够做什么、如何做，更重要的是要了解这个学科领域解决问题的基本方法与特点，了解和掌握如何充分利用计算机技术，对现实世界中的问题进行抽象和形式化，达到人类求解问题的目的。

4.2.3 算法的描述

算法的描述方式主要有以下几种。

1. 自然语言

自然语言就是人们日常所用的语言，方便，无须再专门学习，这是其优点。但自然语言描述算法的缺点也有很多：自然语言的歧义性易导致算法执行的不确定性；自然语言语句太长会导致算法的描述太长；当算法中循环和分支较多时就很难清晰表示；翻译成程序设计语言不易。因此，人们又设计出流程图等图形工具来描述算法。

【例 4-3】 已知圆半径，计算圆的面积。

我们可以用自然语言表达出以下的算法步骤：

第一步，输入圆半径 r；

第二步，计算面积 $S=3.14\times r\times r$；

第三步，输出面积 S。

2. 流程图

程序的流程图简洁、直观、无二义性，是描述程序的常用工具，一般采用美国国家标准化协会规定的一组图形符号，如图 4.2 所示。

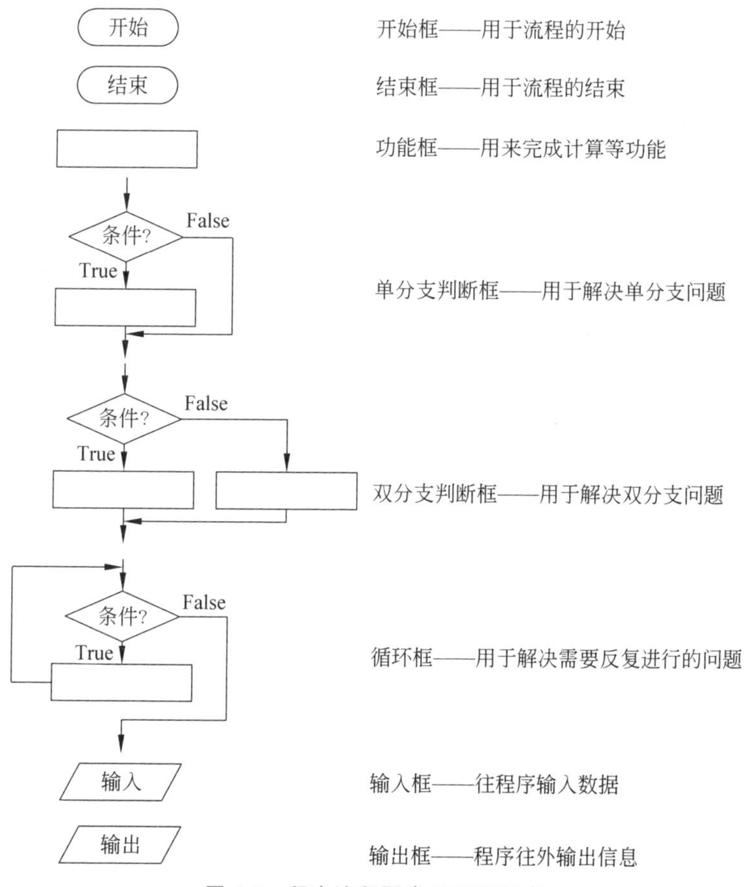

图 4.2 程序流程图常用图形元素

对于十分复杂难解的问题，框图可以画得粗略一些，抽象一些，首先表达出解决问题的轮廓，然后再细化。流程图也存在缺点：使设计人员过早考虑算法控制流程，而不去考虑全局结构，不利于逐步求精；随意性太强，结构化不明显；

不易表示数据结构;层次感不明显。

【例 4-4】 用流程图表示例 4-3 的算法。

例 4-3 用流程图表示的算法如图 4.3 所示。

【例 4-5】 计算 1+2+3+…+n 的值,n 由键盘输入。

分析:这是一个累加的过程,每次循环累加一个整数值,整数的取值范围为 1~n,需要使用循环。

用流程图表示的算法如图 4.4 所示。

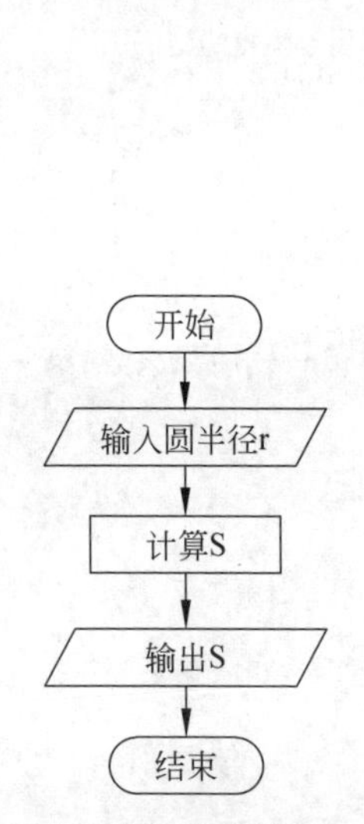

图 4.3 程序流程图表示的例 4-3 的算法

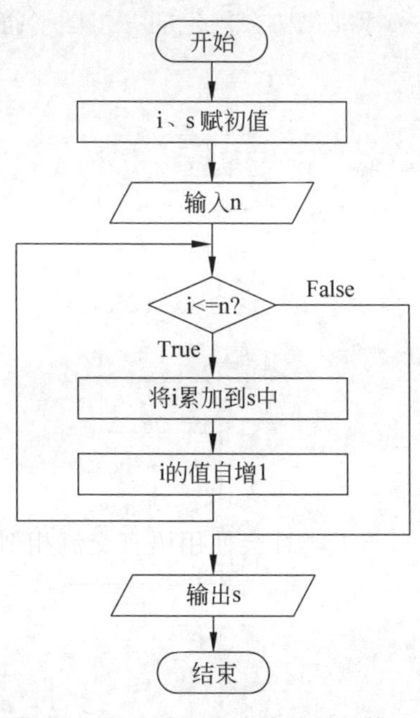

图 4.4 程序流程图表示的累加算法

3. 盒图(N-S 图)

盒图层次感强、嵌套明确;支持自顶向下、逐步求精的设计方法;容易转换成高级语言。缺点是不易扩充和修改,不易描述大型复杂算法。N-S 图中基本控制结构的表示符号如图 4.5 所示。

4. 伪代码

伪代码是用介于自然语言和计算机语言之间的文字和符号来描述算法的工具。它不用图形符号,书写方便,语法结构有一定的随意性,目前还没有一个通用的伪代码语法标准。

常用的伪代码是用简化后的高级语言来进行编写的。如:类 C、类 C++ 、类 Pascal 等。

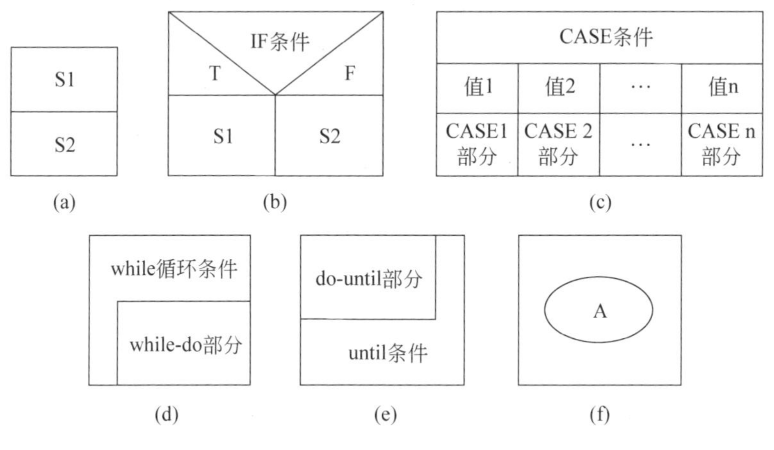

图 4.5　N-S 图中基本控制结构的表示符号

(a)顺序结构；(b) 分支结构；(c) 多分支 CASE 结构；
(d) while-do 结构；(e) do-until 结构；(f) 调用模块 A

5. 程序设计语言

以上算法的描述方式都是为了方便人与人的交流，但算法最终是要在计算机上实现的，用程序设计语言进行算法的描述，并进行合理的数据组织，就构成了计算机可执行的程序。

与人类社会使用语言交流相似，如果人要与计算机交流，就必须使用计算机语言。于是人们模仿人类的自然语言，人工设计出一种形式化的语言，即程序设计语言。后面章节讲述。

4.2.4　常用的算法设计策略

掌握一些常用的算法设计策略，有助于我们进行问题求解时，快速找到有效的算法。

1. 枚举法

枚举法，也称为穷举法，其基本思路是：对于要解决的问题，列举出它的所有可能的情况，逐个判断有哪些是符合问题所要求的条件，从而得到问题的解。简单地说，枚举法就是按问题本身的性质，一一列举出该问题的所有可能解，并在逐一列举的过程中，检验每个可能解是否是问题的真正解，若是，我们采纳这个解，否则抛弃它。在列举的过程中，既不能遗漏也不应重复。

枚举法也常用于对密码的破译，即将密码进行逐个推算直到找出真正的密码为止。例如，一个已知是四位并且全部由数字组成的密码，其可能共有 10 000

种组合,因此最多尝试10 000次就能找到正确的密码。理论上利用这种方法可以破解任何一种密码,问题只在于如何缩短破解时间。

【例4-6】 求在1～1000中所有能被17整除的数。

问题分析：这类问题可以使用枚举法,把1～1000一一列举,然后对每个数进行检验。

自然语言描述的算法步骤如下。

(1) 初始化：x＝1。

(2) x从1循环到1000。

(3) 对于每一个x,依次地对其进行检验：如果能被17整除,就打印输出,否则继续下一个数。

(4) 重复第(2)～(3)步,直到循环结束。

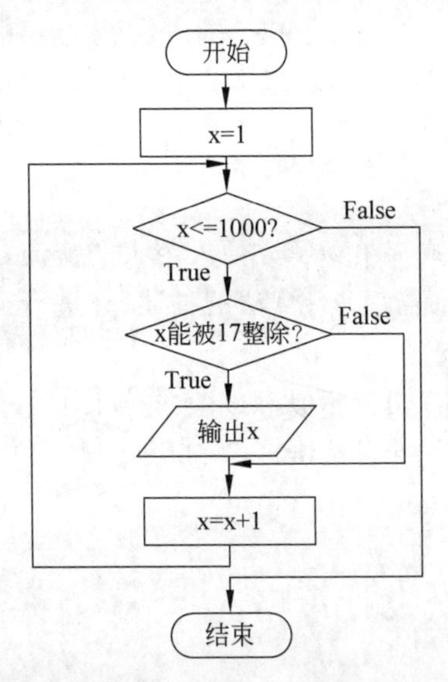

【例4-7】 百鸡买百钱问题。

这是中国古代《算经》中的问题：鸡翁一,值钱五;鸡母一,值钱三;鸡雏三,值钱一,百钱买百鸡,问翁、母、雏各几何？即已知公鸡5元/只,母鸡3元/只,小鸡3只/1元,要用一百元钱买一百只鸡,问可买公鸡、母鸡、小鸡各几只？

问题分析：设公鸡为x只,母鸡为y只,小鸡为z只,则问题化为一个三元一次方程组：

$$x+y+z=100$$
$$5x+3y+z/3=100$$

这是一个不定解方程问题(三个变量,两个方程),只能将各种可能的取值代入,能同时满足两个方程的值就是问题的解。

由于共一百元钱，而且这里 x、y、z 为正整数(不考虑为 0 的情况，即每种鸡至少买 1 只)，那么可以确定：x 的取值范围为 1～20，y 的取值范围为 1～33。

使用枚举法求解，算法步骤如下：

(1) 初始化：x=1。

(2) x 从 1 循环到 20。

(3) 对于每一个 x，依次让 y 从 1 循环到 33。

(4) 在循环中，对于上述每一个 x 和 y 值，计算 z=100－x－y。

(5) 如果 5x＋3y＋z/3＝100 成立，就输出方程组的解。

(6) 重复第(2)～(5)步，直到循环结束。

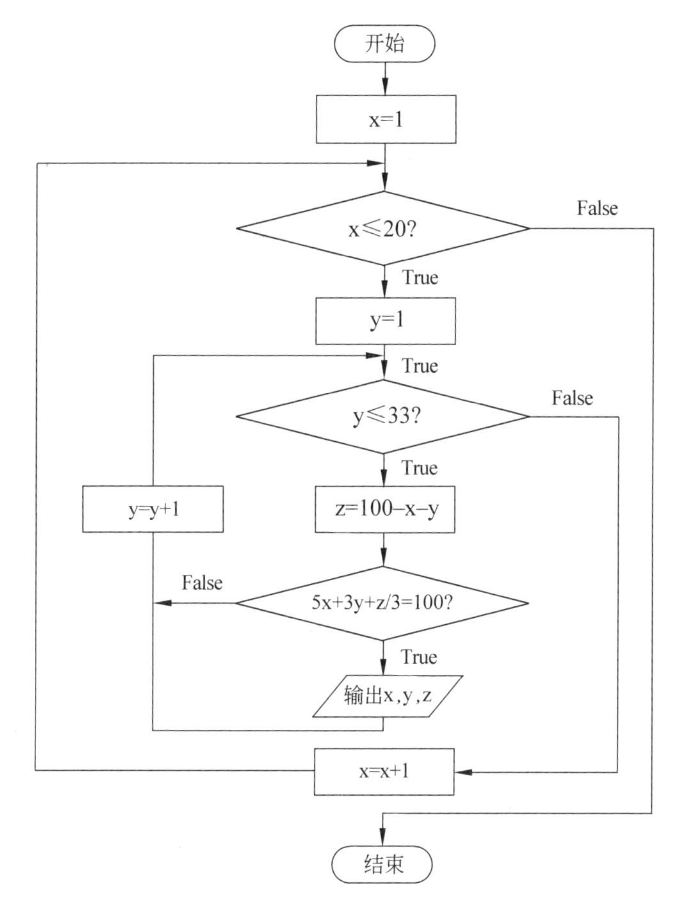

2. 回溯法

在迷宫游戏中，如何能通过迂回曲折的道路顺利地走出迷宫呢？在迷宫中探索前进时，遇到岔路就从中先选出一条"走着瞧"。如果此路不通，便退回来另寻他途。如此继续，直到最终找到适当的出路或证明无路可走为止。为了提高效率，应该充分利用给出的约束条件，尽量避免不必要的试探。这种“枚举-试探-失败返回-再枚举试探”的求解方法就称为回溯法。

回溯法有“通用的解题法”之称，它采用了一种“走不通就掉头”的试错的思想，它尝试分步地去解决一个问题。在分步解决问题的过程中，当它通过尝试发现现有的分步答案不能得到有效的正确解答时，它将取消上一步甚至是上几步的计算，再通过其他的可能的分步解答再次尝试寻找问题的答案。回溯法通常用最简单的递归方法来实现。

回溯法实际是一种基于穷举算法的改进算法，它是按问题某种变化趋势穷举下去，如某状态的变化结束还没有得到最优解，则返回上一种状态继续穷举。它的优点与穷举法类似，都能保证求出问题的最佳解，而且这种方法不是盲目地穷举搜索，而是在搜索过程中通过限界，可以中途停止对某些不可能得到最优解的子空间的进一步搜索(类似于人工智能中的剪枝)，故它比穷举法效率更高。

运用这种算法的技巧性很强，不同类型的问题解法也各不相同。与贪心算法一样，这种方法也是用来为组合优化问题设计求解算法的，所不同的是它在问题的整个可能解空间搜索，所设计出来的算法的时间复杂度比贪心算法高。

回溯法的应用很广泛，很多算法都用到了回溯法，例如八皇后，迷宫等问题。

【例 4-8】 八皇后问题。

八皇后问题是一个古老而著名的问题，该问题最早是由国际象棋棋手马克斯·贝瑟尔于1848年提出的。之后陆续有数学家对其进行研究，其中包括高斯和康托，并且将其推广为更一般的n皇后摆放问题。八皇后问题的第一个解是在1850年由弗朗兹·诺克给出的。诺克也是首先将问题推广到更一般的n皇后摆放问题的人之一。1874年，冈德尔提出了一个通过行列式来求解的方法，这个方法后来又被格莱舍加以改进。

在国际象棋中，皇后是最有权利的一个棋子；只要别的棋子在它的同一行或同一列或同一斜线(包括正斜线和反斜线)上时，它就能把对方棋子吃掉。那么，在8×8格的国际象棋上摆放八个皇后，使其不能相互攻击，即任意两个皇后都不能处于同一列、同一行或同一条斜线上，问共有多少种解法？比如，(1, 5, 8, 6, 3, 7, 2, 4)就是其中一个解，如图4.6所示。

回溯法求解步骤如下：

先把棋盘中行和列分别用1～8编号，并以 x_i 表示第i行上皇后所在的列数，如 $x_2=5$ 表示第2行的皇后位于第5列上，它是一个由8个坐标值 $x_1 \sim x_8$ 所组成的8元组。下面是这个8元组解的产生过程。

(1) 先令 $x_1=1$。此时 x_1 是8元组解中的一个元素，是所求解的一个子集或“部分解”。

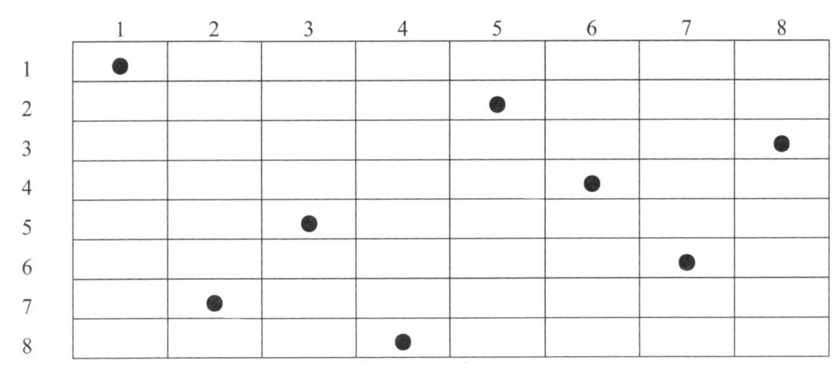

图 4.6　八皇后问题

(2) 决定 x_2。显然 $x_2=1$ 或 2 都不能满足约束条件，x_2 只能取 3～8 的一个值。暂令 $x_2=3$，这时部分解变为(1, 3)。

(3) 决定 x_3。这时若 x_3 为 1～4，都不能满足约束条件，x_3 至少应取 5。令 $x_3=5$，这时部分解变为(1, 3, 5)。

(4) 决定 x_4。这时部分解为(1, 3, 5)，取 $x_4=2$ 可满足约束条件，这时部分解变为(1, 3, 5, 2)。

(5) 决定 x_5。这时部分解为(1, 3, 5, 2)，取 $x_5=4$ 可满足约束条件，这时部分解变为(1, 3, 5, 2, 4)。

(6) 决定 x_6。这时部分解为(1,3,5,2,4)，而 x_6 为 6、7、8 都处于已置位皇后的右斜线上，x_6 暂时无解，只能向 x_5 回溯。

(7) 重新决定 x_5。已知部分解为(1, 3, 5, 2)，且 $x_5=4$ 已证明失败，6、7 又都处于已置位皇后的右斜线上，只能取 $x_5=8$，这时部分解变为(1, 3, 5, 2, 8)。

(8) 重新决定 x_6。此时 x_6 的可用列 4、6、7 都不能满足约束条件，回溯至 x_5 也不再有选择余地，因为 x_5 已经取最大值 8，只能向 x_4 回溯。

(8) 重新决定 x_4。

……

这样枚举-试探-失败返回-再枚举试探，直到得出一个 8 元组完全解。

3. 递推法

递推法是按照一定的规律来计算序列中的每个项，通常是通过计算前面的一些项来得出序列中指定项的值。

递推法是一种归纳法，其思想是把一个复杂而庞大的计算过程转化为简单过程的多次重复，每次重复都在旧值的基础上递推出新值，并由新值代替旧值。该算法利用了计算机运算速度快、适合做重复性操作的特点。

与迭代法相对应的是直接法(或者称为一次解法),即一次性解决问题。迭代法又分为精确迭代和近似迭代。二分法和牛顿迭代法属于近似迭代法。

【例 4-9】 猴子吃桃子问题。

小猴在一天摘了若干个桃子,当天吃掉一半多一个;第二天接着吃了剩下桃子的一半多一个;以后每天都吃尚存桃子的一半零一个,到第 7 天早上要吃时只剩下一个了。问小猴那天共摘下了多少个桃子?

问题分析:设第 i+1 天剩下 x_{i+1} 个桃子。因为第 i+1 天吃了:$0.5x_i+1$,所以第 i+1 天剩下:$x_i-(0.5x_i+1)=0.5x_i-1$,因此得:$x_{i+1}=0.5x_i-1$,即得到本题的数学模型:$x_i=(x_{i+1}+1)*2$,i=6,5,4,3,2,1。

因为从第 6 天到第 1 天,可以重复使用上式进行计算前一天的桃子数。因此适合用循环结构来处理。

此问题的算法设计如下:

(1) 初始化:$x_7=1$;

(2) 从第 6 天循环到第 1 天,对于每一天,进行计算 $x_i=(x_{i+1}+1)*2$,i=6,5,4,3,2,1;

(3) 循环结束后,x 的值即为第 1 天的桃子数。

4. 递归法

递归法是计算思维中最重要的思想,是计算机科学中最美的算法之一,很多算法,如分治法、动态规划、贪心法都是基于递归概念的方法。递归算法既是一种有效的算法设计方法,也是一种有效的分析问题的方法。

先来听一个故事:

> 从前有座山,
> 山里有个庙,
> 庙里有个老和尚,
> 给小和尚讲故事。
> 　　故事讲的是:
> 　　从前有座山,
> 　　山里有个庙,
> 　　庙里有个老和尚,
> 　　给小和尚讲故事。
> 　　　　故事讲的是:
> 　　　　从前有座山,
> 　　　　山里有个庙,
> 　　　　……

这个故事就是一种语言上的递归。但是计算机科学中的递归不能这样没完没了地重复，即不能无限循环。所以需要注意：计算机中的递归算法一定要有一个递归出口！即必须要有明确的递归结束条件。

递归算法求解问题的基本思想是：对于一个较为复杂的问题，把原问题分解成若干个相对简单且类同的子问题，这样较为复杂的原问题就变成了相对简单的子问题；而简单到一定程度的子问题可以直接求解；这样，原问题就可递推得到解。简单地说，递归法就是通过调用自身，只需少量的程序就可描述出多次重复计算。

学习用递归解决问题的关键就是找到问题的递归式，也就是用小问题的解来构造大问题的关系式。通过递归式可以知道大问题与小问题之间的关系，从而解决问题。

并不是每个问题都适宜于用递归算法求解。适宜于用递归算法求解的问题的充分必要条件是：一是问题具有某种可借用的类同于自身的子问题描述的性质；二是某一有限步的子问题（也称为本原问题）有直接的解存在。

比如，计算机中文件夹的复制也是一个递归问题，因为文件夹是多层次性的，需要读取每一层子文件夹中的文件进行复制。扫雷游戏中也有递归问题，当鼠标单击到四周没有雷的点时往往会打开一片区域，因为在打开没有雷的四周区域时，如果其中打开的某一点其四周也没有雷，那么它的四周也会被打开，以此类推，就能打开一片区域。这些问题用递归方法实现既清晰易懂，还能通过较为简单的程序代码来实现。

递归就是在过程或函数里调用自身。一个过程或函数在其定义或说明中直接或间接调用自身的一种方法，它通常把一个大型复杂的问题层层转化为一个与原问题相似的规模较小的问题来求解。一般来说，递归需要有边界条件、递归前进段和递归返回段。当边界条件不满足时，递归前进；当边界条件满足时，递归返回。

【例 4-10】 使用递归法解决斐波那契(Fibonacci)数列问题。

列昂纳多·斐波那契(Leonardo Fibonacci，约 1170—1250)是意大利著名数学家。在他的著作《算盘书》中许多有趣的问题，最著名的问题是的“兔子繁殖问题”：如果每对兔子每月繁殖一对子兔，而子兔在出生后两个月后就有生殖能力，试问第一月有一对小兔子，12 个月后时有多少对兔子？

无穷数列 1，1，2，3，5，8，13，21，34，55，…，称为 Fibonacci 数列，又称黄金分割数列或兔子数列。

假设第 n 个月的兔子数目为 f(n)，那么 Fibonacci 数列规律如下：

$$f(n)=f(n-1)+f(n-2) \quad 当 n \geqslant 3,$$
$$f(1)=f(2)=1$$

它可以递归地定义为：

$$F(n)=\begin{cases}1 & n=0 \\ 1 & n=1 \\ F(n-1)+F(n-2) & n>1\end{cases}$$

递归算法的执行过程主要分递推和回归两个阶段。

(1) 输入 n 的值。

(2) 在递推阶段，把较复杂的问题(规模为 n)的求解递推到比原问题简单一些的问题(规模小于 n)的求解。

本例中，求解 F(n)，把它递推到求解 F(n-1)和 F(n-2)。也就是说，为计算 F(n)，必须先计算 F(n-1)和 F(n-2)，而计算 F(n-1)和 F(n-2)，又必须先计算 F(n-3)和 F(n-4)。依次类推，直至计算 F(1)和 F(0)，能立即得到的结果分别为 1 和 0。

注意：当使用递归策略时，在递推阶段，必须有一个明确的递归结束条件，称为递归出口。例如，在函数 F(n)中，当 n 为 1 和 0 的情况就是递归出口。

(3) 在回归阶段，当满足递归结束条件后，逐级返回，依次得到稍复杂问题的解，本例在得到 F(1)和 F(0)后，返回得到 F(2)和 F(1)的结果……在得到了 F(n-1)和 F(n-2)的结果后，返回得到 F(n)的结果。

(4) 输出 F(n) 的值。

【例 4-11】 汉诺(Hanoi)塔问题。

古代有一个梵塔，塔内有 A、B、C 三个塔座，A 塔座上有 64 个盘子，盘子大小不等，大的在下，小的在上，如图 4.7 所示。现要求将 A 塔座上的这 64 个圆盘移到 B 塔座上，并仍按同样顺序叠置。在移动圆盘时应遵守以下移动规则：

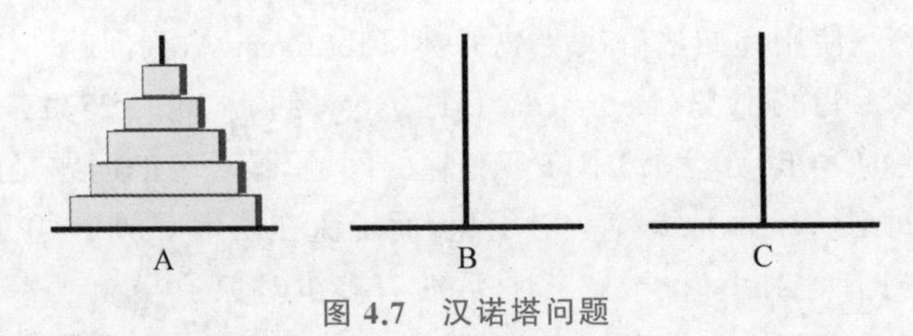

图 4.7　汉诺塔问题

(1) 每次只能移动一个圆盘；

(2) 任何时刻都不允许将较大的圆盘压在较小的圆盘之上；

(3) 在满足移动规则(1)和(2)的前提下，可将圆盘移至 A、B、C 中任一塔座上。

算法分析：

这是一个经典的递归算法示例。这个问题在圆盘比较多的情况下，很难直接写出移动步骤。我们可以先分析圆盘比较少的情况。

假定圆盘从大向小依次为：圆盘 1，圆盘 2，…，圆盘 64。

如果只有一个圆盘，则不需要利用 B 塔座，直接将圆盘 1 从 A 移动到 C。

如果有 2 个圆盘，可以先将圆盘 1 上的圆盘 2 移动到 B；将圆盘 1 移动到 C；将圆盘 2 移动到 C。这说明：可以借助 B 将 2 个圆盘从 A 移动到 C。

如果有 3 个圆盘，那么根据 2 个圆盘的结论，可以借助 C 将圆盘 1 上的两个圆盘从 A 移动到 B；将圆盘 1 从 A 移动到 C，A 变成空塔座；借助 A 塔座，将 B 上的两个圆盘移动到 C。这说明：可以借助一个空塔座，将 3 个圆盘从一个座移动到另一个。

如果有 4 个圆盘，那么首先借助空塔座 C，将圆盘 1 上的三个圆盘从 A 移动到 B；将圆盘 1 移动到 C，A 变成空塔座；借助空塔座 A，将 B 塔座上的三个圆盘移动到 C。

上述的思路可以一直扩展到 64 个圆盘的情况：可以借助空塔座 C 将圆盘 1 上的 63 个圆盘从 A 移动到 B；将圆盘 1 移动到 C，A 变成空塔座；借助空塔座 A，将 B 塔座上的 63 个圆盘移动到 C。

递推关系往往是利用递归的思想来建立的。递推由于没有返回段，因此更为简单，有时可以直接用循环实现。

知行合一

感受递归思想之美：递归策略只需少量的程序就可描述出解题过程所需要的多次重复计算，大大地减少了程序的代码量。递归的能力在于利用有限的语句来定义对象的无限集合。

5. 分治法

任何一个可以用计算机求解的问题所需的计算时间都与其规模有关。问题的规模越小，越容易直接求解，解题所需的计算时间也越少。

例如，对于 n 个元素的排序问题，当 n=1 时，不需任何计算。n=2 时，只要做一次比较即可排好序。n=3 时只要做 3 次比较即可……而当 n 较大时，问题就不那么容易处理了。要想直接解决一个规模较大的问题，有时是相当困难的。

分治法就是把一个复杂的问题分成两个或更多相同或相似的子问题，再把子问题分成更小的子问题……直到最后子问题可以简单地直接求解，原问题的解即为子问题解的合并。在计算机科学中，分治法是一种很重要的算法，是很多高效算法的基础。

分治法的精髓："分"——将问题分解为规模更小的子问题；"治"——将这些规模更小的子问题逐个击破；"合"——将已解决的子问题合并，最终得出原问题的解。

由分治法产生的子问题往往是原问题的较小模式，这就为使用递归技术提供了方便。在这种情况下，反复运用分治手段，可以使子问题与原问题类型一致而其规模却不断缩小，最终使子问题缩小到很容易直接求出其解。这自然导致递归过程的产生。分治与递归像一对孪生兄弟，经常同时应用在算法设计之中，并由此产生了许多高效算法。

分治法所能解决的问题一般具有以下几个特征：

(1) 原问题的规模缩小到一定的程度就可以容易地解决；

(2) 原问题可以分解为若干个规模较小的相同问题，即原问题具有最优子结构性质；

(3) 利用原问题分解出的子问题的解可以合并为原问题的解；

(4) 原问题所分解出的各个子问题是相互独立的，即子问题之间不包含公共的子问题。

上述的第一条特征是绝大多数问题都可以满足的，因为问题的计算复杂性一般是随着问题规模的增加而增加；第二条特征是应用分治法的前提，它也是大多数问题可以满足的，此特征反映了递归思想的应用；第三条特征是关键，能否利用分治法完全取决于问题是否具有第三条特征，如果具备了第一条和第二条特征，而不具备第三条特征，则可以考虑用贪心法或动态规划法；第四条特征涉及分治法的效率，如果各子问题是不独立的，则分治法要做许多额外的工作，重复地解公共子问题，此时虽然可用分治法，但一般选择动态规划法更好。

根据分治法的分割原则，原问题应该分为多少个子问题才较为适宜？各个子问题的规模应该怎样才为恰当？人们从大量实践中发现，在用分治法设计算法时，最好将一个问题分成大小相等的 k 个子问题。这种使子问题规模大致相等的做法是出自一种平衡子问题的思想，它几乎总是比子问题规模不等的做法更好。

【例 4-12】 使用分治法解决斐波那契(Fibonacci)数列问题。

n=5 时使用分治法计算斐波那契数的过程，如图 4.8 所示。

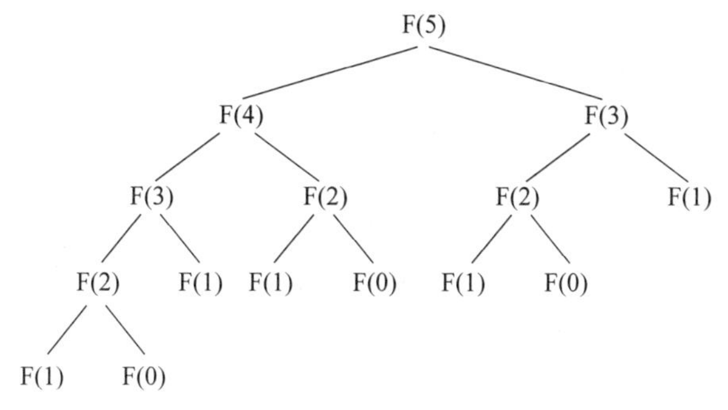

图 4.8 n=5 时使用分治法计算斐波那契数的过程

【例 4-13】 循环赛日程表问题。

设有 $n=2^K$ 个运动员要进行网球循环赛，现要设计一个满足以下要求的比赛日程表：

(1) 每个选手必须与其他 n－1 个选手各赛一场；

(2) 每个选手一天只能赛一场；

(3) 循环赛一共进行 n－1 天。

请按此要求将比赛日程表设计成有 n 行和 n－1 列的一个表。在表中的第 i 行、第 j 列处填入第 i 个选手在第 j 天所遇到的选手，其中 $1\leqslant i\leqslant n, 1\leqslant j\leqslant n-1$。

算法分析：按分治策略，将所有的选手分为两半，n 个选手的比赛日程表就可以通过为 n/2 个选手设计的比赛日程表来决定。递归地对选手进行分割，直到只剩下 2 个选手时，比赛日程表的制定就变得很简单了。这时只要让这 2 个选手进行比赛就可以了。如图 4.9 所示，所列出的正方形表是 8 个选手的比赛日程表。其中左上角与左下角的两小块分别为选手 1 至选手 4 和选手 5 至选手 8 前 3 天的比赛日程。据此，将左上角小块中的所有数字按其相对位置抄到右下角，又将左下角小块中的所有数字按其相对位置抄到右上角，这样我们就分别安排好了选手 1 至选手 4 和选手 5 至选手 8 在后 4 天的比赛日程。依此思想容易将这个比赛日程表推广到具有任意多个选手的情形。

1	2	3	4	5	6	7	8
2	1	4	3	6	5	8	7
3	4	1	2	7	8	5	6
4	3	2	1	8	7	6	5
5	6	7	8	1	2	3	4
6	5	8	7	2	1	4	3
7	8	5	6	3	4	1	2
8	7	6	5	4	3	2	1

图 4.9 8 个选手的比赛日程表

【例 4-14】 公主的婚姻。

国王向邻国秋碧贞楠公主求婚。公主出了一道题：求出 49770409458851929 的一个真因子(即是除它本身和 1 外的其他约数)。若国王能在一天之内求出答案，公主便接受他的求婚。国王回去后立即开始逐个数地进行计算，他从早到晚，共算了三万多个数，最终还是没有结果。国王向公主求情，公主将答案相告：223 092 827 是它的一个真因子。公主说：“我再给你一次机会。”国王立即回国，并向时任宰相的大数学家孔唤石求教，大数学家在仔细地思考后认为这个数为 17 位，则最小的一个真因子不会超过 9 位，他给国王出了一个主意：按自然数的顺序给全国的老百姓每人编一个号发下去，等公主给出数目后，立即将它们通报全国，让每个老百姓用自己的编号去除这个数，除尽了立即上报，赏金万两。

算法分析：国王最先使用的是一种顺序算法，后面由宰相提出的是一种并行算法，其中包含了分治法的思维。

分治法求解问题的优势是可以并行地解决相互独立的问题。目前计算机已经能够集成越来越多的核，设计并行执行的程序能够有效利用资源，提高对资源的利用率。

6. 贪心算法

贪心算法又称为贪婪算法，是用来求解最优化问题的一种算法。但它在解决问题的策略上目光短浅，只根据当前已有的信息就做出有利的选择，而且一旦做出了选择，不管将来有什么结果，这个选择都不会改变。换言之，贪心算法并不是从整体最优考虑，它所做出的选择只是在某种意义上的局部最优。这种局部最优选择并不总能获得整体最优解，但通常能获得近似最优解。

【例 4-15】 付款问题。

假设有面值为 5 元、2 元、1 元、5 角、2 角、1 角的货币，需要找给顾客 4 元 6 角现金。如何找给顾客零钱，使付出的货币数量最少？

贪心算法求解步骤：为使付出的货币数量最少，首先选出 1 张面值不超过 4 元 6 角的最大面值的货币，即 2 元，再选出 1 张面值不超过 2 元 6 角的最大面值的货币，即 2 元，再选出 1 张面值不超过 6 角的最大面值的货币，即 5 角，再选出 1 张面值不超过 1 角的最大面值的货币，即 1 角，因此总共付出 4 张货币。

在付款问题每一步的贪心选择中，在不超过应付款金额的条件下，只选择面值最大的货币，而不去考虑在后面看来这种选择是否合理，而且它还不会改变决定：一旦选出了一张货币，就永远选定。付款问题的贪心选择策略是尽可能使付出的货币最快地满足支付要求，其目的是使付出的货币张数最慢地增加，这正体现了贪心算法的设计思想。

因此，对于某些求最优解问题，贪心算法是一种简单、迅速的设计技术。用贪心算法设计算法的特点是一步一步地进行，通常以当前情况为基础，根据某个优化测度作为最优选择，而不考虑各种可能的整体情况，这省去了为找最优解要穷尽所有可能而必须耗费的大量时间。它采用自顶向下，以迭代的方法做出相继的贪心选择，每做一次贪心选择，就将所求问题简化为一个规模更小的子问题，通过每一步贪心选择，可得到问题的一个最优解，虽然每一步上都要保证能够获得局部最优解，但由此产生的全局解有时不一定是最优的。

在计算机科学中，贪心算法往往被用来解决旅行商(Traveling Salesman Problem，TSP)问题、图着色问题、最小生成树问题、背包问题、活动安排问题、多机调度问题等。

7. 动态规划法

动态规划法是运筹学的一个分支，是求解决策过程最优化的数学方法。20世纪50年代初美国数学家R.E.Bellman等在研究多阶段决策过程的优化问题时，提出了著名的最优化原理，把多阶段过程转化为一系列单阶段问题，利用各阶段之间的关系，逐个求解，创立了解决这类过程优化问题的新方法——动态规划法。1957年出版了他的名著*Dynamic Programming*，这是该领域的第一本著作。

动态规划法的基本思想与分治法类似，也是将待求解的问题分解为若干个子问题(阶段)，按顺序求解子问题，前一子问题的解，为后一子问题的求解提供了有用的信息。在求解任一子问题时，列出各种可能的局部解，通过决策保留那些有可能达到最优的局部解，丢弃其他局部解。依次解决各子问题，最后一个子问题就是原问题的解。

由于动态规划法解决的问题多数有重叠子问题这个特点，为减少重复计算，对每一个子问题只解一次，将其不同阶段的不同状态保存在一个二维数组中。因此，适合使用动态规划法求解最优化问题应具备的两个要素：一是具备最优子结构(如果一个问题的最优解包含子问题的最优解，那么该问题就具有最优子结构)；二是子问题重叠。

分治法要求各个子问题是独立的(即不包含公共的子问题)，因此一旦递归地求出各个子问题的解后，便可自下而上地将子问题的解合并成原问题的解。如果各子问题是不独立的，那么分治法就要做许多不必要的工作，重复地解公共的子问题。

动态规划法与分治法的不同之处在于，动态规划法允许这些子问题不独立(即各子问题可包含公共的子问题)，它对每个子问题只解一次，并将结果保存起来，避免每次碰到时都要重复计算。这就是动态规划法高效的一个原因。

动态规划法在经济管理、生产调度、工程技术和最优控制等方面得到了广泛的应用。

动态规划求解问题一般分为以下4个步骤。

(1) 分析最优解的结构，刻画其结构特征；

(2) 递归地定义最优解的值；

(3) 按自底向上的方式计算最优解的值。

(4) 用第(3)步中的计算过程的信息来构造最优解。

【例 4-16】 三角数塔问题。

图 4.10 是一个由数字组成的三角形，顶点为根结点，每个结点有一个整数值。从顶点出发，可以向左走或向右走，要求从顶点开始，请找出一条路径，使路径之和最大，并输出路径之和。

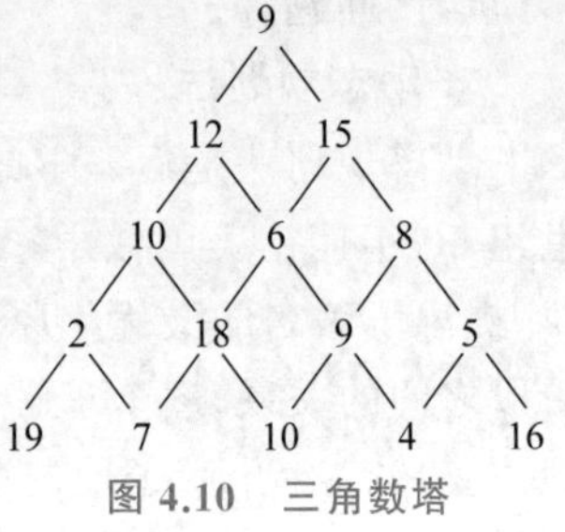

图 4.10 三角数塔

(1) 分析最优解的结构，刻画其结构特征。

首先考虑如何将问题转化成较小子问题。如果在找该路径时，从上到下走到了第 3 层第 0 个数 2，那么接下来应选择走 19。如果从上到下走到了第 3 层第 1 个数 18，那么接下来应选择走 10。同理，如果从上到下走到了第 3 层第 2 个数 9，那么接下来应选择走 10；如果从上到下走到了第 3 层第 3 个数 5，那么接下来应选择走 16。根据这个思路可以更新第 3 层的数，即把 2 更新为 21(2＋19)，把 18 更新为 28(18＋10)，把 9 更新为 19(9＋10)，把 5 更新为 21(5＋16)。更新后的三角数塔如图 4.11 所示。

同理地，更新后的第 2 层、第 1 层、第 0 层的三角数塔如图 4.12～图 4.14 所示。

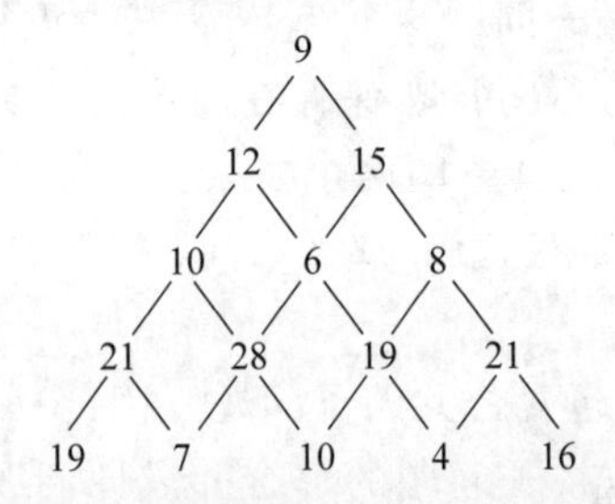

图 4.11 更新第 3 层后的三角数塔

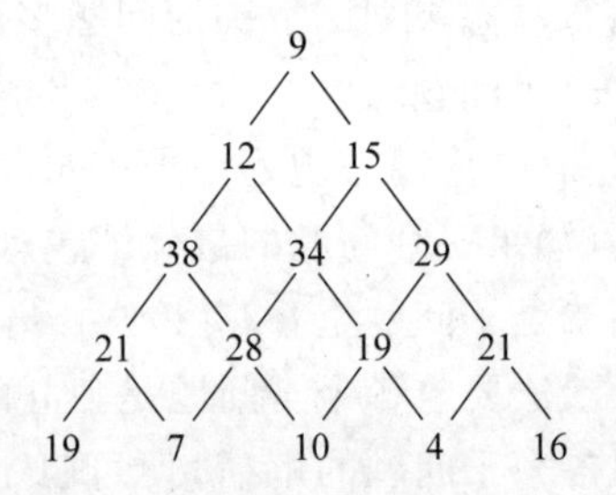

图 4.12 更新第 2 层后的三角数塔

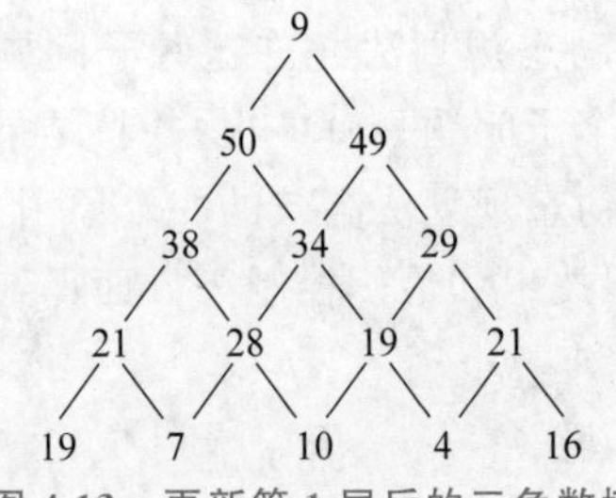

图 4.13 更新第 1 层后的三角数塔

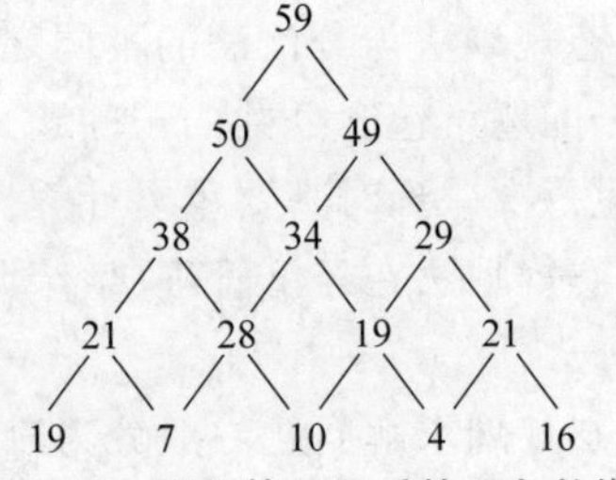

图 4.14 更新第 0 层后的三角数塔

(2) 递归地定义最优解的值。

定义 a(i,j)为第 i 层第 j 个数到最下层的所有路径中最大的数值之和。本例中,第 4 层是最下层,所以用 5×5 的二维数组 T 存储数塔的初始值,根据上面的思路,a(3,0)等于 a(4,0)和 a(4,1)中较大的数值加上 T(3,0);a(3,1)等于 a(4,1)和 a(4,2)中较大的数值加上 T(3,1);a(3,2)等于 a(4,2)和 a(4,3)中较大的数值加上 T(3,2)。由此,得到以下递归式:

$$a(i,j)=\begin{cases}T(i,j), i=4\\ \max(a(i+1,j),a(i+1,j+1))+T(i,j), & \forall i(0\leqslant i<4), j\leqslant i\end{cases}$$

(3) 按自底向上的方式计算最优解的值。

根据自底向上的方式,根据上面的递归式,先计算第 n−1 层的 a(n−1,0),a(n−1,1),…a(n−1,n−1),然后计算第 n−1 层的 a(n−2,0), a(n−2,1),…,a(n−2,n−2),…,直到计算最顶层的 a(0,0),本例如表 4.1 所示。

表 4.1　例 4-16 生成的动态规划表

i \ j	0	1	2	3	4
4	19	7	10	4	16
3	21	28	19	21	0
2	38	34	29	0	0
1	50	49	0	0	0
0	59	0	0	0	0

(4) 用第(3)步中的计算过程的信息构造最优解。

我们使用回溯法找出最大数值之和的路径。首先从 a(0, 0)=59 开始,a(0, 0)−T(0, 0)=59−9=50,即 a(0, 0)是通过 T(0, 0)加上 a(1, 0)得到的;回溯到 a(1, 0)=50,a(1, 0)−T(1, 0)=50−12=38,即 a(1, 0)是通过 T(1, 0)加上 a(2, 0)得到的;回溯到 a(2, 0)=38,a(2, 0)−T(2, 0)=38−10=28,即 a(2, 0)是通过 T(2, 0)加上 a(3, 1)得到的;回溯到 a(3, 1)=28,a(3, 1)−T(3, 1)=28−18=10,即 a(3, 1)是通过 T(3,1)加上 a(4,2)得到的。从而得到路径为:(0,0)→(1,0)→(2,0)→(3,1)→(4,2),其和值为 59。

以上就是用动态规划法求解问题的步骤。

总结:一个问题该用递推法、贪心法还是动态规划法,完全是由这个问题本身阶段间状态的转移方式决定的。如果每个阶段只有一个状态,则用递推;如果每个阶段的最优状态都是由上一个阶段的最优状态得到的,则用贪心;如果每个阶段的最优状态可以从之前某个阶段的某个或某些状态直接得到而不管之前这个状态是如何得到的，则用动态规划。

4.2.5 算法分析

对同一个问题，可以有不同的解题方法和步骤，即可以有不同的算法，而一个算法的质量优劣将影响到算法乃至程序的效率。算法分析的目的在于选择合适算法和改进算法。对于特定的问题来说，往往没有最好的算法，只有最适合的算法。

例如，求 1＋2＋3＋…＋100，可以按顺序依次相加，也可以(1＋99)＋(2＋98)＋…＋(49＋51)＋100＋50＝100×50＋50＝5050，还可以按等差数列求和等。因为方法有优劣之分，所以为了有效地解题，不仅要保证算法正确，还要考虑算法的质量，选择合适的算法。

通过对算法的分析，在把算法变成程序实际运行前，就知道为完成一项任务所设计的算法的好坏，从而使用好算法，改进差算法，避免无益的人力和物力浪费。

对算法进行全面分析，可分两个阶段进行：

(1) 事前分析。

事前分析是指通过对算法本身的执行性能的理论分析，得出算法特性。一般使用数学方法严格地证明和计算它的正确性和性能指标；

- 算法复杂性是指算法所需要的计算机资源，一个算法的评价主要从时间复杂度和空间复杂度来考虑。
- 数量关系评价体现在时间，即算法编程后在计算机中所耗费的时间。
- 数量关系评价体现在空间，即算法编程后在计算机中所占的存储量。

(2) 事后测试。

一般地，将算法编制成程序后实际放到计算机上运行，收集其执行时间和空间占用等统计资料，进行分析判断。对于研究前沿性的算法，可以采用模拟/仿真分析方法，即选取或实际产生大量的具有代表性的问题实例——数据集，将要分析的某算法进行仿真应用，然后对结果进行分析。

一般地，评价一个算法，需要考虑以下几个性能指标：

1. 正确性

算法的正确性是评价一个算法优劣的最重要的标准。一个正确的算法是指在合理的数据输入下，能在有限的运行时间内得到正确的结果。算法正确性的评价包括两个方面：问题的解法在数学上是正确的，以及执行算法的指令系列是正确的。可以通过对输入数据的所有可能情况的分析和上机调试，来证明算法是否正确。

2. 可读性

算法的可读性是指一个算法可供人们阅读的难易程度。算法应该清晰、易读、易懂、易证明,便于以后的调试和修改。

3. 健壮性

健壮性是指一个算法对不合理输入数据的反应能力和处理能力,也称为容错性。算法应具有容错处理能力。当输入非法数据时,算法应对其做出反应,而不是产生莫名其妙的输出结果。

4. 时间复杂度

算法的时间复杂度是指执行算法所需要的计算工作量。为什么要考虑时间复杂性呢?因为有些计算机需要用户提供程序运行时间的上限,一旦达到这个上限,程序将被强制结束,而且有时可能还需要程序提供一个满意的实时响应。

和算法执行时间相关的因素包括:问题中数据存储的数据结构、算法采用的数学模型、算法设计的策略、问题的规模、实现算法的程序设计语言、编译算法产生的机器代码的质量、计算机执行指令的速度等。

一般来说,计算机算法是问题规模 n 的函数 f(n),算法的时间复杂度也因此记作 T(n)=O(f(n))。

一个算法的执行时间大致上等于其所有语句执行时间的总和,对于语句的执行时间是指该条语句的执行次数与执行一次所需时间的乘积。一般随着 n 的增大,T(n)增长较慢的算法为最优算法。

【例 4-17】 计算汉诺塔问题的时间复杂度。

算法:C 语言描述(部分代码)

```
hanoi(int n,charleft,charmiddle,char right)
{
    if(n==1) move(left,right);      /* 函数 move(x,y)表示将盘子从 x 座移
                                       到 y 座 */
    else
    {
        hanoi(n-1,left,right,middle);
        move(left,right);
        hanoi(n-1,middle,left,right);
    }
}
```

当 n=64 时,要移动多少次?需花费多长时间呢?

$$
\begin{aligned}
h(n) &= 2h(n-1)+1 \\
&= 2(2h(n-2)+1)+1 = 2^2h(n-2)+2+1 \\
&= 2^3h(n-3)+2^2+2+1 \\
&\cdots\cdots \\
&= 2^nh(0)+2^{n-1}+\cdots+2^2+2+1 \\
&= 2^{n-1}+\cdots+2^2+2+1 = 2^n-1
\end{aligned}
$$

需要移动盘子的次数为：$2^{64}-1=18\ 446\ 744\ 073\ 709\ 551\ 615$。

假定每秒移动一次，一年有 31 536 000 秒，则一刻不停地来回搬动，也需要花费大约 5849 亿年的时间。假定计算机以每秒 1000 万个盘子的速度进行处理，则需要花费大约 58 490 年的时间。

因此，理论上可以计算的问题，实际上并不一定能行。一个问题求解算法的时间复杂度大于多项式（如指数函数）时，算法的执行时间将随 n 的增加而急剧增长，以致即使是中等规模的问题也不能被求解出来，于是在计算复杂性时，将这一类问题称为难解性问题。

5. 空间复杂度

算法的空间复杂度是指算法需要消耗的内存空间。其计算和表示方法与时间复杂度类似，一般都用复杂度的渐近性来表示。同时间复杂度相比，空间复杂度的分析要简单得多。考虑程序的空间复杂性的原因主要有：多用户系统中运行时，需指明分配给该程序的内存大小；可提前知道是否有足够可用的内存来运行该程序；一个问题可能有若干个内存需求各不相同的解决方案，从中择取；利用空间复杂性来估算一个程序所能解决问题的最大规模。

在例 4-14 中，国王最先使用的顺序算法，其复杂性表现在时间方面；后面由宰相提出的并行算法，其复杂性表现在空间方面。

直觉上，我们认为顺序算法解决不了的问题完全可以用并行算法来解决，甚至会想，并行计算机系统求解问题的速度将随着处理器数目的不断增加而不断提高，从而解决难解性问题，其实这是一种误解。当将一个问题分解到多个处理器上解决时，由于算法中不可避免地存在必须串行执行的操作，从而大大地限制了并行计算机系统的加速能力。

4.3 算法的实现——程序设计语言

程序设计语言体系和自然语言体系十分相似。我们可以回忆一下语文和英语的学习，就可以得出自然语言的学习过程：基本符号及书写规则→单词→短语→句子→段落→文章。因此，程序设计语言的学习过程也很类似：基本符号及书写规则→常量和变量→运算符和表达式→语句→过程和函数→程序。前面提到，在写作中，必须要求文章的语法规范、语义清晰。因此程序也要求清晰、规范，符合一定的书写规则。

传统程序设计语言的基本构成元素包括常量、变量、运算符、内部函数、表达式、语句、自定义过程或函数等。

现代程序设计语言增加了类、对象、消息、事件和方法等。

4.3.1 程序设计语言的分类

自 20 世纪 60 年代以来，世界上公布的程序设计语言已有上千种之多，但是只有很小一部分得到了广泛的应用。从发展历程来看，程序设计语言可以分为 4 代。

1. 机器语言

机器语言(Machine Language)是计算机硬件系统能够直接识别的、不需翻译的计算机语言。机器语言中的每一条语句实际上是一条二进制形式的指令代码，由操作码和操作数组成。操作码指出进行什么操作；操作数指出参与操作的数或在内存中的地址。用机器语言编写程序工作量大、难于使用，但执行速度快。它的二进制指令代码通常随 CPU 型号的不同而不同，不能通用，因而说它是面向机器的一种低级语言。通常不用机器语言直接编写程序。

2. 汇编语言

汇编语言(Assemble Language)是为特定计算机或计算机系列设计的。汇编语言用助记符代替操作码，用地址符号代替操作数。由于这种“符号化”的做法，所以汇编语言也称为符号语言。用汇编语言编写的程序称为汇编语言“源程序”。汇编语言程序比机器语言程序易读、易检查、易修改，同时又保持了机器语言程序执行速度快、占用存储空间少的优点。汇编语言也是面向机器的一种低级语言，不具备通用性和可移植性。

3. 高级语言

高级语言(High Level Language)是第 3 代语言(3GL)，是由各种有意义的词和数学公式按照一定的语法规则组成的，它更容易阅读、理解和修改，编程效率高。高级语言不是面向机器的，而是面向问题的，与具体机器无关，具有很好的通用性和可移植性。高级语言的种类很多，有面向过程的语言，例如 Fortran、BASIC、Pascal、C 等；有面向对象的语言，例如 C++、Java 等。

不同的高级语言有不同的特点和应用范围。Fortran 语言是 1954 年提出的，是出现最早的一种高级语言，适用于科学和工程计算；BASIC 语言是初学者的语言，简单易学，人机对话功能强；Pascal 语言是结构化程序语言，适用于教学、科学计算、数据处理和系统软件开发，目前逐步被 C 语言所取代；C 语言程序简练、功能强，适用于系统软件、数值计算、数据处理等，成为目前高级语言中使用最多的语言之一；C++ 、C# 等面向对象的程序设计语言，给非计算机专业的用户在 Windows 环境下开发软件带来了福音；Java 语言是一种基于 C++ 的跨平台分布式程序设计语言。

4. 非过程化语言

上述的通用语言仍然都是“过程化语言”。编码的时候，要详细描述问题求解的过程，告诉计算机每一步应该“怎样做”。

第 4 代语言(4GL)语言是非过程化的，面向应用，只需说明“做什么”，不需描述算法细节。目前的 4GL 语言有：查询语言(比如数据库查询语言 SQL)和报表生成器；NATURAL、FOXPRO、MANTIS、IDEAL、CSP、DMS、INFO、LINC、FORMAL 等应用生成器；Z、NPL、SPECINT 等形式规格说明语言等。这些具有 4GL 特征的软件工具产品具有缩短应用开发过程、降低维护代价、最大限度地减少调试中出现的问题等优点。

4.3.2 语言处理程序

程序设计语言能够把算法翻译成机器能够理解的可执行程序。这里把计算机不能直接执行的非机器语言源程序翻译成能直接执行的机器语言的语言翻译程序称为语言处理程序。

(1) 源程序。

用各种程序设计语言编写的程序称为源程序，计算机不能直接识别和执行。

(2) 目标程序。

源程序必须由相应的汇编程序或编译程序翻译成机器能够识别的机器指令代码，计算机才能执行，这正是语言处理程序所要完成的任务。翻译后的机器语言程序称为目标程序。

(3) 汇编程序。

将汇编语言源程序翻译成机器语言程序的翻译程序称为汇编程序，如图 4.15 所示。

(4) 编译方式和解释方式。

编译方式是将高级语言源程序通过编译程序翻译成机器语言目标代码，如图 4.16 所示；解释方式是对高级语言源程序进行逐句解释，解释一句就执行一

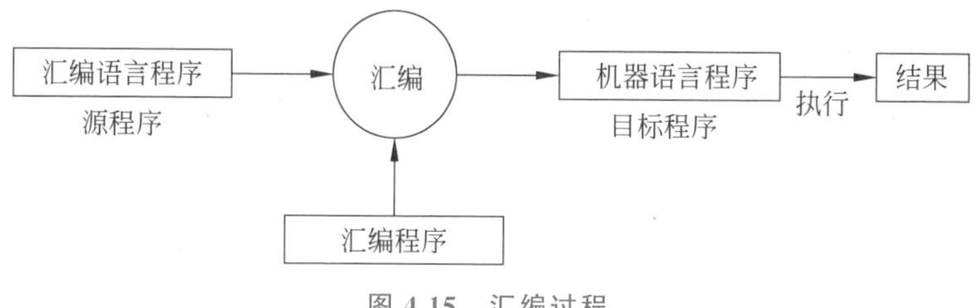

图 4.15　汇编过程

句，但不产生机器语言目标代码。例如 BASIC 语言大都是按这种方式处理的。大部分高级语言都采用编译方式。

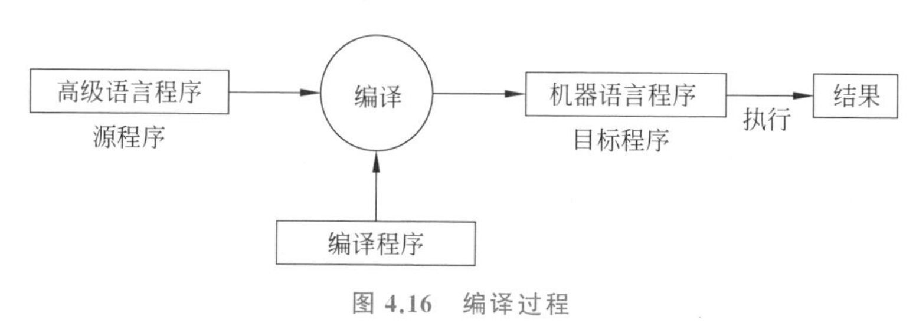

图 4.16　编译过程

4.3.3　常用的高级语言

常用的高级语言包括 Visual Basic、C、Python、Java 等，本书只介绍前三种。

1. Visual Basic

Visual Basic(以下简称 VB)是美国微软公司旗下的一个主流程序开发工具。1991 年，Microsoft 公司推出了 Visual Basic 1.0，当时引起了很大的轰动。许多专家把 VB 的出现当作是软件开发史上的一个具有划时代意义的事件。

Visual Basic 是在原有 BASIC 语言基础上的进一步发展，综合运用了 BASIC 语言和新的可视化工具，既具有 Windows 所特有的优良性能和图形工作环境，又具有编程的简易性。用户无须编写大量的代码去描述界面元素的外观与位置，而只需要将预先建立的对象添加到窗体上即可。可用 Visual Basic 快速创建 Windows 程序，并可编写企业水平的客户端/服务器程序和强大的数据库应用程序。

【例 4-18】　写出例 4-5 的 VB 程序。

```
Private Sub Command1_Click()
Dim i As Integer
```

```
Dim sum As Integer
sum = 0
For i = 1 To 100 Step 1
    sum = sum + i
Next i
Print "1+2+…+100=", sum
End Sub
```

2. C 语言

C 语言是一种通用的、结构化、面向过程的程序设计语言，于 1972 年由 Dennis Ritchie 在贝尔电话实验室实现 UNIX 操作系统时开发。C 语言不仅可用来实现系统软件，也可用于开发应用软件。它还被广泛使用在大量不同的软件平台和不同架构的计算机上，而且几个流行的编译器都采用它来实现。面向对象的编程语言目前主要有 C++、C#、Java 语言。这 3 种语言都是从 C 语言派生出来的，C 语言的知识几乎都适用于这 3 种语言。

C 语言的编程环境一直在向前发展。随着 Windows 编程的兴起，目前流行的是兼容 C 语言的 Visual C++ 6.0（简称 VC++ 6.0）和 Borland C++ 集成开发环境。

目前，很多著名系统软件，如 dBASE IV 等都是用 C 语言编写的。在图像处理、数据处理和数值计算等应用领域都可以方便地使用 C 语言。

【例 4-19】 写出例 4-5 的 C 语言程序。

```
#include<stdio.h>
void main()
{
    int i, sum;
    sum=0;
    for(i=1; i<=100; i++)
    {
        sum = sum + i;
    }
    printf("1+2+…+100=%d", sum);
}
```

3. Python 语言

Python 是一种面向对象的直译式计算机程序设计语言，也是一种功能强大的通用型语言，由吉多·范罗苏姆(Guido van Rossum)于 1989 年末开发，已经具有 30 多年的发展历史，成熟且稳定。

Python 主要特点如下。

(1) 简单易学。

Python 是一门优雅优美的语言,语法简洁清晰,好学易用。阅读一个良好的 Python 程序就感觉像是在读英语一样。它使你能够专注于解决问题而不是去搞明白语言本身。不计较程序语言在形式上的诸多细节和规则,可以专心地学习程序本身的逻辑和算法,以及探究程序的执行过程。

(2) 免费、开源。

Python 是 FLOSS(自由/开放源码软件)之一。使用者可以自由地发布这个软件的拷贝、阅读它的源代码、对它做改动、把它的一部分用于新的自由软件中。FLOSS 是基于一个团体分享知识的概念。

(3) 可扩展性、可嵌入性和可移植性强。

Python 提供了丰富的 API 和工具,以便程序员能够轻松地使用 C 语言、C++、Python 来编写扩展模块。Python 解释器本身也可以被集成到其他需要脚本语言的程序内。因此,很多人还把 Python 作为一种"胶水语言"(glue language)使用。使用 Python 将其他语言编写的程序进行集成和封装。比如,可以把部分程序用 C 或 C++ 编写,然后在你的 Python 程序中使用它们,也可以把 Python 嵌入你的 C/C++ 程序。Google 内部的很多项目使用 C++ 编写性能要求极高的部分,然后用 Python 调用相应的模块。很多游戏,如 EVE Online 使用 Python 来处理游戏中繁多的逻辑。

(4) 规范的代码。

Python 采用强制缩进的方式使得代码具有较好可读性。这与其他大多数计算机程序设计语言不一样。而且 Python 语言写的程序不需要编译成二进制代码。

(5) Python 标准库很丰富。

Python 包含了一组完善且容易理解的标准库,能够轻松完成很多常见的任务,包括正则表达式、文档生成、单元测试、线程、数据库、网页浏览器、CGI、FTP、电子邮件、XML、XML-RPC、HTML、WAV 文件、密码系统、GUI(图形用户界面)、Tk 和其他与系统有关的操作。除了标准库以外,还有许多其他高质量的库,如 wxPython、Twisted 和 Python 图像库等。Python 对于各种网络协议的支持也很完善,因而经常被用于编写服务器软件、网络爬虫。第三方库 Twisted 支持异步网络编程和多数标准的网络协议(包含客户端和服务器),并且提供了多种工具,被广泛用于编写高性能的服务器软件。在其他领域,比如科学计算、人工智能等等有广泛的运用。

(6) Python 支持命令式编程、面向对象程序设计、函数式编程、泛型编程等多种编程范式。

Python是完全面向对象(函数、模块、数字、字符串都是对象)的语言,并且完全支持继承、重载、派生、多继承,有益于增强代码的复用性。Python支持重载运算符,因此,Python也支持泛型设计。虽然Python可能被粗略地分类为"脚本语言"(script language),但实际上,一些大规模软件开发计划,如Zope、Mnet、BitTorrent及Google也广泛地使用它。

【例4-20】 写出例4-5的Python语言程序。

```
n = int(input("请输入 n:"))
s = 0
for i in range(1,n+1):
    s = s + i
print ('1+2+3+...+ ',  n,  '= ',  s)
```

目前新语言研究方向是更贴近自然语言的计算机语言、图形化表达语言、积木式程序构造语言和专业领域化的内容表达与计算语言。

知行合一

开发人员写的代码不仅自己要阅读,后续的测试人员和维护人员等团队其他人员都需要阅读,所以添加注释是一种良好的编程风格,注释是团队程序员之间交流的重要手段,好的注释可以提高软件的可读性及团队工作效率。清晰(可读性)第一,效率第二!同时也体现了换位思考、慈悲待人的美德。

基础知识练习

(1) 举例说明什么是数学建模?数学建模的意义何在?
(2) 什么是算法?
(3) 算法应具备哪些特征?
(4) 常用的算法设计策略有哪些?
(5) 算法的描述方式有哪些?
(6) 什么是算法的复杂度分析?
(7) 评价算法的标准有哪些?
(8) 设计一个算法,求 $1+2+4+\cdots+2^n$ 的值,并画出算法流程图。

(9) 某单位发放临时工工资，工人每月工作不超过 20 天时一律发放 2000 元。超过 20 天时分段处理：25 天以内，超过天数每天 100 元，25 天以上每天 150 元。设计一个算法，根据输入的天数，计算应发的工资，并画出算法流程图。

(10) 找出由 n 个数组成的数列 x 中最大的数 Max。如果将数列中的每一个数字大小看成是一颗豆子的大小，我们可以利用一个“捡豆子”的生活算法来找到最大数，步骤如下：首先将第一颗豆子放入口袋中；从第二颗豆子开始比较，如果正在比较的豆子比口袋中的还大，则将它捡起放入口袋中，同时丢掉原先口袋中的豆子，如此循环直到最后一颗豆子；最后口袋中的豆子就是所有的豆子中最大的一颗。尝试用流程图表示这个算法。

(11) 分别用递推法和递归法计算 n!。

(12) 设计一个算法，找出 1～1000 中所有能被 7 和 23 整除的数。

(13) 一张单据上有一个 5 位数的编号，万位数是 1，千位数时 4，百位数是 7，个位数、十位数已经模糊不清。该 5 位数是 57 或 67 的倍数，输出所有满足这些条件的 5 位数。设计本问题的算法。

(14) 雨水淋湿了算术书的一道题，8 个数字只能看清 3 个，第一个数字虽然看不清，但可看出不是 1。设计一个算法求其余数字是什么？

$$[\square\times(\square 3+\square)]^2 = 8\square\square 9$$

(15) 有 5 个人，第 5 个人说他比第 4 个人大 2 岁，第 4 个人说他对第 3 个人大 2 岁，第 3 个人说他比第 2 个人大 2 岁，第 2 个人说他比第 1 个人大 2 岁，第 1 个人说他 10 岁。求第 5 个人多少岁。利用本章所学问题求解的思维，设计本问题的算法。

(16) 在一莲花池里起初有一只莲花，每过一天莲花的数量就会翻一番。假设莲花永远不凋谢，第 30 天时莲花池全部长满了莲花，请问第 23 天时莲花占莲花池的几分之几？利用本章所学问题求解的思维，设计本问题的算法。

(17) 有一个农场在第一年时买了一头刚出生的牛，这头牛在第四年时就能生一头小牛，以后每年这头牛就会生一头小牛。这些小牛成长到第四年又会生小牛，以后每年同样会生一头牛，假设牛不死，如此反复。请问 50 年后，这个农场会有多少头牛？利用本章所学问题求解的思维，设计本问题的算法。

(18) 列举递归和分治算法的生活实例。

能力拓展与训练

一、角色模拟

有一个物流公司需要研发物流管理软件。围绕软件的功能和性能需求，分组自选角色扮演用户和计算机技术人员，进行软件需求分析。要求写出软件需求分析报告（提示：与用户沟通获取需求的方法有很多，包括访谈、发放调查表、使用情景分析技术、使用快速软件原型技术等）。

二、实践与探索

(1) 搜索资料，学习使用回溯法解决八皇后问题。

(2) 搜索资料，列出常用的查找和排序算法。

(3) 搜索遗传算法、蚁群算法、免疫算法的资料，了解利用仿生学进行问题求解和算法设计的思维，写出研究报告。

(4) 解析“软件＝程序＋数据＋文档”的含义。

三、拓展阅读

主宰这个世界的10种算法

算法虽然广泛应用在计算机领域，但却完全源自数学。实际上，最早的数学算法可追溯到公元前1600年——Babylonians有关求因式分解和平方根的算法。

那么又是哪10个计算机算法造就了我们今天的生活呢？请看下面的算法，排名不分先后。

(1) 归并排序、快速排序和堆积排序算法。

哪个排序算法效率最高？这要看情况。这也就是把这3种算法放在一起讲的原因，可能你更常用其中一种，其实它们各有千秋。

归并排序算法，是目前为止最重要的算法之一，是分治法的一个典型应用，由数学家John von Neumann于1945年发明。

快速排序算法，结合了集合划分算法和分治算法，不是很稳定，但在处理随机列阵时效率相当高。

堆积排序算法，采用优先伫列机制，减少排序时的搜索时间，同样不是很稳定。

与早期的排序算法相比（如冒泡算法），这些算法将排序算法提升了一个大台阶。也多亏了这些算法，才有今天的数据发掘、人工智能、链接分析以及大部分网页计算工具。

（2）傅里叶变换算法和快速傅里叶变换算法。

这两种算法简单，但却相当强大，整个数字世界都离不开它们，其功能是实现时间域函数与频率域函数之间的相互转化。能看到这些文字，也是托这些算法的福。因特网、Wi-Fi、智能机、座机、计算机、路由器、卫星等几乎所有与计算机相关的设备都或多或少与它们有关。不会这两种算法，你根本不可能拿到电子、计算机或者通信工程学位。

（3）Dijkstra 演算法。

可以这样说，如果没有这种算法，因特网肯定没有现在的高效率。只要能以“图”模型表示的问题，都能用这个算法找到“图”中两个结点间的最短距离。虽然如今有很多更好的方法来解决最短路径问题，但 Dijkstra 演算法的稳定性仍无法取代。

（4）RSA 非对称加密算法。

毫不夸张地说，如果没有这个算法对密钥学和网络安全的贡献，如今因特网的地位可能就不会如此之高。现在的网络毫无安全感，但遇到钱相关的问题时我们必须要保证有足够的安全感，如果你觉得网络不安全，肯定不会在网页上输入自己的银行卡信息。RSA 算法，密钥学领域最著名的算法之一，由 RSA 公司的三位创始人提出，奠定了当今的密钥研究领域。用这个算法解决问题既简单又复杂，即在保证安全的情况下，如何在独立平台和用户之间分享密钥。

（5）安全哈希算法（Secure Hash Algorithm）。

确切地说，这不是一种算法，而是一组加密哈希函数，由美国国家标准技术研究所首先提出。无论是你的应用商店、电子邮件和杀毒软件还是浏览器等，都使用这种算法来保证你正常下载，以及不被“中间人攻击”，或者被“网络钓鱼”。

（6）整数质因子分解算法（Integer Factorization Algorithm）。

这其实是一个数学算法，不过已经广泛应用与计算机领域。如果没有这个算法，加密信息也不会如此安全。通过一系列步骤，可以将一个合成数分解成不可再分的数因子。很多加密协议都采用了这个算法，就比如上面提到的 RSA 算法。

（7）链接分析算法（Link Analysis Algorithm）。

在因特网时代，不同入口间关系的分析至关重要。从搜索引擎和社交网站，到市场分析工具，都在不遗余力地寻找因特网的真正构造。链接分析算法一直是这个领域最让人费解的算法之一，实现方式不一，而且其本身的特性让每个实现方式的算法发生异化，不过基本原理却很相似。链接分析算法的机制其实很简单：你可以用矩阵表示一幅“图”，形成本征值问题。本征值问题可以帮助你分析这个“图”的结构，以及每个结点的权重。这个算法于 1976 年由 Gabriel Pinski 和 Francis Narin 提出。

谁会用这个算法呢？Google 的网页排名、Facebook 向你发送信息流时（所以信息流不是算法，而是算法的结果）、Google＋和 Facebook 的好友推荐功能、LinkedIn 的工作推荐、Youtube 的视频推荐等。普遍认为，Google 是首先使用这类算法的机构，不过其实早在 1996 年（Google 问世 2 年前）李彦宏就创建的 RankDex 小型搜索引擎就使用了这个思路。而 Hyper Search 搜索算法建立者马西莫・马奇奥里也曾使用过类似的算法。

（8）比例微积分算法（Proportional Integral Derivative Algorithm）。

飞机、汽车、电视、手机、卫星、工厂和机器人等事物中都有这个算法的身影。

简单地讲，这个算法主要是通过“控制回路反馈机制”，减小预设输出信号与真实输出信号间的误差。只要是使用到信号处理或电子系统来控制自动化机械、液压和加热系统，都需要用到这个算法。没有它，就没有现代文明。

（9）数据压缩算法。

数据压缩算法有很多种，哪种最好？这要取决于应用方向，压缩 MP3、JPEG 和 MPEG-2 文件都不一样。哪里能见到它们？不仅是在文件夹的压缩文件中，你所浏览的网页就是使用数据压缩算法将信息下载到你的计算机上的。除文字外，游戏、视频、音乐、数据储存、云计算等都使用了数据压缩算法。它让各种系统更轻松、效率更高。

（10）随机数生成算法。

到如今，计算机还没有办法生成真正的随机数，但伪随机数生成算法就足够了。这些算法在许多领域都有应用，如网络连接、加密技术、安全哈希算法、网络游戏、人工智能以及问题分析中的条件初始化。

资料来源：http://www.ithome.com/html/it/87742.htm。

第5章 数据思维——数据的组织、管理与挖掘

We are entering a new world in which data may be more important than software.

——Tim O'Reilly

(O'Reilly 媒体公司创始人兼 CEO,预言了开源软件、Web 2.0 等数次互联网潮流)

5.1 数据的组织和管理

第2章中,我们了解了数值、西文字符、汉字和多媒体信息在计算机中的数据表示和编码。本章主要讲述相互关联的数据的组织、管理和挖掘及面向数据组织和数据处理时的基本思维框架。本章内容的相关视频,读者可以参考中国大学视频公开课官方网站“爱课程”网(http://www.icourses.cn)河北工程大学“心连‘芯’的思维之旅”课程中的第五讲。

信息是对客观世界中各种事物的运动状态和变化的反映。数据是信息的一种载体,是信息的一种表达方式。在计算机中,信息是使用二进制进行编码的。数据是描述客观事物的数值、字符以及能输入机器且能被处理的各种符号集合。简而言之,数据就是计算机化的信息。

计算机程序是对信息(数据)进行加工处理。可以说,程序=算法+数据组织和管理,程序的效率取决于两者的综合效果。随着信息量的增大,数据的组织和管理变得非常重要,它直接影响程序的效率。

5.1.1 数据结构

数据结构是计算机存储、组织数据的方式。数据结构是指相互之间存在一种或多种特定关系的数据元素的集合。通常情况下,精心选择的数据结构可以带来更高的运行或者存储效率。数据结构往往与高效的检索算法和索引技术有关。

比如,一幅图像是由简单的数值组成的矩阵,一个图形中的几何坐标可以组成表,语言编译程序中使用的栈、符号表和语法树,操作系统中所用到的队列、树形目录等都是有结构的数据。

数据结构通常包括以下几方面。

(1) 数据的逻辑结构:由数据元素之间的逻辑关系构成。

(2) 数据的存储结构:数据元素及其关系在计算机存储器中的存储表示,也称为数据结构的物理结构。

(3) 数据的运算:施加在该数据上的操作。

1. 逻辑结构

数据的逻辑结构是从逻辑关系上描述数据,它与数据的存储无关,是独立于计算机的,因此数据的逻辑结构可以看作是从具体问题抽象出来的数学模型。数据的逻辑结构有两个要素,一是数据元素,二是关系。根据数据元素之间关系的不同,通常有四类基本结构:集合结构、线性结构、树形结构和图结构。

(1) 集合结构。

集合结构是指比较简单的数据,即少量、相互间没有太大关系的数据。比如,在进行计算某方程组的解时,中间的计算结果数据可以存放在内存中以便以后调用。在程序设计语言中,往往用变量来实现。

(2) 线性结构。

线性结构是指该结构中的数据元素之间存在一对一的关系。其特点是开始元素和终端元素都是唯一的,除了开始元素和终端元素以外,其余元素都有且仅有一个前驱元素,有且仅有一个后继元素。典型的线性结构有线性表、栈和队列。

① 线性表。

简单地说,线性数据是指同类的批量数据,也称线性表。比如,英文字母表(A,B,…,Z),1000 个学生的学号和成绩,3000 个职工的姓名和工资,一年中的四个季节(春、夏、秋、冬)等。

② 栈。

如果对线性数据操作增加如下规定：数据的插入和删除必须在同一端进行，每次只能插入或删除一个数据元素，则这种线性数据组织方式就称为栈结构。通常将表中允许进行插入、删除操作的一端称为栈顶(Top)，表的另一端称为栈底(Bottom)。当栈中没有元素时称为空栈。

栈的插入操作被形象地称为进栈或入栈，删除操作称为出栈或退栈。

栈是先进后出的结构(First In Last Out，FILO)，如图 5.1(a)所示。日常生活中铁路调度就是栈的应用，如图 5.1(b)所示。

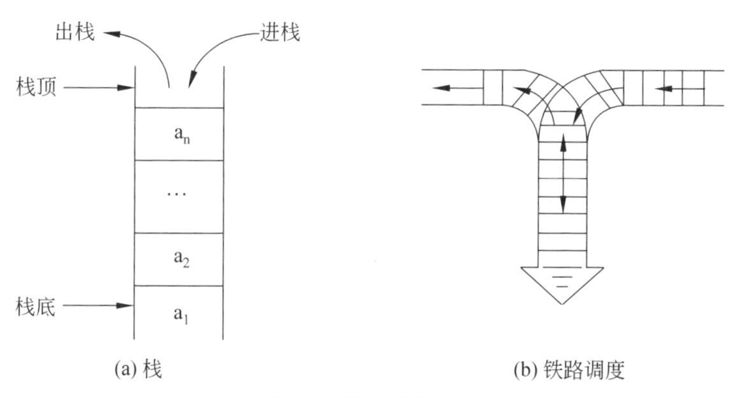

图 5.1　栈和栈的应用

比如，网络浏览器会将用户最近访问过的网址组织为一个栈。这样，用户每访问一个新页面，其地址就会被存放至栈顶；而用户每按下一次“后退”按钮，即可沿相反的次序访问此前刚访问过的页面。

类似地，主流的文本编辑器也大都支持编辑操作的历史记录功能(Ctrl＋z：撤销，Ctrl＋y：恢复)，用户的编辑操作被依次记录在一个栈中。一旦出现误操作，用户只需按下“撤销”按钮，即可取消最近一次操作并回到此前的编辑状态。

③ 队列。

如果对线性数据操作增加如下规定：只允许在表的一端插入元素，而在另一端删除元素，则这种线性数据组织方式就称为队列，如图 5.2 所示。

队列具有先进先出(Fist In Fist Out，FIFO)的特性。在队列中，允许插入的一端称为队尾，允许删除的一端则称为队头。

队列运算包括：入队运算——从队尾插入一个元素；退队运算——从队头删除一个元素。

日常生活中排队就是队列的应用。计算机及其网络自身内部的各种计算资源，无论是多进程共享的 CPU 时间，还是多用户共享的打印机，都需要借助队列结构来实现合理和优化的分配。

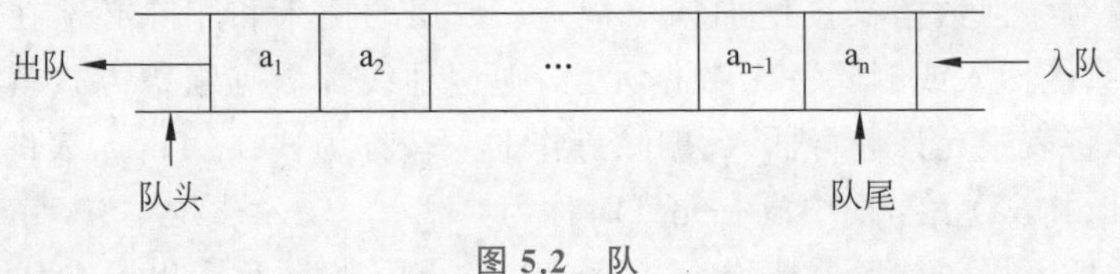

图 5.2 队

(3) 树形结构。

如果要组织和处理的数据具有明显的层次特性，比如，家庭成员间辈分关系、一个学校的组织图，这时可以采用层次数据的组织方法，也形象地称为树形结构。

层次模型是数据库系统中最早出现的数据模型，是用树形结构来表示各类实体以及实体间的联系的。层次数据库是将数据组织成树形结构，并用"一对多"的关系联结不同层次的数据库。

严格地讲，满足下面两个条件的基本层次联系的集合称为树形数据模型或层次数据模型：

- 有且只有一个结点没有双亲结点，这个结点称为根结点；
- 根结点以外的其他结点有且只有一个双亲结点，如图 5.3 所示。

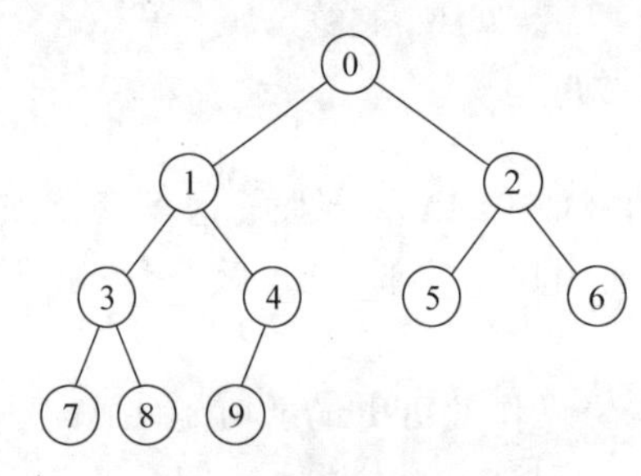

图 5.3 树形数据模型

在第 1 章的例 1-3 中，提到了国际象棋世界冠军"深蓝"。国际象棋、西洋跳棋与围棋、中国象棋一样都属于双人完备博弈。所谓双人完备博弈，就是两位选手对垒，轮流走步，其中一方完全知道另一方已经走过的棋步以及未来可能的走步，对弈的结果要么是一方赢(另一方输)，要么是和局。

对于任何一种双人完备博弈，都可以用一个博弈树(与或树)来描述，并通过博弈树搜索策略寻找最佳解。博弈树类似于状态图和问题求解搜索中使用的搜索树。搜索树上的第一个结点对应一个棋局，树的分支表示棋的走步，根结点表示棋局的开始，叶结点表示棋局的结束。一个棋局的结果可以是赢、输或者和局。

树在计算机领域中也有着广泛的应用。例如，在编译程序中，用树来表示源程序的语法结构；在数据库系统中，可用树来组织信息；在分析算法的行为时，可用树来描述其执行过程。

(4) 图结构。

有时，还会遇到更复杂一些的数据关系，满足下面两个条件的基本层次联系的集合称为图状数据模型或网状数据模型：

- 允许有一个以上的结点无双亲；
- 一个结点可以有多于一个的双亲。

比如，在第 4 章的例 4-1 国际会议排座位问题中，可以将问题转化为在图 G 中找到一条哈密顿回路的问题。

【例 5-1】 哥尼斯堡七桥问题。

1736 年，29 岁的欧拉向圣彼得堡科学院递交了《哥尼斯堡的七座桥》的论文，在解答问题的同时，开创了数学的一个新的分支——图论与几何拓扑。

哥尼斯堡七桥问题是：17 世纪的东普鲁士有一座哥尼斯堡城，城中有一座奈佛夫岛，普雷格尔河的两条支流环绕其旁，并将整个城市分成北区、东区、南区和岛区 4 个区域，全城共有 7 座桥将 4 个区域相连起来。

人们常通过这 7 座桥到各城区游玩，于是产生了一个有趣的数学难题：寻找走遍这 7 座桥，且只许走过每座桥一次，最后又回到原出发点的路径。该问题就是著名的"哥尼斯堡七桥问题"，如图 5.4 所示。

欧拉抽象出问题最本质的东西，忽视问题非本质的东西（如桥的长度等），把每一块陆地考虑成一个点，连接两块陆地的桥以线表示，并由此得到了如图 5.5 所示的几何图形。

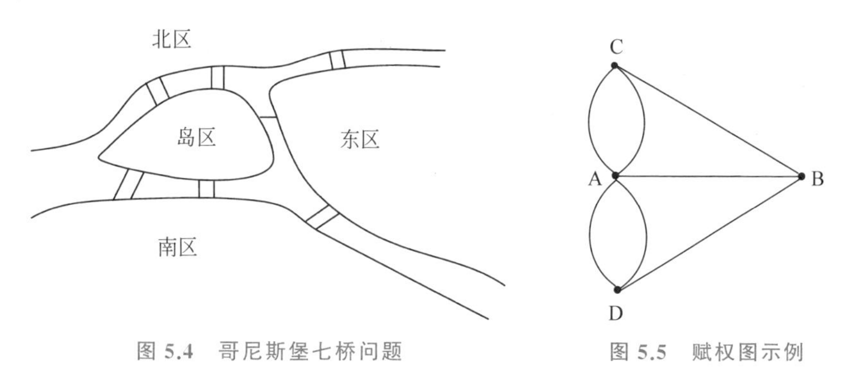

图 5.4 哥尼斯堡七桥问题

图 5.5 赋权图示例

若我们分别用点 A、B、C、D 表示为哥尼斯堡的 4 个区域，这样著名的"哥尼斯堡七桥问题"便转化为是否能够用一笔不重复地画出过此七条线的一笔画问题了。

欧拉不仅解决了此问题，且给出了一笔画问题的必需条件：图形必须是连通的；途中的奇点个数是 0 或 2（奇点是指连到一点的边的数目是奇数条）。

由于"哥尼斯堡七桥问题"中 4 个点全是奇点，因此不能一笔画出，也就是不存在不重复地通过所有桥的路径。

欧拉的论文为图论的形成奠定了基础。图论是对现实问题进行抽象的一个强有力的数学工具，已广泛地应用于计算、运筹学、信息论、控制论等学科。

在实际应用中，有时图的边或弧上往往与具有一定意义的数有关，即每一条边都有与它相关的数，称为权，这些权可以表示从一个顶点到另一个顶点的距离或耗费等信息。我们将这种带权的图称为赋权图或网，如图 5.6 所示。

可以利用算法求出图中的最短路径、关键路径等，因此图可以用来解决多类问题，如电路网络分析、线路的铺设、交通网络管理、工程项目进度安排、商业活动安排等。图是一种应用极为广泛的数据结构。

网状模型与层次模型的区别在于：网状模型允许多个结点没有双亲结点；网状模型允许结点有多个双亲结点；网状模型允许两个结点之间有多种联系（复合联系）；网状模型可以更直接地去描述现实世界；而层次模型实际上是网状模型的一个特例。

2. 存储结构

数据对象在计算机中的存储表示称为数据的存储结构，也称为物理结构。把数据对象存储到计算机时，通常要求既要存储各数据元素的数据，又要存储数据元素之间的逻辑关系，数据元素在计算机中用一个结点来表示。数据元素在计算机中有两种基本的存储结构，分别是顺序存储结构和链式存储结构。

（1）顺序存储结构。

顺序存储结构是借助元素在存储器中的相对位置来表示数据元素之间的逻辑关系，通常借助程序设计语言的数组类型来描述，如图 5.7 所示。

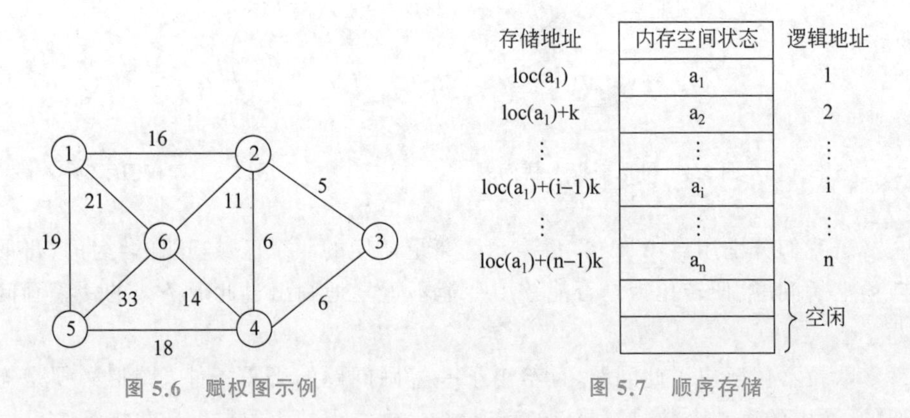

图 5.6 赋权图示例

图 5.7 顺序存储

在此方式下，每当插入或删除一个数据时，该数据后面的所有数据都必须向后或向前移动。因此，这种方式比较适合于数据相对固定的情况。

（2）链表存储结构。

顺序存储结构要求所有的元素依次存放在一片连续的存储空间中，而链表存储结构，无须占用整块存储空间，但为了表示结点之间的关系，需要给每个结点附加指针字段，用于存放后继元素的存储地址，所以，链表存储结构通常借助程序设计语言的指针类型来描述。

在链表存储结构中，每个结点由两部分组成：一部分用于存储数据元素的值，称为数据域；另一部分用于存储指针，称为指针域，用于指向该结点的前一个或后一个结点（即前件或后件）。对于最后一个数据，就填上一个表示结束的特殊值，这种像链条一样的数据组织方法就称为链表存储结构。头指针 head 指向第一个结点，最后一个结点的指针域为“空”（NULL），如图 5.8 所示。

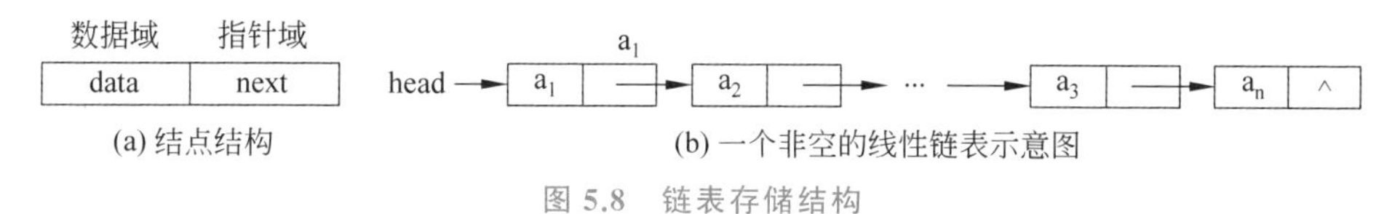

图 5.8　链表存储结构

【例 5-2】　线性表（A，B，C，D，E，F，G）的单链表存储结构如图 5.9 所示，整个链表的存取需从头指针开始进行，依次顺着每个结点的指针域找到线性表的各个元素。

在此方式下，每当插入或删除一个数据时，可以方便地通过修改相关数据的位置信息来完成。因此，这种方式比较适合于数据相对不固定的情况。

头指针 Head 位置：16

存储地址	数据域	指针域
1	D	55
8	B	22
22	C	1
37	F	25
16	A	8
25	G	NULL
55	E	37

图 5.9　线性表（A，B，C，D，E，F，G）的单链表存储结构

知行合一

在链表存储结构中，每个数据都增加了存放位置信息的空间，所以是靠空间来换取数据频繁插入和删除等操作时间的设计，这种空间和时间的平衡问题是计算机的算法和方法设计经常要考虑的问题。

3. 数据结构与算法

数据结构与算法之间存在着密切的关系。可以说,不了解施加于数据上的算法需求,就无法决定数据结构;反之,算法的设计和选择又依赖于作为其基础的数据结构。即数据结构为算法提供了工具,算法是利用这些工具来解决问题的最佳方案。

(1) 数据结构与算法的联系。

数据结构是算法实现的基础,算法总是要依赖于某种数据结构来实现的。算法的操作对象是数据结构。算法的设计和选择要结合数据结构,简单地说,数据结构的设计就是选择存储方式,如确定问题中的信息是用普通的变量存储还是用其他更加复杂的数据结构。算法设计的实质就是为实际问题要处理的数据选择一种恰当的存储结构,并在选定的存储结构上设计一个好的算法。不同的数据结构将导致差异很大的算法。数据结构是算法设计的基础。算法设计必须考虑到数据结构,算法设计是不可能独立于数据结构的。另外,数据结构的设计和选择需要为算法服务。如果某种数据结构不利于算法实现,它将没有太大的实际意义。知道某种数据结构的典型操作才能设计出好的算法。

总之,算法的设计同时伴有数据结构的设计,两者都是为最终解决问题服务的。

(2) 数据结构与算法的区别。

数据结构关注的是数据的逻辑结构、存储结构以及基本操作,而算法关注更多的是如何在数据结构的基础上解决实际问题。算法是编程思想,数据结构则是这些思想的逻辑基础。

5.1.2 文件系统和数据库

5.1.2.1 文件系统

在较为复杂的线性表中,数据元素(Data Elements)可由若干数据项组成,由若干数据项组成的数据元素称为记录(Record),由多个记录构成的线性表称为文件(File)。

以文件方式进行数据组织和管理,一般需要进行文件建立、文件使用、文件删除、文件复制和移动等基本操作,其中文件使用必须经过打开、读、写、关闭这4个基本步骤。程序设计语言一般都提供了文件管理功能。

5.1.2.2 数据库系统

如果数据量非常大,关系也很复杂,这时可以考虑使用数据库技术来组织和管理。

数据管理技术是在20世纪60年代后期开始的，经历了人工管理、文件管理、数据库系统三个阶段，与前两个阶段相比，数据库系统具有以下特点。

(1) 数据结构化。

在数据库系统中的数据是面向整个组织的，具有整体的结构化。同时存取数据的方式可以很灵活，可以存取数据库中的某一个数据项、一组数据项、一个记录或者一组记录。

(2) 共享性高、冗余度低、易扩充。

数据库系统中的数据不再面向某个应用，而是面向整个系统，因而可以被多个用户、多个应用共享使用。使用数据库系统管理数据可以减少数据冗余度，并且数据库系统弹性大，易于扩充，可以适用各种用户的要求。

(3) 数据独立性高。

数据独立性包括数据的物理独立性和数据的逻辑独立性。物理独立性是指用户的应用程序与存储在磁盘上的数据库中的数据是相互独立的。数据的物理存储改变了，应用程序不用改变。逻辑独立性是指用户的应用程序与数据库的逻辑结构是相互独立的，即使数据的逻辑结构改变了，用户程序也可以不变。

利用数据库系统，可以有效地保存和管理数据，并利用这些数据得到各种有用的信息。

1. 数据库系统概述

数据库系统主要包括数据库(DataBase，DB)和数据库管理系统(DataBase Management System，DBMS)等。

(1) 数据库。

数据库是长期存储在计算机内的、有组织的、可共享的数据集合。数据库中的数据按一定的数据模型组织、描述和存储，具有较小的冗余度、较高的数据独立性和易扩展性，并可为各种用户共享。

(2) 数据库管理系统。

数据库管理系统具有建立、维护和使用数据库的功能；具有面向整个应用组织的数据结构，高度的程序与数据的独立性，数据共享性高、冗余度低、一致性好、可扩充性强、安全性和保密性好、数据管理灵活方便等特点；具有使用方便、高效的数据库编程语言的功能；能提供数据共享和安全性保障。

数据库系统包括两部分软件：应用层与数据库管理层。

应用层负责数据库与用户之间的交互，决定整个系统的外部特征，例如，可以采用问答或者填写表格的方式与用户交互，也可以采用文本或图形用户界面的方式等。

数据库管理层负责对数据进行操作，例如数据的添加、修改等，是位于用户与操作系统之间的一层数据管理软件，主要有以下几个功能。

- 数据定义功能：提供数据定义语言，以便对数据库的结构进行描述。
- 数据操纵功能：提供数据操纵语言，用户通过它实现对数据库的查询、插入、修改和删除等操作。
- 数据库的运行管理：数据库在建立、运行和维护时由 DBMS 统一管理、控制，以保证数据的安全性、完整性、系统恢复性等。
- 数据库的建立和维护功能：数据库的建立、转换，数据的转储、恢复，数据库性能监视、分析等，这些功能需要由 DBMS 完成。

(3) 数据库管理员。

数据库与人力、物力、设备、资金等有形资源一样，是整个组织的基本资源，具有全局性、共享性的特点，因此对数据库的规划、设计、协调、控制和维护等需要专门人员来统一管理，这些人员统称为数据库管理员。

2. 数据模型

各个数据以及它们相互间关系称为数据模型。在结构上数据库主要有 4 种数据模型，即层次、网状、关系和面向对象模型。

关系模型是 1970 年 IBM 公司的研究员 E.F.Codd 首次提出的，是目前最重要的一种数据模型，它建立在严格的数学概念基础上，具有严格的数学定义。20 世纪 80 年代以来推出的数据库管理系统几乎都支持关系模型，关系数据库系统采用关系模型作为数据的组织方式。关系数据模型应用最为广泛，例如 SQL Server、MySQL、Oracle、Access、Sybase、Excel 等都是常用的关系数据库管理系统。

关系模型是对关系的描述，由关系名及其所有属性名组成的集合，格式为：关系名(属性 1，属性 2，……)，比如，表 5.1 的学生成绩管理(学号，姓名，高数，英语，计算机)等。

在关系模型中，数据的逻辑结构实际上就是一个二维表，它应具备如下条件。

① 关系模型要求关系必须是规范化的。最基本的一个条件是，关系的每一个分量必须是不可分的数据项。

② 表中每一列的名称必须唯一，且每一列除列标题外，必须有相同的数据类型。

③ 表中不允许有内容完全相同的元组(行)。

④ 表中的行或列的位置可以任意排列，并不影响所表示的信息内容。

表 5.1　学生成绩表

学　号	姓　名	高　数	英　语	计 算 机
130840101	张三	90	87	92
130740103	李四	77	88	96
130840102	王五	89	97	87
……	……	……	……	……

知行合一

从抽象到具体的实现思想：数据库技术来源于现实世界的数据及其关系的分析和描述。首先建立抽象的概念模型，然后将概念模型转换为适合计算机实现的逻辑数据模型，最后将数据模型映射为计算机内部具体的物理模型（存储结构）。

5.2　挖掘数据的潜在价值——数据仓库与数据挖掘

从人类认知的历史来看，最早了解自然规律的手段就是观察和归纳，人类最早就是从数据中获取知识的。只是到了17世纪之后，由伽利略等逐步开创了现代实证主义研究的手段，观察研究就让位于实验。过去的观察手段比较落后，难以获得大量数据，而建立在小数据基础上的分析，其结论往往是不准确的，得到的结论也缺乏说服力。

现在随着信息技术的发展，获取数据的能力有了极大提高，进入了大数据时代，通过观察设备（传感器等）作用于各种自然现象，社会活动和人类行为，产生了大量的数据，分析和处理这些数据，并且进行归纳和提炼。《大数据时代》的作者舍恩伯格写道："大数据标志着'信息社会'终于名副其实。"当采用大数据的分析方法和处理手段来解决问题时，我们得到了一系列对于世界的新认知，极大地提高了我们认识能力，也丰富了我们的知识体系。这些成果包括AlphaGo、语音识别、图像判断、自动驾驶等。

2011年5月，全球知名咨询公司麦肯锡全球研究院发布了一份题为《大数据：创新、竞争和生产力的下一个新领域》的报告。该报告指出，数据已经渗透到每一个行业和业务职能领域，逐渐成为重要的生产因素；而人们对于大数据的运用预示着新一波生产率增长和消费者盈余浪潮的到来。

5.2.1 大数据

1. 大数据的概念

研究机构 Gartner 给出了这样的定义：大数据(Big Data)是指无法在一定时间范围内用常规软件工具进行捕捉、管理和处理的数据集合，是需要新处理模式才能具有更强的决策力、洞察发现力和流程优化能力的海量、高增长率和多样化的信息资产。大数据不仅用来描述大量的数据，还涵盖了处理数据的速度。

麦肯锡全球研究所给出的定义是：一种规模大到在获取、存储、管理、分析方面大大超出了传统数据库软件工具能力范围的数据集合，具有海量的数据规模、快速的数据流转、多样的数据类型和价值密度低四大特征。

当前对大数据基本共识是：大数据泛指无法在可容忍的时间内用传统信息技术和软硬件工具对其进行获取、管理和处理的巨量数据集合，具有海量性、多样性、时效性及可变性等特征，需要可伸缩的计算体系结构以支持其存储、处理和分析。

大数据最根本的价值在于为人类提供了认识复杂系统的新思维和新手段，著名计算机科学家、图灵奖获得者 Jim Gray 将数据密集型科研称为继实验观测、理论推导和计算模拟之后，人类探索未知、求解问题的“第四范式”，即数据驱动。基于数据，我们可以去触摸、理解和逼近现实的复杂系统。

2. 大数据的特点

大数据具有 5 个层面的特点，可以用 5 个“V”来代表：Volume、Velocity、Variety、Veracity、Value。

(1) 数据量大(Volume)。

大数据的起始计量单位至少是 P(1000 个 T)、E(100 万个 T)或 Z(10 亿个 T)级。

(2) 速度快、时效高(Velocity)。

大数据的处理速度快，时效性要求高。这是大数据区分于传统数据挖掘最显著的特征。

(3) 类型繁多(Variety)。

大数据的数据类型繁多，包括网络日志、音频、视频、图片、地理位置信息等，多种类型的数据对数据的处理能力提出了更高的要求。

(4) 真实性(Veracity)。

只有真实而准确的数据才能让对数据的管控和治理真正有意义。

(5) 使用价值和潜在价值(Value)。

大数据的数据价值密度相对较低。以视频为例,在连续不间断的监控过程中,有用的数据可能仅仅有一两秒。如何通过强大的机器算法更迅速地完成数据的价值"提纯",是大数据时代亟待解决的难题。

大数据时代对人类的数据驾驭能力提出了新的挑战,也为人们获得更为深刻、全面的洞察能力提供了前所未有的空间与潜力。

简而言之,从各种各样类型的数据中,快速获得有价值信息的能力,就是大数据技术。

3. 大数据的应用

(1) 大数据正在改善我们的生活。

大数据不单单只是应用于企业和政府,同样也适用我们生活当中的每个人。比如,我们可以利用穿戴的装备(如智能手表或者智能手环)生成最新的数据,从而可以根据热量消耗以及睡眠模式来进行健康情况追踪。

(2) 业务流程优化。

大数据正在帮助业务流程实现优化,其中应用最广泛的就是供应链以及配送路线的优化:利用地理定位和无线电频率的识别追踪货物和送货车;利用实时交通路线数据制定更加优化的路线。

(3) 理解客户、满足客户服务需求。

目前大数据的应用在这领域是最广为人知的。很多企业搜集社交方面的数据、浏览器的日志、传感器的数据等,并建立出数据模型进行预测,以更好地了解客户以及他们的爱好和行为。比如美国的著名零售商 Target 就是通过大数据分析,得到有价值的信息,精准地预测到客户在什么时候想要小孩,从而推断出什么时候买母婴用品。此外,通过大数据的应用,电信公司可以更好预测出流失的客户,沃尔玛可以更加精准地预测哪个产品会热卖,汽车保险行业可以更精准地了解客户的需求和驾驶水平。

(4) 在体育行业的应用。

现在很多运动员在训练的时候应用了大数据技术。比如,使用视频分析来追踪和分析比赛中每个球员的表现,使用智能技术来追踪运动员的营养状况以及睡眠状况,并智能地给出战术策略和健康营养方面的建议。

(5) 疫情防控和医疗研发。

大数据分析应用的计算能力可以让我们能够在几分钟内就可以解码整个DNA,从而并帮助我们制定出最佳的治疗方案,同时也可以更好地去理解和预测疾病。比如,面对突如其来的疫情,大数据技术凭借强大的数据采集、分析能力,并且结合互联网、区块链、云计算等技术,在疫情追踪、防控、预测等方面,做到了及时响应疫情突发、回应公共安全，为疫情提供了有力的技术支持。

(6) 金融交易。

大数据在金融行业主要是应用金融交易。比如，现在很多股权的交易都是利用大数据算法进行的。

(7) 改善我们的城市。

大数据还被应用于改善我们日常生活的城市。例如，基于城市实时交通信息，利用社交网络和天气数据来优化最新的交通情况。

(8) 改善安全和执法。

大数据现在已经广泛应用到安全执法的过程当中。各国安全局利用大数据进行恐怖主义打击；而企业则应用大数据技术防御网络攻击；警察应用大数据工具抓捕罪犯；信用卡公司应用大数据工具来监测欺诈性交易。

(9) 优化机器和设备性能。

大数据分析还可以让机器和设备在应用上更加智能化和自主化。例如，无人驾驶汽车、智能电话的优化等。

4. 大数据与云计算的关系

云计算是一种基于互联网的计算方式，通过这种方式，共享的软硬件资源和信息可以按需提供给计算机和其他设备。大数据与云计算的关系就像一枚硬币的正反面一样密不可分。大数据的特色在于对海量数据进行分布式数据挖掘，但它必须依托云计算的分布式处理、分布式数据库、云存储和虚拟化技术。

5.2.2 数据挖掘

1. 数据挖掘的作用

大数据时代，数据挖掘是最关键的工作。数据挖掘是一种决策支持过程，它能够基于人工智能、机器学习、模式识别、统计学、数据库、可视化技术等，高度自动化地分析企业的数据，做出归纳性的推理，从中挖掘出潜在的模式，帮助决策者调整市场策略，减少风险，做出正确的决策。

数据挖掘对许多领域都起到重要的作用。数据挖掘的应用领域非常广泛，比如金融(风险预测)、零售(顾客行为分析)、体育、电信、气象、电子商务等。数据挖掘可以适用于各种行业，并且为解决诸如欺诈甄别、保留客户、消除摩擦、数据库营销、市场细分、风险分析、亲和力分析、客户满意度、破产预测、职务分析等业务问题提供了有效的方法。

【例 5-3】 “尿布与啤酒”的故事。

在一家超市里，有一个有趣的现象：尿布和啤酒赫然摆在一起出售。但是这个奇怪的举措却使尿布和啤酒的销量双双增加了。这不是一个笑话,而是发生在美国沃尔玛连锁店超市的真实案例,并一直为商家所津津乐道。沃尔玛拥有世界上最大的数据仓库系统,为了能够准确了解顾客在其门店的购买习惯,沃尔玛对其顾客的购物行为进行购物篮分析,想知道顾客经常一起购买的商品有哪些。沃尔玛数据仓库里集中了其各门店的详细原始交易数据。在这些原始交易数据的基础上,沃尔玛利用数据挖掘方法对这些数据进行分析和挖掘。一个意外的发现是:跟尿布一起购买最多的商品竟是啤酒!经过大量实际调查和分析,揭示了一个隐藏在"尿布与啤酒"背后的美国人的一种行为模式:在美国,一些年轻的父亲下班后经常要到超市去买婴儿尿布,而他们中有30%～40%的人同时也为自己买一些啤酒。产生这一现象的原因是:美国的太太们常叮嘱她们的丈夫下班后为小孩买尿布,而丈夫们在买尿布后又随手带回了他们喜欢的啤酒。

按常规思维,尿布与啤酒风马牛不相及,若不是借助数据挖掘技术对大量交易数据进行挖掘分析,沃尔玛是不可能发现数据内在这一有价值的规律的。

2. 数据挖掘的概念

数据挖掘(Data Mining,DM)的概念在1989年8月美国底特律市召开的第十一届国际联合人工智能学术会议上正式提出。从1995年开始,每年举行一次知识发现(Knowledge Discovery in Database,KDD)国际学术会议,把对DM和KDD的研究推入高潮。DM还被译为数据采掘、数据开采、数据发掘等。

数据挖掘就是从大量数据中获取有效的、新颖的、潜在有用的、最终可理解的模式的非平凡过程,简单地说,数据挖掘就是从大量数据中提取或"挖掘"知识,又被称为数据库中的知识发现。

数据挖掘与传统的数据分析不同,数据挖掘是在没有确定假设的前提下去挖掘信息、发现知识,其目的不在于验证某个假定模式的正确性,而是自己在数据库中找到模型。比如,商业银行可以利用数据挖掘方法对客户数据进行科学的分析,发现其数据模式及特征、存在的关联关系和业务规律,并根据现有数据预测未来业务的发展趋势,对商业银行管理、制定商业决策、提升核心竞争力具有重要的意义和作用。

数据挖掘是KDD过程中对数据真正应用算法抽取知识的那一步骤,是KDD过程中的重要环节。

3. 数据挖掘步骤

数据挖掘的大致步骤如下。

(1) 研究问题域:包括掌握应预先了解的有关知识和确定数据挖掘任务。

(2) 选择目标数据集:根据上一步骤的要求选择要进行挖掘的数据。

(3) 数据预处理：将上一步骤的数据进行集成、清理、变换等，使数据转换为可以直接应用数据挖掘工具进行挖掘的高质量数据。

(4) 数据挖掘：根据数据挖掘任务和数据性质选择合适的数据挖掘工具和挖掘模式。

(5) 模式解释与评价：去除无用的或冗余的模式，将有趣的模式以用户能理解的方式表示，并储存或提交给用户。

(6) 应用：用上述步骤得到的有趣模式(或知识)指导人的行为。

5.2.3 数据仓库

1. 数据仓库的概念

数据仓库早在20世纪90年代起就开始流行。由于它为最终用户处理所需要的决策信息提供了一种有效方法，因此被广泛应用，并且得到很好的发展。

W.H. Inmon 在 *Building the Data Warehouse* 中定义数据仓库为："数据仓库是面向主题的、集成的、随时间变化的、历史的、稳定的、支持决策制定过程的数据集合。"

数据仓库研究和解决从数据库中获取信息的问题，它本身是一个非常大的数据库，存储着由数据库中转换和整合而来的数据，特别是指事务处理系统OLTP(On-Line Transactional Processing)所得来的数据。公司的决策者则利用这些数据作决策。但是，这个转换及整合数据的过程是建立一个数据仓库最大的挑战。数据仓库中的数据主要包括整合性数据、详细和汇总性的数据、历史数据和解释数据的数据。

2. 数据仓库与数据挖掘的关系

若将数据仓库比作矿井，那么数据挖掘就是深入矿井采矿的工作，数据挖掘是从数据仓库中找出有用信息的一种过程与技术。

数据挖掘需要高质量的数据，因此需要认真选择或者建立一种适合数据挖掘应用的数据环境。数据仓库能够满足数据挖掘技术对数据环境的要求。

数据挖掘和数据仓库的协同工作，一方面，数据仓库可以迎合和简化数据挖掘过程中的重要步骤，提高数据挖掘的效率和能力，确保数据挖掘中数据来源的广泛性和完整性；另一方面，数据挖掘技术已经成为数据仓库应用中极为重要和相对独立的方面和工具。

数据仓库不是必需的。如果只是为了数据挖掘，也可以把一个或几个事务数据库导到一个只读的数据库中，就把它当作数据集市，然后在其上进行数据挖掘。

> **知行合一**
>
> 从简单数据的处理到复杂数据的组织和管理以及数据的挖掘，人们逐渐认识到数据的价值，人们利用数据进行论证、决策和知识发现，这就是关于数据的思维，它已逐渐成为人们的一种普适思维方式。

基础知识练习

（1）什么是数据结构？常用的数据结构有哪些？

（2）什么是数据库系统？列举生活中所用到的数据库系统的示例。

（3）什么是大数据？

（4）什么是数据挖掘和数据仓库？

（5）数据库和数据仓库有哪些不同之处？

（6）简述数据的价值。

能力拓展与训练

一、实践与探索

（1）Web 挖掘是针对包括 Web 页面内容、页面之间的结构、用户访问信息、电子商务信息等在内的各种 Web 数据，运用数据挖掘方法以帮助人们从网络中提取知识，为其提供决策支持。请运用所学知识和计算思维，尝试写一份关于“Web 挖掘及其应用”的研究报告。

（2）“对于大数据的运用预示着新一波生产率增长和消费者盈余浪潮的到来”，你对这句话是如何理解？并说明原因。

二、拓展阅读

[1] 裘宗燕. 数据结构与算法：Python 语言描述[M]. 北京：机械工业出版社，2016.

[2] 王珊，萨师煊. 数据库系统概论[M]. 5 版. 北京：高等教育出版

社，2016.

[3] 彭鸿涛，聂磊. 发现数据之美：数据分析原理与实践[M]. 北京：电子工业出版社，2014.

[4] 严蔚敏，李冬梅，吴伟民. 数据结构(C语言版)[M]. 2版. 北京：人民邮电出版社，2017.

[5] 李春葆. 数据结构教程[M]. 5版. 北京：清华大学出版社，2017.

第6章 网络化思维

There's a phrase in Buddhism, 'Beginner's mind.' It's wonderful to have a beginner's mind.

——Steve Jobs(史蒂夫·乔布斯),美国苹果公司联合创始人

6.1 计算机网络的基本知识

6.1.1 计算机网络的基本概念

1. 计算机网络的定义

所谓计算机网络,就是把分散布置的多台计算机及专用外部设备,用通信线路互连,并配以相应的网络软件所构成的系统。它将信息传输和信息处理功能相结合,为远程用户提供共享的网络资源,从而提高了网络资源的利用率、可靠性和信息处理能力。

2. 计算机网络的主要功能

计算机网络的功能很多,其中最主要的功能如下。

(1) 数据通信。

数据通信是计算机网络最基本的功能,是实现其他功能的基础。它主要是实现计算机与计算机、计算机与终端之间的数据传输。这样,地理位置分散的生产单位或部门可通过计算机网络连接起来,实现集中控制和管理。

(2) 资源共享。

资源共享是使用网络的主要目的。计算机系统资源可分成数据资源、软件资源和硬件资源三大类,因此资源共享也分为数据共享、软件共享和硬件共享三类。数据共享是指共享网络中设置的各种专门数据库;软件共享是指共享各种

语言处理程序和各类应用程序;硬件共享是指共享计算机系统及其特殊外围设备,是共享其他资源的物质基础。通过资源共享,可使网络中各地区的资源互通有无,分工协作,大大地提高了系统的利用率。

(3) 负荷均衡,分布处理。

计算机网络管理可以在各资源主机间分担负荷,使得在某时刻负荷特重的主机可通过网络将一部分任务送给远地其他空闲的计算机处理。尤其是对于地理跨度大的远程网,还可以利用时间差来均衡负荷不均的现象,合理使用网络资源。

在具有分布处理能力的计算机网络中,在网络操作系统的调度和管理下,一个计算机网络中的多台主机可以协同工作来解决一个依靠单台计算机无法解决的大型任务。这样,以往只有大型计算机才能完成的工作,现在可由多台微型计算机或小型机构成的网络协同完成,而且费用低廉。

(4) 提高系统的可靠性和可用性。

网络中的各台计算机可以成为彼此的后备机。若网络中有单个部件或少量计算机失效,可由网络将信息传递给其他计算机代为处理,不影响用户的正常操作,还可以从其他计算机的备份数据库中恢复被破坏的数据。

3. 计算机网络的组成

从逻辑功能上来看,计算机网络由资源子网和通信子网组成。

(1) 资源子网。

资源子网由各种数据处理资源和数据存储资源组成,由计算机系统、终端、终端控制器、连网外设、各种软件资源与信息资源组成。

(2) 通信子网。

通信子网负担整个网络的数据传输、加工和变换等通信处理工作,由网络结点和通信链路组成。

4. 计算机网络的分类

从不同的角度出发,计算机网络有不同的划分方法。

(1) 按网络的覆盖范围划分。

按网络的覆盖范围划分如下。

- 局域网(Local Area Network,LAN)。局域网的覆盖范围一般是几百米到几十千米,通常是处于同一座建筑物、同一所大学或方圆几千米地域内的专用网络。这种网络一般由部门或单位所有。
- 城域网(Metropolitan Area Network,MAN)。城域网是在一个城市内部组建的计算机信息网络,提供全市的信息服务。
- 广域网(Wide Area Network,WAN)。广域网又称远程网。它的覆盖范围一般从几十千米到几千千米，通常遍布一个国家、一个洲甚至全球。

(2) 按网络的通信介质划分。

按网络的通信介质划分如下。

- 有线网：采用同轴电缆、双绞线、光纤等有线介质来传输数据的网络。
- 无线网：采用激光、微波等无线介质来传输数据的网络。

(3) 按网络的拓扑结构划分。

按网络的拓扑结构分为星形网、总线型网、环形网、树形网和网状网。

6.1.2 计算机网络的拓扑结构

拓扑结构是指网络中各结点之间相互连接的方式和形式。常见的拓扑结构有星形、总线型、环形、树形和网状5种。

1. 星形拓扑结构

星形拓扑结构是由网络中的每个站点通过点到点的链路直接与一个公共的中央结点连接而成，如图6.1所示。

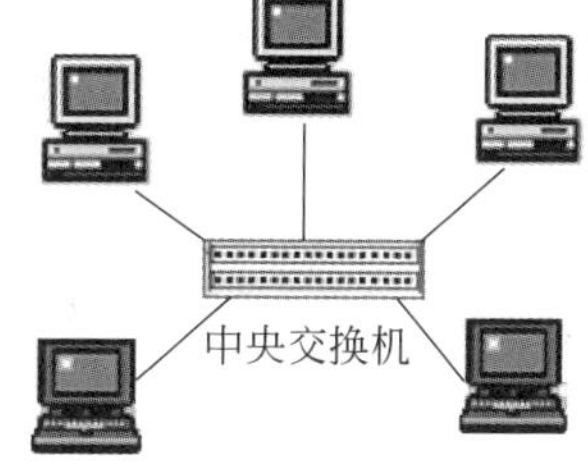

图6.1 星形拓扑结构

星形拓扑结构中的中央结点可以与其他的结点直接通信，而当一个结点与另一个结点进行通信时，首先向中央结点发出请求，中央结点检测要连接的结点是否空闲，若空闲则建立连接，两个结点间便可以相互通信，通信完毕，由中央结点拆除链路。一旦建立了通信连接，可以没有延时地在连接的通道之间相互传送数据。由此可见，中央结点实行集中控制策略。中央结点相对复杂，工作量大；而其他结点的通信负担很小。星形拓扑结构多用于电话交换系统，在局域网中的使用也很多。

星形拓扑结构的特点如下。

① 采用星形结构，每条链路只涉及中央结点和一个工作站点，控制介质访问方法简单，因此访问协议简单；每条链路只连接一个设备，某个站点出现故障时，只影响它本身，不会影响整个网络；同时，发生故障易于检测、隔离，故障排除容易；中央结点和中央接线盒都集中在一起，便于维护和重置。

② 星形结构过于依赖中央结点。由于周围各个结点之间不能直接通信，必须通过中央结点来转换，中央结点要完成信息转换和处理的功能，任务繁重。中央结点一旦出现故障，将导致整个网络的瘫痪；星形结构中的工作站总数受中央结点能力的限制；此外，由于每个结点与中央结点直接相连，电缆使用量大，线路

利用率低。

2. 总线型拓扑结构

总线型拓扑结构采用一条传输线作为传输介质(称为总线),所有站点都通过相应的接口直接连接到总线上,如图 6.2 所示。

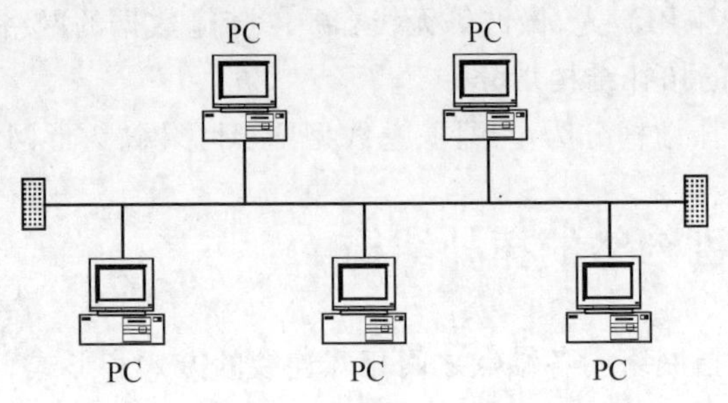

图 6.2　总线型拓扑结构

总线型拓扑结构的网络通常采用广播式传输,即连接在总线上的主机都是平等的,它们中的任何一台主机都允许把数据传送到总线上或从总线上接收数据。总线型拓扑结构中的每个站点发送信号时,先将源地址和目的地址的信息编入信号中,发出的信号均沿着传输介质传送,而且能被所有的站点接收。在网上的站点收到信息后,将其中包含的目的地址与本站点地址相比较,只有地址相同的站点才真正接收信息,否则不予理睬。

总线型拓扑结构的特点是：网络中只有一条总线,电缆使用量少,易于安装,易于扩充;而且站点与总线之间的连接采用无源器件,网络的可靠性高。但由于总线型拓扑结构不是集中控制,对总线的故障很敏感,总线发生故障将导致整个网络瘫痪。

3. 环形拓扑结构

环形拓扑结构是由一组转发器和连接转发器的点到点链路组成的一个闭合环路,如图 6.3 所示。

在环形拓扑结构中,每个转发器与两条链路相连。转发器的作用是接收从一条链路传送来的数据,同时不经过任何缓冲,以同样的速率把接收的数据传送到另一条链路上。这种线路是单向的,即所有站点的数据只能按同一方向进行传输。数据的接收也是将传来的数据中包含的地址信息与本站点地址相比较,如果地址相同,则接收数据,否则不予接收。

环形拓扑结构的特点是：电缆使用量小,线路利用率高,适合于光纤通信,由于在信号传输中采用有源传输(转发器),可使传输距离增大,但同时也使得整个网络的可靠性受有源器件的影响而降低;网络中的某一个结点发生故障,对整

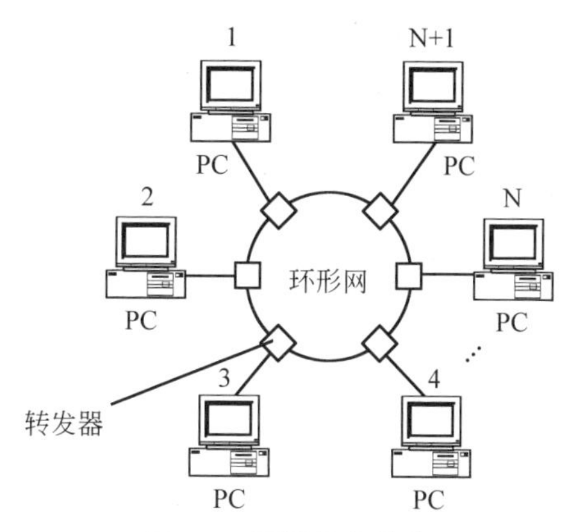

图 6.3 环形拓扑结构

个网络都有影响；当工作站数量增加时，线路延时也将增加。

4. 树形拓扑结构

树形拓扑结构是总线型拓扑结构的扩充和发展，树形拓扑结构的形状像一棵倒置的树，顶端是一个带分支的“根”，每个分支还可延伸出子分支，如图 6.4 所示。

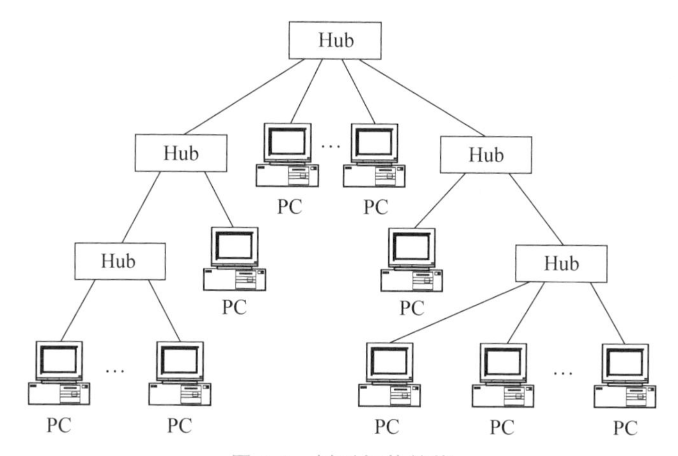

图 6.4 树形拓扑结构

树形拓扑结构是分层结构，这种结构可以一层一层地向下发展，越靠近根结点，要求处理能力越强。树形拓扑结构适合于上下级界限分明的单位，例如政府机构、军事单位等。

树形拓扑结构的传输方式是当某个站点发送信号时，首先根结点接收该信号，然后再由根结点重新发送到全网，而不需要转发器。

树形拓扑结构继承了总线型的优点，同时也有自身的特点，它容易扩展，出现故障容易隔离。然而它对根结点的依赖性大，如果根结点发生故障，则全网将不能正常工作，这点类似于星形拓扑结构。

5. 网状拓扑结构

网状拓扑结构的每一个结点与其他结点有不止一条的直接连接，如图 6.5 所示。

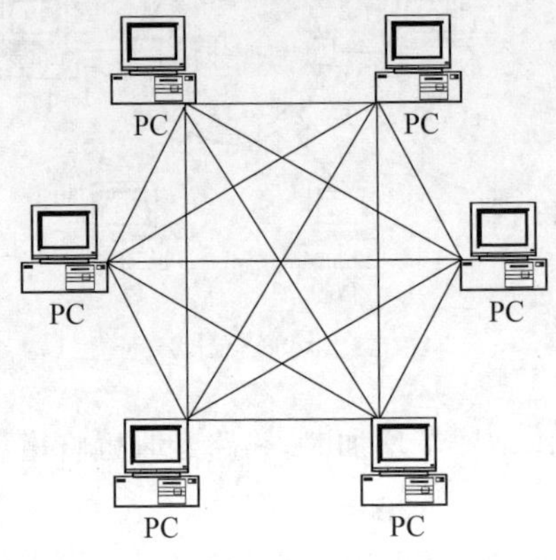

图 6.5 网状拓扑结构

网状拓扑结构的优点如下。

① 网络可靠性高，一般通信子网中任意两个结点交换机之间，存在着两条或两条以上的通信路径，这样，当一条路径发生故障时，还可以通过另一条路径把信息送至结点交换机。

② 网络可组建成各种形状，采用多种通信信道，多种传输速率。

③ 网内结点共享资源容易。

④ 可改善线路的信息流量分配。

⑤ 可选择最佳路径，传输延迟小。

网状拓扑结构也有其缺点，一是控制复杂，软件复杂；二是线路费用高，不易扩充。

网状拓扑结构适用于网络结构复杂、对可靠性和传输速率要求较高的大型网络。

6.2 计算机网络硬件

计算机网络系统主要由硬件系统和软件系统两大部分组成。计算机网络硬件系统由网络主体设备、网络连接设备和网络传输介质组成。

1. 网络主体设备

计算机网络中的主体设备称为主机(Host),一般可分为中心站(又称为服务器)和工作站(客户机)两类。

- 服务器是为网络提供共享资源的基本设备,在其上运行网络操作系统,是网络控制的核心。其工作速度、磁盘及内存容量的指标要求都较高,携带的外部设备多且大都为高级设备。
- 工作站是网络用户入网操作的结点,有自己的操作系统。用户既可以通过运行工作站上的网络软件,共享网络上的公共资源,也可以不进入网络,单独工作。用作工作站的客户机一般配置要求不是很高,大多采用个人微型计算机并携带相应的外部设备,如打印机、扫描仪、鼠标等。

2. 网络连接设备

不同的网络连接设备具有不同的功能和工作方式,针对不同的网络技术形态可能需要使用不同的网络连接设备。常用网络连接设备有以下几种。

(1) 网络适配器。

网络适配器又称为网络接口卡(Network Interface Card,NIC),简称网卡,是计算机与通信介质的接口,主要实现物理信号的转换、识别、传输,以及数据传输出错检测、硬件故障的检测等。网络适配器通过有线传输介质建立计算机与局域网的物理连接,负责执行通信协议,在计算机之间通过局域网实现数据的快速传输。

(2) 交换机。

交换机(Switch)是一种用于电信号转发的网络设备,可以为接入交换机的任意两个网络结点提供独享的电信号通路。最常见的交换机是以太网交换机,其他常见的还有电话语音交换机、光纤交换机等。交换机不但可以对数据的传输进行同步、放大和整形处理,还提供对数据的完整性和正确性的保证。

交换机根据工作位置的不同,可以分为广域网交换机和局域网交换机。广域网的交换机就是一种在通信系统中完成信息交换功能的设备,它应用在数据链路层。交换机有多个端口,每个端口都具有桥接功能,可以连接一个局域网、一台高性能服务器或工作站。实际上,交换机有时被称为多端口网桥。

(3) 路由器。

路由器(Router)是网络层的数据转发设备,是连接因特网中各局域网、广域网的设备,它会根据信道的情况自动选择和设定路由,以最佳路径,按前后顺序发送信号。路由器是互联网络的枢纽——“交通警察”。目前,路由器已经广泛应用于各行各业,各种不同档次的产品已成为实现各种骨干网内部连接、骨干网间互连和骨干网与互联网互连互通业务的主力军。路由和交换机之间的主要区别就是交换机发生在OSI参考模型的第二层(数据链路层),而路由发生在第三层,即网络层。这一区别决定了路由器和交换机在移动信息的过程中需使用不同的控制信息,所以两者实现各自功能的方式是不同的。

路由器有一张表,称为路由表,它记录了从哪里来的数据该到哪里去。这里的“哪里来”和“哪里去”指的是IP地址。路由器工作原理示例如下:

- 工作站A将工作站B的地址12.0.0.5连同数据信息以数据包的形式发送给路由器1。
- 路由器1收到工作站A的数据包后,先从包头中取出地址12.0.0.5,并根据路由表计算出发往工作站B的最佳路径:R1→R2→R5→B,然后将数据包发往路由器2。
- 路由器2重复路由器1的工作,并将数据包转发给路由器5。
- 路由器5同样取出目的地址,发现12.0.0.5就在该路由器所连接的网段上,于是将该数据包直接交给工作站B。
- 工作站B收到工作站A的数据包,一次通信过程宣告结束。

(4) 网关。

网关(Gateway)又称网间连接器、协议转换器。网关在网络层以上实现网络互连,是最复杂的网络互连设备,仅用于两个高层协议不同的网络互连。网关既可以用于广域网互连,也可以用于局域网互连。网关是一种承担转换重任的计算机系统或设备。在使用不同的通信协议、数据格式或语言,甚至体系结构完全不同的两种系统之间,网关是一个翻译器。与网桥只是简单地传达信息不同,网关对收到的信息要重新打包,以适应目的系统的需求。

网关用于异种网络的互连,不仅有路由器的全部功能,还能对不同网络间的网络协议进行转换。

(5) 网桥。

网桥(Bridge)是数据链路层的互连设备,用于将两个相似的网络的互连,它具有放大信号的功能,对转发的信号还有寻址和路径选择的功能。即它不但能扩展网络的距离或范围,而且可提高网络的性能、可靠性和安全性。

(6) 集线器。

集线器(Hub)的主要功能是对接收到的信号进行再生、整形和放大,以扩大网络的传输距离,同时把所有结点集中在以它为中心的结点上。它工作于物理层。集线器与网卡、网线等传输介质一样,属于局域网中的基础设备。

(7) 中继器。

中继器(RP repeater)是工作在物理层上的连接设备,是对信号进行再生和还原的网络设备。适用于完全相同的两类网络的互连,主要功能是通过对数据信号的重新发送或者转发，来扩大网络传输的距离。

3. 网络传输介质

传输介质是通信中实际传送信息的载体。计算机网络中采用的传输介质可分为有线和无线两大类。双绞线、同轴电缆和光纤是常用的三种有线介质；卫星、无线电通信、红外线通信、激光通信以及微波通信等传送信息的载体属于无线介质。

(1) 有线传输介质。

有线传输介质包括如下几种。

① 双绞线(Twisted-Pair)。双绞线是一种经常使用的物理传输媒体。它由两条互相绝缘、螺旋状缠绕在一起的铜线组成。将两条导线螺旋状地绞在一起可以减少线间的电磁干扰，并能保持恒定的特性阻抗。双绞线有非屏蔽和屏蔽两种类型。非屏蔽双绞线(Unshielded Twisted-Pair，UTP)中没有用作屏蔽的金属网，易受外部干扰，其误码率为 10^{-6}～10^{-5}。普通电话线使用的就是非屏蔽双绞线。屏蔽双绞线(Shielded Twisted-Pair，STP)是在其外面加上金属包层来屏蔽外部干扰，其误码率为 10^{-8}～10^{-6}。虽然抗干扰性能更好，但比 UTP 更昂贵，而且安装也更困难。

双绞线的特点是成本低，易于敷设，双绞线既能传输数字信号又能传输模拟信号，但容易受外部高频电磁波的影响，线路也有一定噪声。如果用于数字信号的传输，每隔 2km～3km 需要加一台中继器或放大器，所以双绞线一般用于建筑物内的局域网和电话系统。

② 同轴电缆(Coaxial Cable)。同轴电缆比双绞线的屏蔽性更好，因此可以传输更远的距离。同轴电缆由中心导体、环绕绝缘层、金属屏蔽网(用密织的网状导体环绕)和最外层保护性的护套组成。中心导体可以是单股或多股导线。

同轴电缆又分为基带同轴电缆和宽带同轴电缆。基带同轴电缆(阻抗 50Ω)用来直接传输数字信号。同轴电缆的带宽取决于电缆的长度。1km 的电缆可达到 800Mb/s 的数据传输速率。当长度增加时，传输速率会降低，要使用中间放大器。宽带同轴电缆(阻抗 75Ω)用来传输模拟信号，数字信号需调制成模拟信号才能在宽带同轴电缆上传输。利用频分多路复用技术(FDM)实现同时传输多路信号。例如，电视广播采用的 CATV 电缆就是宽带同轴电缆。

同轴电缆的特点是价格适中，传输速度快，在高频下抗干扰能力强，传输距离比双绞线远。目前广泛应用于有线电视网络。

③ 光纤。光纤即光导纤维，是一根很细的可传导光线的纤维媒体，其半径仅几微米至一二百微米。光纤由缆芯、包层、吸收层和防护层四部分组成。缆芯是一股或多股光纤，通常为超纯硅、玻璃纤维或塑料纤维；包层包裹在缆芯的外

面,对光的折射率低于缆芯;吸收层用于吸收没有被反射而被泄漏的光;防护层对光纤起保护作用。

光纤是通过内部的全反射来传输一束经过编码的光信号。由于光纤的折射率大于包层,只要入射角大于临界角,就会产生光的全反射,通过光在光纤内不断地反射来传输光信号。即使光纤弯曲或扭结,光束也能沿着缆芯传播。光信号在光纤中的传播损耗极低。用光纤传播信号之前,在发送端需要通过发送设备将电信号转换为光信号;而在接收端则需要把光纤传来的光信号再通过接收设备转换为电信号。

相对于双绞线和同轴电缆等金属传输媒体来说,光纤的优点是能在长距离内保持高速率传输;体积小,重量轻;低衰减,大容量;不受电磁波的干扰,且无电磁辐射;耐腐蚀等。其缺点是价格昂贵,安装、连接不易。目前广泛应用于电信网络、有线电视、计算机网络和视频监控等行业。

(2) 无线传输介质。

无线传输介质非常适用于难于敷设传输线路的边远山区和沿海岛屿,也为大量便携式计算机入网提供了条件。目前常用的无线信道有无线电通信、微波通信、红外线通信和激光通信等。

① 无线电通信。无线电通信在无线电广播和电视广播中已被广泛使用。国际电信联盟的ITU-R已将无线电的频率划分为若干波段。在低频和中频波段内,无线电波可以轻易地通过障碍物,但能量随着与信号源距离的增大而急剧减小,因而可沿地表传播,但距离有限;高频和超高频波段内的电波,会被距地表数百千米高度的电离层反射回地面,因而可用于远距离传输。

蓝牙(Bluetooth)是通过无线电介质来传输数据的,它是由东芝、爱立信、IBM、Intel和诺基亚公司于1998年5月共同提出的近距离无线数据通信技术标准。

② 红外通信。红外通信是利用红外线进行的通信,已广泛应用于短距离的传输。这项技术自1974年发明以来,得到市场的普及、推广与应用,如红外线鼠标、红外线打印机、红外线键盘、电视机和录像机的遥控器等。红外线不能穿透物体,在通信时要求有一定的方向性,即收发设备在视线范围内。红外通信很难被窃听或干扰,但是雨、雾等天气因素对它影响较大。此外,红外通信设备安装非常容易,无须申请频率分配,不授权也可使用。它也可以用于数据通信和计算机网络。红外线是波长在750nm～1mm的电磁波,频率高于微波低于可见光。

③ 激光通信。激光通信原理与红外通信基本相同,但使用的是相干激光。它具有与红外线相同的特点,但不同之处是,由于激光器件会产生低量放射线,

所以需要加装防护设施；激光通信必须向政府管理部门申请，经授权分配频率后方可使用。

④ 微波通信。微波通信也是沿直线传播，但方向性不及红外线和激光强，受天气因素影响不大。微波传输要求发送和接收天线精确对准，由于微波沿直线传播，而地球表面是曲面，天线塔的高度决定了微波的传输距离，因此可通过微波中继接力来增大传输距离。

Wi-Fi 属于微波通信。Wi-Fi 信号是由有线网提供的，只要接一个无线路由器，就可以把有线信号转换成 Wi-Fi 信号。在这个无线路由器的电波覆盖的有效范围都可以采用 Wi-Fi 连接方式进行联网。

卫星通信可以被看成一种特殊的微波通信。与一般地面微波通信不同的是，它使用地面同步卫星作为中继站来转发微波信号。

6.3 计算机网络软件

6.3.1 计算机网络软件的组成

计算机网络软件一般是指系统的网络操作系统、计算机网络协议和应用级的提供网络服务功能的专用软件。其中网络操作系统是用于管理网络软、硬资源，提供简单网络管理的系统软件。常见的网络操作系统有 UNIX、Netware、Windows NT、Linux 等。应用级的提供网络服务功能的专用软件是指为某个应用目的而开发的网络软件，如远程教学软件、电子图书馆等。下面重点介绍计算机网络协议。

6.3.2 计算机网络协议的概念

在计算机网络中，为使计算机之间或计算机与终端设备之间能有序而准确地传送数据，必须在数据传输顺序、格式和内容等方面有统一的标准、约定或规则，这组标准、约定或规则称为计算机网络协议。

计算机网络协议主要由三部分组成，称为计算机网络协议三要素，即语义、语法和规则。

(1) 语义。

语义指对构成协议的协议元素的解释，即需要发出何种控制信息、完成何种协议以及做出何种应答。

(2) 语法。

语法用于规定双方对话的格式,即数据与控制信息的结构或格式。

(3) 规则。

规则用于规定双方的应答关系。

描述计算机网络协议的基本结构是协议分层。通信协议被分成不同的层次,在每个层次内又分为若干子层,不同层次的协议完成不同的任务,各层次之间协调工作。

6.3.3 OSI参考模型

国际标准化组织(ISO)在1978年提出了"开放系统互连"(Open System Interconnection,OSI)参考模型,OSI按照分层的结构化技术,构造了顺序式的计算机网络七层协议模型,即物理层、数据链路层、网络层、传输层、会话层、表示层和应用层,如图6.6所示。每一层都规定有明确的接口任务和接口标准,不同系统对等层之间按相应协议进行通信,同一系统不同层之间通过接口进行通信。除最高层外,每层都向上一层提供服务,同时又是下一层的用户。

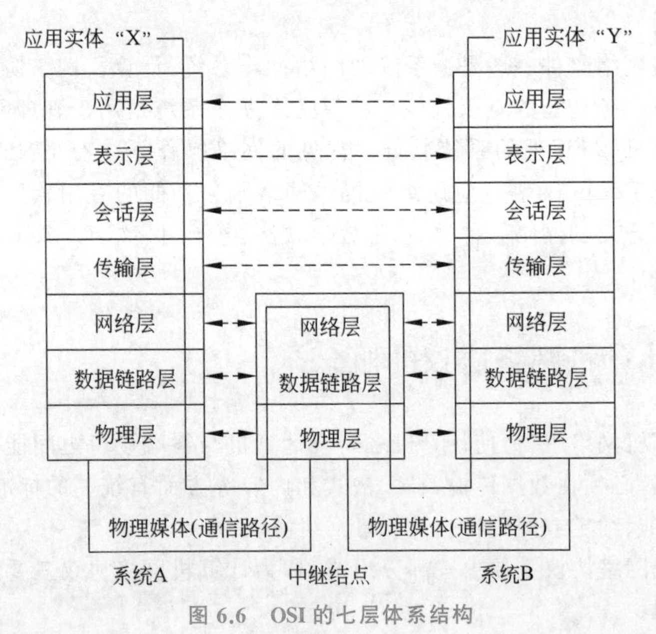

图6.6 OSI的七层体系结构

(1) 物理层。

物理层(或称实体层)是唯一涉及通信介质的一层,它提供与通信介质的连接，作为系统和通信介质的接口，把需要传输的信息转变为可以在实际线路上传送的物理信号，使数据在链路实体间传输二进制位。

(2) 数据链路层。

数据链路层的工作包含两部分：

一是将来自网络层的数据包添加辅助信息，即为数据包加上头部和尾部，也就是添加一些控制信息，包括封装信息、差错控制、流量控制、链路管理等。

二是接收物理层的比特流，并将这些比特流正确地拆分成数据包，即将头部和尾部拆分出来。

数据传输的基本单位是帧(Frame)。

(3) 网络层。

网络层用于源站点与目标站点之间的信息传输服务，其传输的基本单位是分组(Packet)。信息在网络中传输时，必须进行路由选择、差错检测、顺序及流量控制。

(4) 传输层。

传输层为源主机与目标主机之间提供可靠的、合理的透明数据传输，其基本传输单位是报文(Message)。这里的通信是源主机与目标主机中的两个应用程序的通信。传输层的作用就是能够识别是哪个应用程序在进行信息传递的。

(5) 会话层。

会话层又称会晤层，它为不同系统内的应用之间建立、维护和结束会话连接。

(6) 表示层。

表示层向应用层提供信息表示方式，对不同表示方式进行转换管理，提供标准的应用接口、公用信息服务等。

(7) 应用层。

应用层包括面向用户服务的各种软件，例如电子邮件服务、远程登录服务等。

OSI 参考模型在当今世界上并没有大规模使用。因特网采用的 TCP/IP 协议并不完全符合 OSI 的七层参考模型。

6.3.4 TCP/IP 协议

1. TCP/IP 协议的概念

TCP/IP 协议(Transmission Control Protocol/Internet Protocol)，即传输控制协议/网际协议，是针对 Internet 开发的体系结构和网络标准，它定义了电

子设备如何连入 Internet，以及数据如何在它们之间传输的标准。其目的在于解决异构计算机网络的通信，为各类用户提供通用的、一致的通信服务。

TCP 协议将消息或文件分成包，以保证数据的传输质量，IP 协议负责给各种包添加地址以便保证数据的传输。TCP/IP 协议是一个协议族而不是简单的两个协议，包括上百个各种功能的协议，如远程登录、文件传输、域名服务和电子邮件等协议。简单地说，TCP 负责发现传输的问题，一有问题就发出信号，要求重新传输，直到所有数据安全正确地传输到目的地。而 IP 是给 Internet 的每一台联网设备规定一个地址，即用 Internet 协议语言表示地址。

2. TCP/IP 四层体系结构

TCP/IP 协议采用四层体系结构，如图 6.7 所示。从图中可以看到，在 TCP/IP 模型中去掉了 OSI 参考模型中的会话层和表示层，这两层的功能合并到应用层实现；同时将 OSI 参考模型中的数据链路层和物理层合并为网络接口层。每一层都呼叫它的下一层所提供的协议来完成自己的需求。各层的主要功能如下。

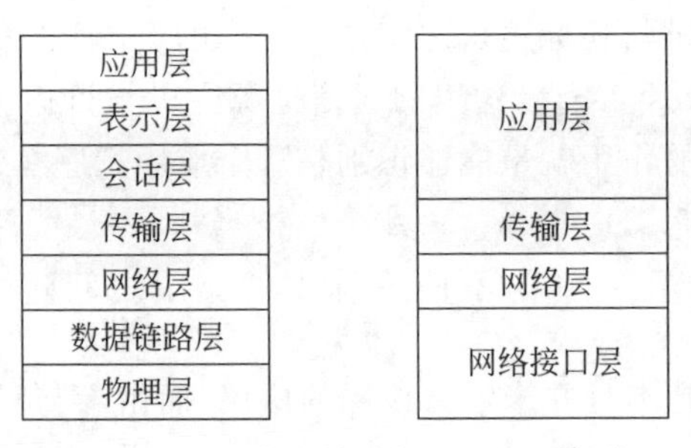

图 6.7　OSI 参考模型与 TCP/IP 模型

(1) 应用层。

应用层提供各种应用服务，如简单电子邮件传输协议（Simple Mail Transfer Protocol，SMTP）、文件传输协议（File Transfer Protocol，FTP）、网络远程访问（TELecommunications NETwork，Telnet）协议、万维网的超文本传输协议（HyperText Transfer Protocol，HTTP）、域名服务（Domain Name Service，DNS）、网络新闻传输协议（Net News Transfer Protocol，NNTP）等。

(2) 传输层。

传输层提供主机间的数据传送服务，负责对传输的数据进行分组并保证这些分组正确传输和接收。在这一层定义了两个端到端的协议：传输控制协议（Transmission Control Protocol，TCP）和用户数据报协议（User Datagram Protocol，UDP）。TCP 是面向连接的协议，它提供可靠的报文传输和对上层应用的连接服务。UDP 是面向无连接的不可靠传输的协议，主要用于不需要 TCP 的排序和流量控制等功能的应用程序。因此，这一层功能一是区分不同的网络应用软件，格式化信息流；二是负责传输控制，提供可靠传输。

(3) 网络层。

网络层负责相邻计算机之间的通信。其功能包括三方面：一是处理来自传输层的分组发送请求，收到请求后，将分组装入 IP 数据报，填充报头，选择路径，然后将数据报发往适当的网络接口；二是处理输入数据报，首先检查其合法性，然后进行寻径，如果该数据报已到达目的主机，则去掉报头，将剩下部分交给适当的传输协议，如果该数据报尚未到达，则转发该数据报；三是处理路径、流控、拥塞等问题。

简单地说，其主要功能是为计算机设计和分配地址，使数据能够被正确送达。

网络层定义的协议有：IP 协议(Internet Protocol)、ICMP 协议(Internet Control Message Protocol，Internet 控制报文协议)、IGMP 协议(Internet Group Manage Protocol，Internet 组管理协议)、ARP(Address Resolution Protocol，地址解析协议)、RARP 协议(Reverse Address Resolution Protocol，反向地址转换协议)等。

(4) 网络接口层。

网络接口层与 OSI 参考模型中的物理层和数据链路层相对应。数据链路层负责接收 IP 数据包并通过网络发送，或者从网络上接收物理帧，抽出 IP 数据包，交给 IP 层。物理层是定义物理介质的各种特性：机械特性、电子特性、功能特性和规程特性。

事实上，TCP/IP 本身并未定义该层的协议，而由参与互连的各网络使用自己的物理层和数据链路层协议，然后与 TCP/IP 的网络接入层进行连接。具体的实现方法随着网络类型的不同而不同，如以太网、令牌环网、光纤分布式数据接口(Fiber Distributed Data Interface，FDDI)网络等。

3. TCP/IP 协议的数据传输过程

TCP/IP 协议的数据传输过程简述如下。

① TCP 协议负责将计算机发送的数据分解成若干数据报(Datagram)，并给每个数据报加上报头，报头上有相应的编号和检验数据是否被破坏的信息，以保证接收端计算机能将数据还原成原来的格式。TCP 协议被称为一种端对端协议，当一台计算机需要与另一台远程计算机连接时，TCP 协议会让它们建立一个连接、发送和接收数据以及终止连接。

② IP 协议是负责为每个数据报的报头加上接收端计算机的地址，使数据能找到自己要去的目的地。

③ 如果传输过程中出现数据丢失和数据失真等情况，TCP 协议会自动要

求数据重传，并重组数据报。

例如，A 同学（QQ 号为 12345678）通过 QQ 给 B 同学（QQ 号为 87654321）发送消息“你好”，我们来简略地解析一下这条消息的发送和接收过程。

① A 同学在应用层使用 QQ 软件发送了一条消息“你好”；这个消息先到达 QQ 软件，QQ 先把数据报报文“你好”转换成 ASCII 码，并在此基础上添加收发双方的 QQ 号，我们可以简单地认为在原报文基础上增加了一个 QQ 报文头——“12345678 对 87654321 说”，这时会处理所有与数据表示及运输有关的问题，包括转换、加密和压缩。

此时报文为：（QQ 报文头——“12345678 对 87654321 说”）+（“你好”的 ASCII 码）。

② 进入传输层，如前所述，这一层的功能一是区分不同的网络应用软件，格式化信息流；二是负责传输控制，提供可靠传输。所以，我们可以简单地认为在原报文基础上又增加了一个报文头——“QQ 说”。

此时报文为：（“QQ 说”）+（QQ 报文头——“2345678 对 87654321 说”）+（“你好”的 ASCII 码）。

③ 进入网络层，如前所述，这一层的主要功能是为计算机设计和分配地址，使数据能够被正确送达。所以，我们可以简单地认为在原报文基础上又增加了一个 IP 报文头——“A 同学 IP 地址对 B 同学 IP 地址说”。

此时报文为：（“A 同学 IP 地址对 B 同学 IP 地址说”）+（“QQ 说”）+（QQ 报文头——“2345678 对 87654321 说”）+（“你好”的 ASCII 码）。

④ 进入网络接口层，我们可以简单地认为在原报文基础上又增加了一个以太报文头。

此时报文为：（以太报文头）+（“A 同学 IP 地址对 B 同学 IP 地址说”）+（“QQ 说”）+（QQ 报文头——“2345678 对 87654321 说”）+（“你好”的 ASCII 码）。

然后，报文被分割为若干帧，在物理层将这段由数字 0 和 1 构成的字符串在物理介质上传输，送到 B 同学的计算机。

⑤ B 同学的计算机收到报文后，依次剥掉各个报文头，然后交给 QQ 软件处理，QQ 再把 ASCII 码还原成消息“你好”。

我们可以将上述传送过程简单比喻成“封包”和“解包”的过程。

知行合一

计算机网络协议体现了分层求解问题的思想，即将复杂问题层层分解，每层仅实现一种相对独立、明确的功能。这是化解复杂问题的一种普适思维，也是计算机系统的基本思维模式。

6.4 Internet 概述

Internet 是一个全球性的信息通信网络，是连接全球数百万台计算机的计算机网络的集合。它在世界范围内连接了不同专业、不同领域的组织机构和人员，成为人们打破时间和空间限制的有力手段。

6.4.1 Internet 的形成与发展

Internet 是通过 TCP/IP 及其相关协议把网络连接起来的全球性网络。它源于 1969 年美国国防部高级研究计划局协助开发的 ARPANET(Advanced Research Project Agency Network)。ARPANET 开始只有四个结点，分别位于美国的四所大学——加利福尼亚大学洛杉矶分校、斯坦福大学、加利福尼亚大学和犹他大学。建立该网络的目的是研究坚固、可靠并独立于各生产厂商的计算机网络所需要的有关技术。此后经历了文本到图片，到现在的语音、视频等阶段，带宽越来越大，功能越来越强。Internet 的特征是：全球性、海量性、匿名性、交互性、成长性、扁平性、即时性、多媒体性、成瘾性、喧哗性。Internet 的意义不应低估，它是人类迈向地球村的坚实一步。

1980 年 TCP/IP 协议正式投入使用。自 20 世纪 80 年代以来，由于 Internet 在美国的迅速发展和取得的巨大成功，世界各国也都纷纷加入到 Internet，使得 Internet 成为全球性的网络。

6.4.2 Internet 在中国的发展

我国于 1994 年开通了与 Internet 的专线连接。目前我国已与 Internet 连接的互联网络有中国公用计算机互联网(ChinaNet)、中国教育和科研计算机网(CERNet)、中国科技网(CSTNet)和中国金桥信息网(ChinaGBN)等。

2017 年工业和信息化部最新发布的通信业经济运行情况显示，4G 用户总数达到 8.4 亿户，占移动电话用户总数的比重达到 61.1%；光纤接入用户总数达到 2.4 亿户，占固定宽带用户总数的比重超过 75%。

1. 中国公用计算机互联网

1995 年年底，由原邮电部组织和承建了中国公用计算机互联网(ChinaNet)，并于 1996 年 6 月在全国正式开通，它是基于 Internet 技术、面向社会服务的公用计算机互联网络。ChinaNet 是一个由核心层、区域层和接入层组成的分层体系结构。它由骨干网和接入网组成,由中国电信经营。

2. 中国教育和科研计算机网

中国教育和科研计算机网(China Education and Research Network,CERNet),由清华大学、北京大学、上海交通大学、西安交通大学、东南大学、华南理工大学、华中理工大学、北京邮电大学、东北大学和电子科技大学 10 所高校承担建设。该项目的目标是建设一个全国性的教育科研基础设施,把全国大部分高校连接起来,实现资源共享,由教育部管理。

3. 中国科技网

中国科技网(China Science and Technology NETwork,CSTNet)是以中关村教育与科研示范网络(NCFC)为基础建立起来的,它代表了中国 Internet 的发展历史,由中科院管理。该网是我国第一个连通 Internet 的网络(1994 年 4 月),现已拥有多条国际出口。

4. 中国金桥信息网

中国金桥信息网(China Golden Bridge Network,ChinaGBN)是由原吉通通信公司和各省市信息中心等有关部门合作经营、管理的互联网络。它是我国国民经济信息化基础设施,是“三金”(金关、金卡、金税)工程的重要组成部分。中国金桥信息网于 1994 年由原电子工业部负责建设和管理。其网控中心建在国家信息中心,主要向政府部门和企业提供服务,由电子工业部负责管理。

另外,还有中国联通互联网(UNINet)、中国网通公用互联网(CNCNet)、中国移动互联网(CMNet)、中国国际经济贸易互联网(CIETNet)、中国长城互联网(CGWNet)等。

6.4.3 Internet 提供的主要服务

Internet 提供的服务分为三类:通信(电子邮件、新闻组、对话等)、获取信息(文件传输、自动搜索、分布式文本检索、万维网等)和共享资源(远程登录、客户机/服务器系统等)。

1. 万维网

万维网(World Wide Web,WWW)简称 Web,原意是“遍布世界的蜘蛛网”。目前,WWW 服务是互联网的主要服务形式。WWW 通过超文本把互联网上不同地址的信息有机地组织在一起,并以多媒体的表现形式,把文字、声音、动画、图片等展现在人们面前,为人们提供信息查询服务。通过 WWW,可以实现电子商务、电子政务、网上音乐、网上游戏、网络广告、远程医疗、远程教育、网上新闻等。

2. 文件传输

无论两台计算机相距多远，只要它们都连入互联网并且都支持文件传输协议(File Transfer Protocol，FTP)，则这两台计算机之间就可以进行文件的传送。访问 FTP 服务器有两种方式：一种访问是注册用户登录到服务器系统；另一种是匿名(Anonymous)进入服务器系统。

3. 远程登录

远程登录(Telnet)是将一台用户主机以仿真终端方式，登录到一台远程主机的分时计算机系统，暂时成为远程计算机的终端，直接调用远程计算机的资源和服务。利用远程登录，用户可以实时使用远程计算机上对外开放的全部资源，可以查询数据库、检索资料，可以通过 Telnet 访问电子公告牌，在上面发表文章，或利用远程计算机完成只有巨型机才能做的工作。

4. 电子邮件

电子邮件是指在计算机之间通过网络即时传递信件、文档或图形等各种信息的一种手段。电子邮件是 Internet 最基本的服务、也是最重要的服务之一。

(1) 电子邮件的协议

电子邮件的协议如下。

- SMTP 协议(Simple Mail Transmission Protocol)采用客户机/服务器模式，适用于服务器与服务器之间的邮件交换和传输。Internet 上的邮件服务器大都遵循 SMTP 协议。
- POP3(Post Office Protocol)是邮局协议的第三个版本，电子邮件客户端用它来连接 POP3 电子邮件服务器，访问服务器上的信箱，接收发给自己的电子邮件。当用户登录 POP3 服务器上相应的邮箱后，所有邮件都被下载到客户端计算机上，而在邮件服务器中不保存邮件的副本。

大多数的电子邮件服务软件都支持 SMTP 和 POP3。因此，许多公司或 Internet 服务提供商(ISP)都有一台提供 SMTP 和 POP3 功能的服务器。

(2) 电子邮件地址(E-mail 地址)。

电子邮件地址是 Internet 网上用户所拥有的不与他人重复的唯一地址。电子邮件的格式为：

```
用户名@邮件所在的邮件服务器的域名
```

其中@符号代表英语中的 at，@前面的部分为用户名，@后面部分表示用户邮件所在计算机的域名地址。如 hb_liming@yahoo.com.cn，用户名是 hb_liming，邮件所在的主机域名地址是 yahoo.com.cn。

5. 即时通信

即时通信软件包括微信、QQ 等，往往以网上电话、网上聊天的形式出现。即时通信比电子邮件使用还要方便和简单。

6.4.4 Internet 基本技术

Internet 与大多数计算机网络一样，是一个分组交换网。在 Internet 上传输的所有数据都以分组的形式传送。同一时刻在 Internet 上传输的信息来自多台计算机的分组。它使用的 TCP/IP 协议已在前面介绍，这里不再重复。

1. 统一资源定位器

统一资源定位器（Uniform Resource Location，URL）是表示资源类型和地址的一个指针，用来指向 Internet 中的资源的特定位置，供 Web 浏览器访问时使用。

（1）URL 的格式。

URL 一般由三部分组成，格式为协议://域名/网页文件名，分别表示资源类型、存放资源的主机域名、资源的具体位置。例如：

```
http://www.cer.net/jiao_yu/kao_yan
```

其中：

- http://：通知 Web 浏览器采用什么协议、访问哪一类资源。
- www.cer.net：表示被访问的服务器域名或 IP 地址。
- jiao_yu/kao_yan：表明资源在计算机中的路径和文件名。

（2）主要资源的 URL 格式。

Web 浏览器可以访问的主要资源和 URL 格式有：

- http://www：超文本链接。
- ftp://ftp：文件传输。
- file://：文件。

注意：URL 的路径用“/”分隔；要把大小写字母表达清楚，以满足某些计算机系统严格区分大小写字母的要求。

知行合一

超文本（Hypertext）和超媒体（Hypermedia）是 Internet 上常用的组织信息资源的方法，即通过指针来链接分散的信息资源，包括文本、声音、图形、图像、动画、视频等多媒体信息，这种管理信息的方法更符合人类的思维方式。

2. IP 地址

Internet 上计算机的地址可以用两种形式表示，即 IP 地址和域名地址。

IP 地址（Internet Protocol Address）是一种在 Internet 上为主机编址的方式，也称为网际协议地址。

常见的 IP 地址分为 IPv4 与 IPv6 两大类。Internet 的每一个网络和每一台主机都分配一个唯一的地址。

IP 地址的格式是：网络地址＋主机地址。网络地址用来表示这个 IP 地址属于哪一个网络，就像电话号码的区号一样。主机地址表示在这个网络中的具体位置，就像区号后面的电话号码一样。

（1）IPv4 地址。

IPv4 地址长度为 32 位，即由 4 个 8 位二进制数组成，每个 8 位二进制数之间用圆点“.”隔开。由于二进制数记忆、书写不便，因此又采用与之对应的 4 个十进制数表示，每个十进制数的取值范围为 0～255。例如，中国教育和科研计算机网网控中心的 IP 地址的二进制数表示为 11001010.01110000.00000000.00100100，对应的十进制数的表示为 202.112.0.36，其网络号为 202.112.0，主机号为 36。

IETF（Internet Engineering Task Force，Internet 工程任务组）将 IP 地址分为 A、B、C、D、E 等五类，在商业应用中只用到 A、B、C 等三类，每类地址均由网络地址和主机地址组成。

- A 类地址。A 类地址的网络地址占用 8 位，首位固定为 0，其余 7 位分配给 126 个 A 类网络（除去全 0 表示本地网，全 1 留作诊断用）；其余 24 位用于主机地址，每个 A 类网络可容纳的主机数为 16 777 214。故这种网络地址适用于主机数量很多的大型网络。它的 IP 地址表示范围为 1.0.0.1～127.255.255.254。
- B 类地址。B 类地址的网络地址占用 16 位，前两位固定为 10，其余 14 位分配给 16 384 个 B 类网络；主机地址也为 16 位，每个 B 类网络可容纳的主机数为 65 534。故这种网络地址适用于主机数量为中等规模的网络。它的 IP 地址的表示范围为 128.1.0.1～191.255.255.254。
- C 类地址。C 类地址中网络地址占用 24 位，前三位固定为 110，其余 21 位分配 2 097 151 个 C 类网络；主机地址为 8 位，每个 C 类网络可容纳的主机数为 254。故这种网络地址适用于主机数量较少的网络，例如一般的局域网和校园网。它的 IP 地址的表示范围为 192.0.1.1～223.255.255.254。
- D 类和 E 类地址。D 类地址的第一个十进制数的范围为 224～239，用作多目的地信息的传输；E 类 IP 地址的第一个十进制数的范围为 240～254，仅作为 Internet 的实验和开发之用。

（2）IPv6 地址。

目前常用的 TCP/IP 协议为 IPv4。在 IPv4 中，全部 32 位的 IP 地址只有 42 亿（2^{32}）个，2011 年 2 月 3 日 IPv4 位地址全部分配完毕。为了扩大地址空间，IETF 推出了 IPv6 重新定义地址空间。

IPv6 采用 128 位地址长度；IPv6 采用了一种全新的分组格式，简化了报头结构，减少了路由表长度，但是也导致了与 IPv4 不能兼容的问题；IPv6 简化了协议，提高了网络服务质量；IPv6 在安全性、优先级和支持移动通信方面也有一定的改进。

IPv6 采用"冒分十六进制"的方式，每 16 位为一组，写成 4 位十六进制数，组间用冒号分隔。地址的前导 0 可以不写，如 69DC：8864：FFFF：FFFF：0：1280：8C0A：FFFF。

由于 IPv4 和 IPv6 协议互不兼容，因此从 IPv4 到 IPv6 是一个逐渐过渡的过程。

3. 域名地址和 DNS

（1）域名地址。

由于用数字描述的 IP 地址难于记忆、使用不便，因此又按照与 IP 地址一一对应的关系，使用有一定意义的字符来确定一个主机在网络中的位置。这种分配给主机的字符串地址称为域名（Domain Name）。域名地址按地理域或机构域分层表示。书写时采用圆点将各个层次隔开，分成层次字段。

域名地址的一般格式为：

结点名.三级域名.二级域名.顶级域名

DNS 规定，域名中的标号都由英文字母和数字组成，每一个标号不超过 63 个字符，也不区分大小写字母。标号中除连字符(-)外不能使用其他的标点符号。级别最低的域名写在最左边，而级别最高的域名写在最右边。由多个标号组成的完整域名总共不超过 255 个字符，如 home.sina.com.cn。

顶级域名又称为第一级子域名，它是国家或地区代码，由两个字符组成，如 cn 代表中国大陆、au 代表澳大利亚、ca 代表加拿大、uk 代表英国、jp 代表日本、hk 代表中国香港地区、us 代表美国、fr 代表法国等。

二级域名是指顶级域名之下的域名，在国际顶级域名的下面，它是指域名注册人的网上名称，例如 yahoo、microsoft 等；在国家顶级域名的下面，它是表示注册企业类别的符号，例如 com、edu、gov、net 等。中国的二级域名又分为类别域名和行政区域名两类。类别域名共 6 个，包括用于科研机构的 ac、用于工商金融企业的 com、用于教育机构的 edu、用于政府部门的 gov、用于互联网络信息中心和运行中心的 net、用于非营利组织的 org。而行政区域名有 34 个，分别对应于中国各省、自治区和直辖市。

三级域名用字母（A～Z，a～z，大小写等价）、数字（0～9）和连接符（-）组成，各级域名之间用实点（.）连接，三级域名的长度不能超过 20 个字符。如无特殊原因，建议采用申请人的英文名（或缩写）或者汉语拼音名（或缩写）作为三级域名，以保持域名的清晰性和简洁性。

结点名可根据需要由网络管理员自行定义。

（2）域名解析。

域名地址虽然便于人们记忆和使用，但是计算机系统之间连接时使用的只有 IP 地址，为此需要先把域名地址翻译成 IP 地址，然后再实现计算机的连接。这种转换是由网络中的域名服务系统（Domain Name System，DNS）软件来完成的。安装了这种软件的服务器称为域名服务器。

域名服务器进行域名与 IP 地址的转换称为域名解析。DNS 是一种树形结构，从根服务器开始，自顶向下逐级解析，直到找到相应的 IP 地址为止。

比如，某个河北用户从本地访问 www.pku.edu.cn 网站，域名解析过程如下：

- 首先由河北本地的 DNS 解析，若解析不了，就交给根 cn 的 DNS 解析；
- 若解析不了，就交给 edu 的 DNS 解析；
- 若解析不了，就交给 pku 的 DNS 解析；
- 将 pku 的 DNS 解析出的 IP 地址返回给用户。

又如，某个网页的访问流程如下：

- 在浏览器中输入一个域名；
- DNS 将这个域名转化成 IP 地址；
- 获得要访问网页所在服务器的 IP 地址后，就可以向这个服务器发起访问请求，服务器收到访问请求后，便查看自己域名下的网页；
- 当这个网页服务器找到所请求的网页后，会返回本网页的一些信息，包括 HTML 文件、图片、动画等；
- 用户的主机收到这些信息后，通过浏览器组织成可以查看的网页，展示给用户。

注意：这里网页服务器只是返回本网页的一些信息，并不是真正将整个网页发送过来，因为目前我们浏览的网页大部分都是属于动态网页，不是静态网页。动态网页和静态网页的区别在于服务器端是否参与程序的运行。服务器端执行某些脚本生成 HTML 文件，再将其送到客户端，这样的网页程序称为动态网页，其特点是随用户、时间等因素返回不同的网页信息。比如，一个新闻网站，一般是将新闻内容存储在数据库中，每次新闻更新只需修改数据库中的内容，然后由程序读取数据库内容就可以实现实时更新了。

4. 分组交换技术

在计算机网络中，结点与结点之间的通信采用两种交换方式，即线路交换方式和存储转发交换方式。存储转发方式又分为两种，即报文转发交换和分组转发交换。

分组转发交换又称为报文分组存储转发交换。它是指源结点在发送数据前先把报文按一定的长度分割成大小相等的报文分组，将每个报文分组与源地址、目标地址和控制信息按统一的规定格式打包，然后在网络中按照路径选择算法一站一站地传输。每个中间结点按照路径选择算法把分组发送给下一结点。由于每个分组都包含源地址和目标地址，所以各分组都能到达目标结点。因为它们所走的路径不同，各分组也不是按照编号顺序到达目标结点，所以目标结点需要将它们排序后再分离出所要传输的数据。

5. 接入 Internet 的技术

与 Internet 连接，就是与已连接在 Internet 上的某台主机或网络进行连接。用户入网前都要先联系一家 Internet 服务提供商(ISP)，如校园网网络中心、电信局等，然后办理上网手续，包括填写注册表格、支付费用等，ISP 则向用户提供 Internet 入网连接的有关信息。

目前，用户连入 Internet 主要有以下几种常用方式。

(1) 局域网接入方式。

采用局域网接入方式，用户计算机通过数据通信专线(如电缆、光纤)连到某个已与 Internet 相连的局域网(如校园网)上。将一个局域网连接到 Internet 主机有两种方式。

- 固定 IP 地址。使用这种接入方式，局域网中每台用户计算机均需一个固定的 IP 地址。
- 代理服务器。以这种接入方式上网，局域网中必须有一个代理服务器。代理服务器(Proxy Server)是建立在客户机和 Web 服务器之间的服务器，它为用户提供访问 Internet 的代理服务，使不具有 IP 地址的客户机通过代理服务器可以访问 Internet。代理服务器具有高速缓冲的功能，可以提高 Internet 的浏览速度。代理服务器还可用作防火墙，为网络提供安全保护措施。

局域网接入方式是可以满足大信息量 Internet 通信的一种方式，适用于教育科研机构、政府机构及企事业单位中已装有局域网的用户。

(2) ADSL 接入方式。

ADSL(非对称数字用户环路)是利用现有的电话线实现高速、宽带上网的一种方法。所谓“非对称”是指与 Internet 的连接具有不同的上行和下行速度，上行是指用户向网络发送信息，而下行是指 Internet 向用户发送信息。采用 ADSL 接入方式，需要在用户端安装 ADSL 调制解调器(Modem)和网卡。VDSL(超高速数字用户环路)是 ADSL 的快速版本。

(3) 有线电视网接入方式。

中国有线电视网(CATV)非常普及，其用户数已达到几千万。通过 CATV 接入 Internet，速率可达 10Mb/s。实际上这种入网方式也可以是不对称的，下行的速度可以高于上行速度。

CATV 接入 Internet 采用总线型拓扑结构，多个用户共享给定的带宽，所以当共享信道的用户数增加时，传输的性能会下降。

采用 CATV 接入需要安装电缆调制解调器(Cable Modem)。

(4) 无线接入方式。

无线接入方式是指从用户终端到网络交换结点采用或部分采用无线手段的接入技术。无线接入可分为固定无线接入和移动无线接入。固定无线接入的网络侧有接口，可直接与公用电话网的本地交换机连接，用户侧与电话相连，如微波一点多址系统、卫星直播系统等；移动无线接入如蜂窝移动通信系统、同步卫星移动通信系统、蓝牙技术等。

通用分组无线业务(General Packet Radio Service，GPRS)，是一种新的分组数据承载业务，下载资料和通话可以同时进行，是移动电话接入 Internet 的技术之一。

6.5 物联网概述

物联网(Internet of Things)通过射频识别(RFID)、红外感应器、全球定位系统、激光扫描器、气体感应器等信息传感设备，按约定的协议，把任何物品与互联网连接起来，进行信息交换和通信，以实现智能化识别、定位、跟踪、监控和管理的一种网络。简而言之，物联网就是“物物相连的互联网”。这有两层意思：其一，物联网的核心和基础仍然是互联网，是在互联网基础上的延伸和扩展的网络；其二，其用户端延伸和扩展到了任何物品与物品之间，进行信息交换和通信，也就是物物互联。物联网通过智能感知、识别技术与普适计算等通信感知技术，广泛应用于网络的融合中，也因此被称为继计算机、互联网之后世界信息产业发展的第三次浪潮。物联网是互联网的应用拓展，与其说物联网是网络，不如说物联网是业务和应用。物联网包括互联网及互联网上所有的资源，兼容互联网所有的应用，但物联网中所有的元素（所有的设备、资源及通信等）都是个性化和私有化的。最简单的物联网是各种各样的刷卡系统，比如，校园一卡通、公交卡等。

世界上的万事万物，小到手表、钥匙，大到汽车、楼房，只要嵌入一个微型感应芯片，把它变得智能化，这个物体就可以“自动开口说话”；再借助无线网络技术，人们就可以和物体“对话”，物体和物体之间也能“交流”，这就是物联网。

以下是物联网的应用案例。

物联网传感器产品已率先在上海浦东国际机场防入侵系统中得到应用。该系统铺设了3万多个传感结点，覆盖了地面、栅栏和低空探测，可以防止人员的翻越、偷渡、恐怖袭击等攻击性入侵。

手机物联网购物通过手机扫描条形码、二维码等方式，可以进行购物、比价、鉴别产品等操作，至2015年手机物联网市场规模达6847亿元，手机物联网应用正伴随着电子商务大规模兴起。

智能家居使得物联网的应用更加生活化，它具有网络远程控制、遥控器控制、触摸开关控制、自动报警和自动定时等功能，给每一个家庭带来不一样的生活体验。

物联网智能控制系统可以指挥中心的大屏幕、窗帘、灯光、摄像头、DVD、电视机、电视机顶盒、电视电话会议；也可以调度马路上的摄像头图像到指挥中心，同时也可以控制摄像头的转动。

知行合一

计算机行业中特有的名词背后的原理，几乎都是我们每个人都可以想得到的。当逐步的了解这个网络的世界之后，我们会惊叹，原来这个看似极为复杂的网络世界原来也是很清晰很容易理解的，这就是计算机科学的魅力！

基础知识练习

（1）什么是计算机网络？计算机网络按照覆盖范围分为哪几类？

（2）计算机网络的主要功能有哪些？

（3）网络的拓扑结构有哪几种？简述它们的特点。

（4）传输介质常用的有哪几类？简述它们的特点。

(5) 简述计算机网络协议的概念。

(6) 什么是 TCP/IP 协议？简述其体系结构。

(7) 什么是 IP 地址？什么是域名？它们的格式分别是什么？IP 地址和域名之间如何转换？

(8) 什么是 URL？URL 的一般格式及各部分含义是什么？

(9) 什么是 WWW？E-mail 地址的格式是什么？

(10) 常见的 Internet 接入方式有哪几种？各有什么特点？

(11) 中国四大主干网的域名是什么？

(12) 目前 Internet 提供的主要服务有哪些？你还希望增加哪些服务？

能力拓展与训练

一、分析与论证

(1) 分组考察学校的计算机网络，给出规划与构建方案，并对不同的方案进行分析与论证。

(2) 某公司需要将 5200 台计算机从 120 个地点(假定每个地点的计算机数量大致是平均的)连接到网络中，为此需要申请一个合法的 IP 地址。那么该公司需要申请哪一类地址才能满足要求？这个地址应该如何划分为子网，分配给 120 个物理网络？这个网络中总共可以为多少台计算机单独分配地址？给出地址的子网和主机部分的地址范围。写出解决方案，并加以分析和论证。

二、实践与探索

(1) 搜索资料，写一份关于微信等即时通信软件的研究报告。

(2) 如何将某个网站中的所有链接内容整体下载至计算机硬盘中？

(3) 接收邮件时，如果发生邮件内容显示乱码的情况，应如何解决？

(4) 搜索整理相关信息，写一份关于电子商务与电子政务的报告，内容包括电子商务与电子政务的基本概念、电子商务主要应用模式(C2C、C2B、B2C、B2B)等。

(5) 使用网络过程中遇到过哪些安全问题？应该如何解决？分组进行交流讨论会，并交回讨论记录摘要，内容包括时间、地点、主持人、参加人员、讨论内容等。

(6) 举例说明分层分类管理思想的具体应用。

(7) Facebook 是一个社交网络平台,试分析它的问题求解的思维。

(8) 尝试给出一份关于智能家居网络的设计方案。

(9) 生活中还有哪些物联网应用案例? 谈谈你对物联网的展望。

三、拓展阅读

你知道互联网历史上 15 个划时代的“第一”吗?

1. 互联网方面的“第一”

(1) 第一封邮件。

第一封邮件是在美国加州的洛杉矶大学和斯坦福大学之间传送的。1971 年,雷·汤姆林逊发出了世界上的第一封邮件。很可惜的是,接收两封邮件后,计算机就崩溃了。另外,邮件地址中的用来分隔用户名和机器名(那时还没有“域名”这一说法)的@符号也是他引入的。尽管在 20 世纪 60 年代就有类似的系统,但该系统仅限于同类型机器之间通信。直到 1971 年才有了现代邮件的雏形,邮件才能通过网络传输。请注意,这时还没有互联网哦,但互联网的前身——ARPANET 已经存在了。

(2) 第一个域名。

在互联网上第一个注册的域名是“symbolics.com”,1985 年 3 月 15 日,由 Symbolics 计算机制造公司注册的(该公司现已解散)。2009 年,该域名出售给 XF.com 投资公司,具体数额不详。

(3) 第一封垃圾邮件。

首次有记载的垃圾邮件发现在 1978 年 5 月 3 日,由 DEC 公司的营销人员 Gary Thuerk 通过 ARPANET 发送给 393 位接收人。这封邮件是 DEC 公司的新计算机模型的广告邮件。换句话说,Gary Thuerk“荣获”了世界上首位垃圾邮件发送者的称号。这甚至还为他赢得吉尼斯世界纪录。不过在 1978 年时还没有“垃圾邮件”(Spam)这个词。

(4) 第一款上网手机。

1996 年在芬兰,诺基亚 9000 通信器连接到互联网。但当时手机上网费用的非常昂贵,限制了经营者。1999 年,日本的 NTT DoCoMO 公司推出 i-Mode,公认的互联网手机服务诞生。

2. 网站方面的“第一”

(5) 第一个网站。

1990 年年末,第一个网站 info.cern.ch 横空出世,它运行在欧洲核子研究中心(CERN)的 NeXT 计算机上。第一个网页的地址是：http://info.cern.ch/hypertext/WWW/TheProject.html，此网页的内容是关于万维网计划的。info.cern.ch 网站上已经删除这个页面。

(6) 第一个电子商务网站和第一笔交易。

尽管 Amazon 和 eBay 闻名外中，但它们并非是第一家电子商务网站。在线零售网站 NetMarket 宣称，互联网上的第一笔安全交易是它完成的。1994 年 8 月 11 日，该网站以 12.48 美元(含运费)出售了 Sting 的 Ten Summoner's Tales 的 CD 拷贝碟。Internet Shopping Network 是另外一个竞争第一个商务网站"皇冠"的竞争者，该网站自称，它们的第一笔交易比 NetMarket 早了整整一个月。

(7) 第一家网络银行。

美国斯坦福联邦信用社(SFCU)是一个美国联邦特许成立的信用社，它在 1959 年成立于加利福尼亚州的帕洛阿尔托，主要向斯坦福大学社区提供金融服务。迄今为止，SFCU 拥有超过 10 亿美元的资产和超过 47 000 名会员。1994 年，SFCU 开通其网络银行服务。从此，世界上的第一家网络银行就此诞生。

(8) 第一个搜索引擎。

虽然互联网搜索引擎比万维网出现早，但当时它们的功能有限，仅能解析网页标题。第一个全文搜索引擎是 1994 年的上线的 WebCrawler。

(9) 第一个博客。

1994 年，贾斯汀·霍尔搭建一个基于网络的日记平台，称为"贾斯汀的链接"。虽然该日记提供的是早期互联网的上网指南，但随着时间推移，日记变得越来越个人化。纽约时报杂志曾介绍他是"个人博客之父"。当然了，当时还没所谓 Blog 一词(Weblog 出现于 1997 年，到 1999 年才演变为 Blog)。

(10) 第一个播客。

2000 年 10 月，在经过一番讨论后，"博客先驱"——戴夫·温纳增强 RSS 功能——把声音内容加入到 RSS 种子中，以便聚合声音博客。2001 年 1 月 11 日，温纳在他的脚本新闻博客中展示了新的 RSS 功能，他在 RSS 中添加了一首 Grateful Dead 组合的歌曲。2003 年，播客才开始流行。

3. 网络服务方面的第一

(11) eBay 卖出的第一件货物。

1995 年，eBay 成立，当时的名称还是"AuctionWeb"。eBay 卖出的第一件货物是一台价值 14.83 美元的损坏了的激光指示器。当 eBay 的创始人 Pierre Omidyar 致信买家询问他是否注意到指示器是坏的，买家回复说："我专门收集坏的激光指示器"。

(12) Amazon 卖出的第一本书。

1995 年,Amazon 上线。Amazon 卖出的第一本书是道格拉斯·霍夫斯塔特的 *Fluid Concepts and Creative Analogies: Computer Models of the Fundamental Mechanisms of Thought*。

(13) 维基百科上的第一个词条。

维基百科上的第一个词条是由创始人吉米·威尔斯编辑的一个测试词条"Hello,World!",这个词条不久后便删除了。维基百科上现存最早的词条是在 2001 年 1 月 16 日编辑的国家列表。

(14) YouTube 上的第一段视频。

2005 年 4 月 23 日,YouTube 的联合创始人 Jawed Karim 上传了 YouTube 的第一段视频。

视频名称:*Me at the zoo*,由 Jawed Karim 拍摄于圣地亚哥动物园。

浏览次数:已超过 150 万。

(15) Twitter 上的第一条消息(即第一声"鸟叫")。

2006 年 3 月 21 日,Twitter 的开发者兼联合创始人 Jack Dorsey 写下了第一条消息:"Just setting up my twttr"。"twttr"并不是错字,而因为 Twitter 曾在短期内被称为"twttr",这个词的灵感部分源于"Flickr",另外部分原因是:"twttr"是 5 个字符,可以作为一个 SMS 简短代码使用。

来源:http://mt.sohu.com/20170305/n482434072.shtml.

4. 相关书籍

谢希仁. 计算机网络[M]. 7 版. 北京:电子工业出版社,2017.

第7章 伦理思维——信息安全与信息伦理

The good news about computers is that they do what you tell them to do. The bad news about computers is that they do what you tell them to do.

——Ted Nelson (HTTP之父、哲学家和社会学家)

7.1 信息安全

7.1.1 信息安全的概念

1. 信息安全的根本目标

随着计算机网络的重要性和对社会的影响越来越大,大量数据需要进行存储和传输,偶然的或恶意的原因都有可能造成数据的破坏、泄露、丢失或更改。所以,信息安全的根本目标是使信息技术体系不受外来的威胁和侵害。

信息安全是指信息系统(包括硬件、软件、数据、人、物理环境及其基础设施)受到保护,不受偶然的或者恶意的原因而遭到破坏、更改、泄露,系统连续可靠正常地运行,信息服务不中断,最终实现业务连续性。信息安全主要包括以下五方面的内容,即需保证信息的保密性、真实性、完整性、未授权拷贝和所寄生系统的安全性。

2. 信息安全的特征

(1) 完整性和精确性:指信息在存储或传输过程中保持不被改变、不被破坏和不丢失的特性。

(2) 可用性:指信息可被合法用户访问并按要求的特性使用。

(3) 保密性:指信息不泄漏给非授权的个人和实体。

(4) 可控性：指具有对信息的传播及存储的控制能力。

7.1.2 计算机病毒及其防范

信息安全的威胁多种多样，主要是自然因素和人为因素。自然因素是指一些意外事故，例如服务器突然断电等；人为因素是指人为的入侵和破坏，其危害性大、隐藏性强。人为的破坏主要来自于黑客，网络犯罪已经成为犯罪学的一个重要部分。造成信息安全威胁的原因主要是由于网络黑客和计算机病毒。

1. 计算机病毒的概念

计算机病毒(Computer Virus)是指在计算机系统运行过程中能自身准确复制或有修改地复制的一组计算机指令或程序代码。

(1) 计算机病毒的来源。

计算机病毒多出于计算机软件开发人员之手，其动机多种多样。有的为了“恶作剧”，并带有犯罪性质；有的为了“露一手”，表现自己；有的为了保护自己的知识产权，在所开发的软件中加入病毒，以惩罚非法复制者。

由此看出，计算机病毒是人为制造的程序，它的运行属于非授权入侵。

(2) 计算机病毒的传播途径。

一般来说，计算机病毒有以下三种传播途径。

① 存储设备。大多数计算机病毒通过一些存储设备来传播，例如闪盘、硬盘、光盘等。

② 计算机网络。计算机病毒利用网络通信，可以从一个结点传染给另一个结点；也可以从一个网络传染到另一个网络。其传染速度是最快的，严重时可迅速造成网络中的所有计算机瘫痪。

③ 通信系统。计算机病毒也可通过点对点通信系统和无线通道传播，随着信息时代的迅速发展，这种途径很可能成为主要传播渠道。

(3) 计算机病毒的传染过程。

计算机病毒的传染过程大致经过三个步骤。

① 入驻内存：计算机病毒只有驻留内存后才有可能取得对计算机系统的控制。

② 等待条件：计算机病毒驻留内存并实现对系统的控制后，便时刻监视系统的运行，一方面寻找可攻击的对象，另一面判断病毒的传染条件是否满足。

③ 实施传染：当病毒的传染条件满足时，通常借助中断服务程序将其写入磁盘系统，完成全部病毒传染过程。

(4) 计算机病毒的特征如下。

① 传染性。计算机病毒具有强再生机制。计算机病毒可以从一个程序传染到另一个程序，从一台计算机传染到另一台计算机，从一个计算机网络传染到另一个计算机网络。

② 寄生性。病毒程序依附在其他程序中，当这个程序运行时，病毒就通过自我复制而得到繁衍，并一直生存下去。

③ 潜伏性。计算机病毒侵入系统后，病毒的触发是由发作条件来确定的。在发作条件满足前，病毒可能在系统中没有表现症状，不影响系统的正常运行。

④ 隐蔽性。表现在两个方面，一是传染过程很快，在其传播时多数没有外部表现；二是病毒程序隐蔽在正常程序中，当病毒发作时，实际病毒已经扩散，系统已经遭到不同程度的破坏。

⑤ 破坏性。不同计算机病毒的破坏情况表现不一，有的干扰计算机工作，有的占用系统资源，有的破坏计算机硬件等。

⑥ 不可预见性。由于计算机病毒的种类繁多，新的变种不断出现，所以病毒对反病毒软件来说是不可预见的、超前的。

(5) 计算机病毒的类型。

目前对计算机病毒的分类方法多种多样，常见的有下面几种。

按病毒的寄生方式分为引导型病毒、文件型病毒和复合型病毒。

① 引导型病毒出现在系统引导阶段。

② 文件型病毒也称为寄生病毒，运作在计算机存储器里，它通常感染扩展名为 com、exe、drv、bin、ovl、sys 等的文件。这类病毒数量最大，可细分为外壳型、源码型和嵌入型等。例如，常见的宏病毒就是寄存在 Office 文档的宏代码中，可攻击.doc 文件和.dot 文件，影响这些文档的打开、存储、关闭或清除等操作。

③ 复合型病毒既传染磁盘引导区，又传染可执行文件，一般可通过测试可执行文件的长度来判断它是否存在。

按病毒的发作条件分为定时发作型病毒、定数发作型病毒和随机发作型病毒。

① 定时发作型病毒具有查询系统时间功能，当系统时间等于设置时间时，病毒发作。

② 定数发作型病毒具有计数器，能对传染文件个数或执行系统命令次数进行统计。当达到预置数值时，病毒发作。

③ 随机发作型病毒随机发作，没有规律。

按破坏的后果分为良性病毒和恶性病毒。

① 良性病毒只干扰用户工作，不破坏系统数据。清除病毒后，便可恢复正常。常见的情况是大量占用 CPU 时间和内存、外存等资源，从而降低了运行速度。

② 恶性病毒破坏数据，造成系统瘫痪。清除病毒后，也无法修复丢失的数据。常见的情况是破坏、删除系统文件，甚至格式化硬盘。

2. 计算机病毒的防范

计算机病毒的出现向计算机安全性提出了严峻挑战，解决问题最重要一点是树立"预防为主，防治结合"的思想，牢固树立计算机安全意识，防患于未然，积极地预防计算机病毒的侵入。

可采取以下几方面的措施进行防范。

① 不要运行来历不明的程序或使用盗版软件。

② 对外来的计算机、存储介质（软盘、硬盘、闪盘等）或软件要进行病毒检测，确认无毒后才可使用。

③ 对于重要的系统盘、数据盘以及磁盘上的重要信息要经常备份，以便在遭到破坏后能及时得到恢复。

④ 网络计算机用户要遵守网络软件的使用规定，不能轻易下载和使用网上的软件，也不要打开来历不明的电子邮件。

⑤ 在网络的文件系统、数据库系统、设备管理系统中，利用访问控制权限技术规定主体（如用户）对客体（如文件、数据库、设备）的访问权限。

⑥ 安装计算机防毒卡或防毒软件，时刻监视系统的各种异常并及时报警，以防病毒的侵入。

⑦ 对于网络环境，应设置"病毒防火墙"。

常用的杀毒软件和防火墙有瑞星、金山毒霸、360 杀毒等。使用这些工具可以方便地清除一些病毒，防止病毒入侵，使系统得以正常工作。

7.1.3 网络安全

网络安全是指网络系统的硬件、软件及其系统中的数据受到保护，不因偶然的或者恶意的原因而遭受到破坏、更改、泄露，系统连续可靠正常地运行，网络服务不中断。网络安全从其本质上来讲就是网络上的信息安全。网络环境的复杂性、多变性和系统的脆弱性，造成了网络与系统的威胁的产生。

1. 网络黑客的概念

一般认为，黑客起源于 20 世纪 50 年代美国麻省理工学院的实验室中。20 世纪六七十年代，黑客用于指代那些独立思考、奉公守法的计算机迷，从事黑客活动意味着对计算机的最大潜力进行智力上的自由探索。到了20世纪八九十年代，计算机越来越重要，大型数据库也越来越多，同时，信息越来越集中在少数人的手里。这样一场新时期的“圈地运动”引起了黑客们的极大反感。黑客认为，信息应共享而不应被少数人所垄断，于是将注意力转移到涉及各种机密的信息数据库上，这时黑客变成了网络犯罪的代名词。

因此，黑客就是利用计算机技术、网络技术，非法侵入、干扰、破坏他人的计算机系统，或擅自操作、使用、窃取他人的计算机信息资源，对电子信息交流和网络实体安全具有威胁性和危害性的人。黑客攻击网络的方法就是不停地寻找Internet上的安全缺陷，以便乘虚而入。

从黑客的动机、目的和对社会造成危害的程度来分，黑客可以分为技术挑战型黑客、戏谑取趣型黑客和捣乱破坏型黑客三种类型。

2. 网络黑客常用的攻击手段

(1) 获取口令。

这种方式有以下三种方法。

① 默认的登录界面攻击法。在被攻击主机上启动一个可执行程序，该程序显示一个伪造的登录界面。当用户在这个伪装的界面上键入登录信息(如用户名、密码等)后，程序将用户输入的信息传送到攻击者主机，然后关闭界面给出提示“系统故障”信息，要求用户重新登录。此后，才会出现真正的登录界面。

② 通过网络监听，非法得到用户口令，这类方法有一定的局限性，但危害性极大，监听者往往能够获得其所在网段的所有用户账号和口令，因此对局域网安全威胁巨大。

③ 在知道用户的账号(如电子邮件“@”前面的部分)后，利用一些专门软件强行破解用户口令。

(2) 电子邮件攻击。

这种方式一般是采用电子邮件炸弹(E-mail Bomb)，是黑客常用的一种攻击手段。它指的是用伪造的IP地址和电子邮件地址向同一信箱发送数以千计、万计甚至无穷多次的内容相同的恶意邮件，也可称为大容量的垃圾邮件。由于每个人的邮件信箱是有限的，当庞大的邮件垃圾到达信箱时，就会挤满信箱，把正常的邮件给冲掉。同时，因为它占用了大量的网络资源，常常导致网络拥塞，使用户不能正常地工作，严重者可能会给电子邮件服务器操作系统带来危险，甚至瘫痪。

(3) 特洛伊木马攻击。

特洛伊木马程序技术是黑客常用的攻击手段。它通过在你的计算机系统隐藏一个可在Windows启动时运行的程序，采用客户端/服务器的运行方式，从而达到在上网时控制计算机的目的。黑客利用它窃取口令、浏览驱动器、修改文件、登录注册表等。

(4) 诱入法。

黑客编写一些看起来“合法”的程序,上传到一些 FTP 站点或是提供给某些个人主页,诱导用户下载。当用户下载软件时,黑客的软件一起下载到用户的计算机中。该软件会跟踪用户的计算机操作,记录着用户输入的每个口令,然后把它们发送给黑客指定的 Internet 信箱。

(5) 寻找系统漏洞。

许多系统都有这样那样的安全漏洞,其中某些是操作系统或应用软件本身具有的,这些漏洞在补丁未被开发出来之前,一般很难防御黑客的破坏。黑客正是寻找这些漏洞来进行攻击的。

3. 恶意软件

恶意软件,也称流氓软件,是指在计算机系统上执行恶意任务的病毒、蠕虫和特洛伊木马的程序。恶意软件可能会盗取用户网上的所有敏感资料,如银行账户信息、信用卡密码等。

恶意软件常常具有以下特征。

① 强制安装: 指未明确提示用户或未经用户许可,在用户计算机或其他终端上安装软件的行为。

② 难以卸载: 指未提供通用的卸载方式,或卸载后仍然有活动程序的行为。

③ 浏览器劫持: 指未经用户许可,修改用户浏览器或其他相关设置,迫使用户访问特定网站或导致用户无法正常上网的行为。

④ 广告弹出: 指未明确提示用户或未经用户许可,利用安装在用户计算机或其他终端上的软件弹出广告的行为。

⑤ 恶意收集用户信息: 指未明确提示用户或未经用户许可,恶意收集用户信息的行为。

⑥ 恶意卸载: 指未明确提示用户、未经用户许可,或误导、欺骗用户卸载其他软件的行为。

⑦ 恶意捆绑: 指在软件中捆绑已被认定为恶意软件的行为。

⑧ 其他侵害用户软件安装、使用和卸载知情权、选择权的恶意行为。

4. 网络安全措施

(1) 加强安全防范意识。

加强网络安全意识是保证网络安全的重要前提。

(2) 安全技术手段。

安全技术手段如下。

① 物理措施：例如，保护网络关键设备（如交换机、大型计算机等），制定严格的网络安全规章制度，采取防辐射、防火以及安装不间断电源（UPS）等措施。

② 访问控制：对用户访问网络资源的权限进行严格的认证和控制。例如，进行用户身份认证，对口令加密、更新和鉴别，设置用户访问目录和文件的权限，控制网络设备配置的权限等。

③ 数据加密：加密是保护数据安全的重要手段。加密的作用是保障信息被人截获后不能读懂其含义。

④ 防止计算机网络病毒，安装网络防病毒系统。

⑤ 网络隔离：网络隔离有两种方式，一种是采用隔离卡来实现的；另一种是采用隔离网闸来实现的。隔离卡主要用于对单台机器的隔离，隔离网闸主要用于对于整个网络的隔离。

⑥ 防火墙技术：防火墙（Firewall）是指在属于不同管理域和不同安全等级的网络之间，根据安全策略实施网络访问控制的一组软硬件的组合。作为两个网络之间的唯一隔离设备和安全控制点，防火墙通过允许、拒绝或重定向流经防火墙的网络数据流，实现对网络之间所有通信的审计和控制。

防火墙的原理是实施“过滤”术，即将内网和外网分开的方法。

防火墙的功能：防止未授权用户访问受保护的内部网络；限制特定条件的网络访问，例如特殊目的地址、特殊业务；允许内部网络中的用户访问外部网络的服务和资源而不泄露内部网络的信息，如内部网络的拓扑结构和 IP 地址等信息；对网络攻击行为进行监测和报警；根据安全策略和规则记录流经防火墙的数据和活动。

防火墙技术按实现原理分为网络级防火墙、应用级网关、电路级网关、规则检查防火墙四大类。

⑦ 数据加密技术：对网络中传输的数据进行加密，到达目的地后再解密还原为原始数据，目的是防止非法用户截获后盗用信息。

⑧ 其他措施：其他措施包括信息过滤、容错、数据镜像、数据备份和审计等。近年来，围绕网络安全问题人们提出了许多解决办法。

7.1.4 数据加密

数据加密又称密码学，它是一门历史悠久的技术，指通过加密算法和加密密钥将明文转变为密文，而解密则是通过解密算法和解密密钥将密文恢复为明文。数据加密目前仍是计算机系统对信息进行保护的一种最可靠的办法。它利用密码技术对信息进行加密，实现信息隐蔽，从而起到保护信息安全的作用。

1. 加密术语

① 明文：即原始的或未加密的数据。加密算法的输入信息为明文和密钥。

② 密文：即明文加密后的格式，是加密算法的输出信息。

2. 数据加密标准

传统加密方法有两种，即替换和置换。替换是使用密钥将明文中的每一个字符转换为密文中的一个字符。而置换仅将明文的字符按不同的顺序重新排列。单独使用这两种方法的任意一种都是不够安全的，但是将这两种方法结合起来就能提供相当高的安全程度。数据加密标准(Data Encryption Standard, DES)就采用了这种结合算法，它由 IBM 制定，并在 1977 年成为美国官方加密标准。但多年来，许多人都认为 DES 并不是真的很安全。随着快速、高度并行的处理器的出现，强制破解 DES 也是可能的。公开密钥加密方法使得 DES 以及类似的传统加密技术过时了。在公开密钥加密方法中，加密算法和加密密钥都是公开的，任何人都可将明文转换成密文。但是相应的解密密钥是保密的(公开密钥方法包括两个密钥，分别用于加密和解密)，而且无法从加密密钥推导出，因此，即使是加密者，若未被授权也无法实现相应的解密。

3. 加密的技术种类

(1) 对称加密技术。

对称加密采用对称密码编码技术，其特点是文件加密和解密使用相同的密钥，即加密密钥也可以用作解密密钥，这种方法在密码学中称为对称加密算法。对称加密算法使用起来简单快捷，密钥较短，且破译困难。

(2) 非对称加密技术。

与对称加密算法不同，非对称加密算法需要两个密钥：公开密钥(Public Key)和私有密钥(Private Key)。公开密钥与私有密钥是一对，如果用公开密钥对数据进行加密，只有用对应的私有密钥才能解密；如果用私有密钥对数据进行加密，那么只有用对应的公开密钥才能解密。因为加密和解密使用的是两个不同的密钥，所以这种算法称为非对称加密算法。

7.2 信息伦理

随着计算机的普及、网络技术的发展和信息资源共享规模的扩大，也带来了一系列新的问题，信息化社会面临着信息安全问题的严重威胁。例如，手机病毒问题、网络用户隐私泄露问题、黑客攻击问题等。

伦理(Ethics)是指作为具有民事能力的个人用来指导行为的基本准则。计算机及信息技术对个人和社会都提出了新的伦理问题,这是因为其对社会发展产生了巨大的推动,从而对现有的社会利益的分配产生影响。与其他技术,如蒸汽机、电力、电话、无线电通信一样,信息技术可以被用来推动社会进步,但是它也可以被用来犯罪和威胁现有的社会价值观念。在使用信息系统时,有必要问要负什么伦理和社会责任?

因此,作为信息时代的科技工作者,必须了解新技术的道德风险。技术的迅速变化意味着个人面临的选择也在迅速变化,风险与回报之间的平衡,以及对错误行为的理解也会发生变化。而且信息全球化的趋势逐渐加强,信息和网络技术的飞速发展冲击着社会生活的各个领域,改变了人类传统的生活方式和生存状态,它在给人类带来机遇的同时,衍生出一些对信息秩序造成影响的信息伦理问题。因此,提高大众的信息伦理水平,是现代社会的重要责任。

马克思曾经说过,道德的基础是人类精神的自律。把信息伦理内化为人类内在自律的德行,是道德教育发挥调控功能的必由之路。

7.2.1 信息伦理的产生

1988年,罗伯特·豪普特曼在其《图书馆领域的伦理挑战》一书中首次使用了信息伦理一词。伦理与道德(Morals)在西方的词源意义是相同的,都是指人际行为应该遵循的规范。但在中国的词源意义却不同,伦理是整体,其含义包括人际关系规律和人际行为应该如何的规范两个方面,而道德是部分,其含义仅指人际行为应该如何规范这一方面。所以,伦理目的是通过道德规范来体现的,信息伦理是由每个社会成员的道德规范来体现的。

《大学》讲:"君子先慎乎德。"国以人为本,人以德为本。因此,信息伦理道德是信息伦理的一个重要内涵,是信息社会每个成员应当具备且须遵守的道德行为规范。良好的信息伦理道德环境是信息社会进步和发展的前提条件。信息伦理的兴起与发展植根于信息技术的广泛应用所引起的利益冲突和道德困境,以及建立信息社会新的道德秩序的需要。

信息伦理(Information Ethics,IE)是指涉及信息开发、信息传播、信息管理和利用等方面的伦理要求、伦理准则、伦理规约,以及在此基础上形成的新型的伦理关系。

简单地说,信息伦理是指涉及信息开发、信息传播、信息管理和利用等方面的伦理要求。

知行合一

任何新技术都是一把双刃剑。作为科技工作者,必须了解新技术的道德风险。信息伦理对每个社会成员的道德规范要求是普遍的,在信息交流自由的同时,每个人都必须承担同等的道德责任,共同维护信息伦理秩序。信息道德规范的这种普遍性成为信息伦理区别于其他伦理的特征之一。

7.2.2 信息伦理准则与规范

信息伦理作为规范信息活动的重要手段,具有信息法律所无法替代的作用。在世界上许多国家和地区,除了制定相应的信息法律外,还通过民间组织制定信息活动规则,用伦理规约来补充法律的不足。

全球信息伦理整合构建的基本原则包括底线原则和自律原则。

1. 底线原则

作为世界上所有国家和地区共同面对的全球性伦理问题,信息活动最起码、最基本的伦理要求应该包括如下四个原则。

(1) 无害原则。

无害原则指信息的开发、传播、使用的相关人群,在信息活动中都必须尽量避免对他人造成伤害。

(2) 公正原则。

公正原则是指公平地维护所有信息活动参与者的合法权益。对于专有信息,他人不仅要取得信息权利人的同意,有时还要支付费用的前提下,才可以使用专有信息;否则,侵权使用专有信息就是违背了公正原则。对于公共信息,要注意维护其共有共享性,使其最大限度地发挥信息的使用价值,反对任何强权势力的信息垄断。

(3) 平等原则。

平等原则是指信息主体间的权利平等。每一个人、每一个国家,作为单一的信息权利主体,在同一类别主体的信息地位上,权利是完全平等的。

(4) 互利原则。

互利原则是指信息主体既享受权利,又承担义务;既享受他人带给自己的信息便利,又帮助他人实现信息需求。

2. 自律原则

信息伦理自律原则主要如下。

（1）自尊原则。

自尊原则是自律的基础，一个缺少自尊自爱的人是难以做到自觉自律的。自我尊严的养成是人格完善到一定程度的结果。

（2）自主原则。

自主原则要求信息主体既维护自己的信息自主权，也尊重他人的信息权利。为了确保自主权利的正确实施，信息主体必须同时维护自己的知情权，通过合法渠道，尽可能地充分知晓信息开发、传播和使用过程，详尽了解潜在的风险和可能的后果，能够对自主选择承担责任。

（3）慎独原则。

“慎独”是儒家伦理的重要内容，朱熹对“慎独”的解释为：“君子慎其独，非特显明之处是如此，虽至微至隐，人所不知之地，亦常慎之。小处如此，大处亦如此，明显处如此，隐微处亦如此，表里内外，粗精隐现，无不慎之。”

慎独原则强调在一人独处时，内心仍然能坚持道德信念，一丝不苟地按照一定的道德规范做事。

（4）诚信原则。

言必信，行必果。信息活动的严重失信行为会导致信息秩序的紊乱、无序，最终使信息活动无法进行。

基于上述原则，世界上的许多组织都制定了具体的信息伦理准则，典型的有如下一些。

美国计算机协会的信息伦理准则，主要包括如下条款：

① 保护知识产权。

② 尊重个人隐私。

③ 保护信息使用者机密。

④ 了解计算机系统可能受到的冲击并能进行正确的评价。

英国计算机学会的信息人员准则，主要包括如下条款：

（1）信息人员对雇主及顾客尽义务时，不可背离大众的利益。

（2）遵守法律法规，特别是有关财政、健康、安全及个人资料的保护规定。

（3）确定个人的工作不影响第三者的权益。

（4）注意信息系统对人权的影响。

（5）承认并保护知识产权。

7.2.3 计算机伦理、网络伦理与信息产业人员道德规范

信息伦理学与计算机伦理学、网络伦理学虽具有密切的关系，但信息伦理学

不完全等同于计算机伦理学或网络伦理学,信息伦理学有着更广阔的研究范围,涵盖了后两者的研究范围。

计算机伦理与网络伦理的研究范围既有相似、重合的地方,又有不同之处。计算机伦理是计算机行业从业人员所应遵守的职业道德准则和规范的总和。计算机伦理学侧重于利用计算机的个体性行为或区域行为的伦理研究。

网络伦理是指人们在网络空间中的行为所应该遵守的道德准则和规范的总和。网络伦理学主要关注可能有不同文化背景的网络信息传播者和网络信息利用者的行为。

1. 计算机伦理

计算机伦理学是当代研究计算机信息与网络技术伦理道德问题的新兴学科。计算机伦理的内容主要包括以下 7 部分。

(1) 隐私保护。

隐私保护是计算机伦理学最早的课题。个人隐私包括姓名、出生日期、身份证号码、婚姻、家庭、教育、病历、职业、财务情况、电子邮件地址、个人域名、IP 地址、手机号码以及在各个网站登录时所需的用户名和密码等信息。随着计算机信息管理系统的普及,越来越多的计算机从业者能够接触到各种各样的保密数据。这些数据不仅仅局限为个人信息,更多的是企业或单位用户的业务数据,它们同样是需要保护的对象。

(2) 计算机犯罪。

信息技术的发展带来了以前没有的犯罪形式,如电子资金转账诈骗、自动取款机诈骗、非法访问、设备通信线路盗用等。我国《刑法》对计算机犯罪的界定包括:违反国家规定,侵入国家事务、国防建设、尖端科学技术领域的计算机信息系统的;违反国家规定,对计算机信息系统功能进行删除、修改、增加、干扰,造成计算机信息系统不能正常运行的;违反国家规定,对计算机信息系统中存储、处理或者传输的数据和应用程序进行删除、修改、增加的操作,后果严重的;故意制作、传播计算机病毒等破坏性程序,影响计算机系统正常运行的。

(3) 知识产权。

知识产权是指创造性智力成果的完成人或商业标志的所有人依法所享有的权利的统称。计算机行业是一个以团队合作为基础的行业,从业者之间可以合作,他人的成果可以参考、公开利用,但是不能剽窃。

(4) 软件盗版。

软件盗版问题是一个全球化问题,几乎所有的计算机用户都在已知或不知的情况下使用着盗版软件。我国已于 1991 年宣布加入保护版权的伯尔尼国际公约,并于 1992 年修改了版权法,将软件盗版界定为非法行为。

(5) 病毒。

计算机病毒破坏计算机功能,影响计算机使用,不仅在系统内部扩散,还会通过其他媒体传染给另外的计算机。

(6) 黑客。

黑客已成为人们心中的“骇客”。黑客是网络安全最大的威胁。由于国际互联网的出现和飞速发展给黑客活动提供了广阔的空间,使之能够对世界上许多国家的计算机网络连续不断地发动攻击。黑客的目的是多种多样的,有的是恶作剧,有的是偷盗窃取网上信息资料,再有就是刺探机密。由于信息犯罪不受时间、空间的限制及其犯罪手段的智能性,致使信息安全问题成为社会的一大隐患。据统计,全世界现有约 20 万个黑客网站专门负责研究开发和传播各种最新的黑客技巧。每当一种新的袭击手段产生,一周内便可传遍世界。

(7) 行业行为规范。

随着整个社会对计算机技术的依赖性不断增加,由计算机系统故障和软件质量问题所带来的损失和浪费是惊人的。因此,必须建立行业行为规范。

美国计算机协会(ACM)制定的伦理规则和职业行为规范中的一般道德规则包括:为社会和人类做贡献;避免伤害他人;诚实可靠;公正且不采取歧视行为;尊重财产权(包括版权和专利权),尊重知识产权;尊重他人的隐私,保守机密。针对计算机专业人员,具体的行为规范还包括以下部分:

① 不论专业工作的过程还是其产品,都努力实现最高品质、效能和规格。

② 熟悉并遵守与业务有关的现有法规。

③ 接受并提供适当的专业化评判。

④ 对计算机系统及其效果做出全面彻底的评估,包括可能存在的风险。

⑤ 重视合同、协议以及被分配的任务。

⑥ 促进公众对计算机技术及其影响的了解。

⑦ 只在经过授权后才使用计算机及通信资源。

2. 网络伦理

网络信息伦理危机的主要表现及危害主要有以下几方面。

(1) 虚假信息的散布。

网络是一个虚拟存在的事物。与现实社会相比,虚拟性是其独有的特征之一。正是网络自由匿名性的特点,使得网络信息的发布呈现出一种自由和失控性。任何人都可以在网络上化身为一个虚拟的对象,通过论坛、BBS 等各种渠道,散布未加证实或虚拟的信息,污染网络环境,破坏网络秩序。在大量的网络信息中,尤以网络假新闻显得更加恶劣。一些电子商务运营商在网络中大肆地生产、传播虚假信息,损害正常的商业秩序。

(2) 信息安全问题主要涉及如下方面。

① 国家安全问题。信息安全是要保证信息的完整性、秘密性和可控性。随着网络技术的迅速发展和互联网的不断普及，非法入侵、窃取信息、破坏数据、恶意攻击、制造和传播计算机病毒等成为威胁信息系统安全的主要问题。

网络已成为国家政治、经济、军事、文化等几乎所有社会系统存在和发展的重要基础，国家安全系于一"网"。网络安全作为一个日益突出的全球性和战略性的问题摆在国际社会面前，对国家安全提出了重大的挑战，使国家安全面临着各种新的威胁。美国前中央情报局局长约翰·多奇说，到21世纪，计算机入侵在美国国家安全中可能成为仅次于核武器、生化武器的第三大威胁。

随着国际形势的变化，黑客们越来越热衷于入侵国防部门、安全部门等强力机构的网站，刺探和窃取各种保密信息，从而给国家的安全造成巨大损失。

② 隐私权的侵犯。隐私权是指公民个人生活不受他人非法干涉或擅自公开的权利。随着网络的兴盛，网络技术的使用，使得传统意义上的人被转化成为流动在虚拟网络上的符号，这一过程的出现使得个人隐私在网络中处于失控的边缘。

(3) 不良信息的充斥。

据有关部门统计，近60%的青少年犯罪是受到了网络不健康信息的影响，与此同时，微信、博客等信息传播手段的运用，也在一定程度上加剧了网络色情信息、虚假信息、诈骗信息、网络传销信息、骚扰信息等的传播。

(4) 网络知识产权的侵犯。

网络侵权主要表现在很多方面：在网页、电子公告栏等论坛上随意复制、传播、转载他人的作品；将网络上他人作品下载并出售；将他人享有版权的作品上传或下载使用，或超越授权范围使用共享软件，软件使用期满，不注册继续使用；网络管理的侵权行为等。

(5) 网络游戏挑战伦理极限。

网络游戏作为一种大众娱乐项目本无可厚非。但随着其内容日益充斥色情、暴力，越来越多的人沉迷于网络游戏难以自拔，成为一致命杀手，因此有人将网络游戏称为"电子海洛因"。

为净化网络空间，规范网络行为，需要从技术方面、法律方面和伦理教育方面着手，构建网络伦理。

① 技术的监控。国家或网络管理部门通过统一技术标准建立一套网络安全体系，严格审查、控制网上信息内容和流通渠道。例如，通过防火墙和加密技术防止网络上的非法进入者；利用一些过滤软件过滤掉有害的、不健康的信息，限制浏览网络中不健康的内容等；同时通过技术跟踪手段，使有关机构可以对网

络责任主体的网上行为进行调查和控制，确定网络主体应承担的责任。

② 加强法律法规建设。通过制定网络伦理规则来规范人们的行为，违背伦理规范应受到社会舆论的监督与惩罚。

③ 加强伦理道德教育。在中国几千年来的历史发展进程中，人们最重视伦理道德，它占据着特别重要的地位，甚至可以说伦理道德已经成为中国古代文化的中心。伦理道德的内容就是人的行为准则和道德规范。通过信息伦理教育的手段，才能有效地让大众凭借内在的良心机制，依据自身的道德信念，自觉地选择正确的道德行为。

3. 信息产业人员道德规范

各个信息行业的组织都制定了自己的道德规范。比如，国际电机电子工程师学会提出的电气和电子工程师学会(IEEE)的会员伦理规范如下：

(1) 秉持符合大众安全、健康与福祉的原则，接受进行工程决策的责任，并且立即揭露可能危害大众或环境的因素。

(2) 避免任何实际或已察觉(无论何时发生)的可能利益冲突，并告知可能受影响的团体。

(3) 根据可取得的资料，诚实并确实地陈述声明或评估。

(4) 拒绝任何形式的贿赂。

(5) 改善对于科技的了解、其合适应用及潜在的结果。

(6) 维持并改善我们的技术能力；只在经由训练或依经验取得资格，或相关限制完全解除后，才为他人承担技术性相关任务。

(7) 寻求、接受并提出对于技术性工作的诚实批评；了解并更正错误；并适时对于他人的贡献给予赞赏。

(8) 公平地对待所有人，不分种族、宗教、性别、健康、年龄与国籍。

(9) 避免因错误或恶意行为而伤害到他人，包括其财产、声誉或职业。

(10) 协助同事及工作伙伴在专业上的发展，以及支持他们遵守本伦理规范。

7.2.4 知识产权

1. 知识产权基本知识

知识产权是指受法律保护的人类智力活动的一切成果。它包括文学、艺术和科学作品；表演艺术家的表演及唱片和广播节目；人类一切活动领域的发明；科学发现；工业品外观设计；商标、服务标记以及商业名称和标志；制止不正当竞争，以及在工业、科学、文学或艺术领域内由于智力活动而产生的其他一切权利。

一般分为著作权和工业产权两大类。

2. 知识产权的特点

(1) 专有性。

专有性又称独占性、垄断性、排他性,比如同一内容的发明创造只给予一个专利权,由专利权人所垄断。

(2) 地域性。

地域性即国家所赋予的权利只在本国国内有效,如要取得某国的保护,必须要得到该国的授权(但伯尔尼公约成员国之间都享有著作权)。

(3) 时间性。

知识产权都有一定的保护期,保护期一过,即进入公有领域。

3. 中国知识产权保护状况

我国从20世纪70年代末起,逐渐建立起了较完整的知识产权保护法律体系。从1980年6月3日起,中国成为世界知识产权组织的成员国。现已形成了有中国特色的社会主义保护知识产权的法律体系。保护知识产权的法律制度包括如下内容。

(1) 商标法。

1983年3月开始实施的《中华人民共和国商标法》及其实施细则中,商标注册程序中的申请、审查、注册等诸多方面的原则,与国际上通行的原则是完全一致的。2013年8月30日十二届全国人大常委会第4次会议进一步修改了《中华人民共和国商标法》。

(2) 专利法。

1985年4月开始实施的《中华人民共和国专利法》及其实施细则,使中国的知识产权保护范围扩大到对发明创造专利权的保护。为了使中国的专利保护水平进一步向国际标准靠拢,全国人民代表大会常务委员会于2009年通过了专利法修正案,对专利法做出了重要修改。

(3) 著作权法。

《中华人民共和国著作权法》及其实施条例,明确了保护文学、艺术和科学作品作者的著作权以及与其相关的权益。依据该法,中国不仅对文字作品、口述作品、音乐、戏剧、舞蹈作品、美术、摄影作品、电影、电视、录像作品、产品设计图纸及其说明、地图、示意图等图形作品给予保护,而且把计算机软件纳入著作权保护范围。中国是世界上为数不多的明确将计算机软件作为著作权法保护客体的国家之一。国务院还颁布了《计算机软件保护条例》,规定了保护计算机软件的具体实施办法,于1991年10月施行。国务院于1992年9月25日颁布了《实施国际著作权条约的规定》,对保护外国作品著作权人依国际条约享有的权利做了具体规定。《中华人民共和国著作权法》(第二次修正)于(2010年2月26日第十一届全国人民代表大会常务委员会第十三次会议获得通过)。2012年3月31日,国家版权局在官方网站公布了《著作权法》修改草案,并征求公众意见。侵犯著作权的赔偿标准从原来的50万元上限提高到100万元,并明确了著作权集体管理组织的功能。

(4) 技术合同法与科学技术进步法。

全国人民代表大会常务委员会制定的《中华人民共和国技术合同法》和《中华人民共和国科学技术进步法》等,以及国务院制定的一系列保护知识产权的行政法规,使中国的知识产权法律制度进一步完善,在总体上与国际保护水平更为接近和协调。

4. 软件知识产权

计算机软件分为商品软件、共享软件、自由软件和公有软件等四类。除了公有软件之外,商品软件、共享软件、自由软件的权利人都保留着自己对这些软件的著作权。不过,共享软件的权利人在保留权利的同时,已经在一定的条件下向公众开放了复制权;自由软件的权利人在保留权利的同时,在一定的条件下不仅向公众开放了复制权,还开放了修改改编权。

对于不同的自由软件或共享软件,它们的用户注意事项可能会有一些差别。在使用自由软件和共享软件时,必须仔细阅读其用户注意事项,认真遵守用户注意事项。

(1) 商品软件。

商品软件是指由软件供应商通过销售方式面向社会公众发行的软件。商业软件受著作权法保护,开发者享有对该软件的著作权。所谓著作权,是指包括复制权、修改改编权和发行权在内的一组专有权利的总和。对于商品软件,权利人保留对该软件的权利。

(2) 共享软件。

共享软件是以"先使用后付费"的方式销售的享有版权的软件。根据共享软件作者的授权,用户总是可以先使用或试用共享软件,但如果想继续使用它则需要支付一笔许可费。共享软件不是自由软件,一般不提供源代码。同时,共享软件不允许在不支付许可费的情况下进行复制和分发,即使出于非营利性的目的也不行。

(3) 自由软件。

自由软件是指允许任何人使用、复制、修改、分发(免费或少许收费)的软件。它是由软件的开发者自愿无偿地向社会提供的软件成果,提供的宗旨是为了进行学术交流,推动技术发展而不是商业目的。而且这种软件的源代码是可得到的。自由软件的权利人保留着自己对这些自由软件的著作权，但在一定的条件下向公众开放了复制权和修改改编权。

(4) 公有软件。

公有软件即公共领域软件，它是指著作权中的经济权利（包括复制权、修改改编权、发行权等专有权利）有效期已经届满的权利人，由于不准备使之商品化而已经明确声明放弃著作权的软件。公有软件可以免费地复制、分发。公有软件的主要限制是不允许对该软件提出版权申请。

综上所述，以道义来承载智术，有道有术，才能真道为本，术为实用，相辅相成，才能达到人和技术的完美结合，形成人的高级内驱力对低级内驱力的调节作用，从而最有效地维护信息领域的正常秩序，促进信息社会沿着友善和谐的方向发展。

基础知识练习

(1) 信息安全的目的是什么？信息安全的基本特征主要包括哪些？

(2) 什么是计算机病毒？简述计算机病毒的特征和分类。如何预防计算机病毒？

(3) 什么是黑客？什么是恶意软件？

(4) 什么是防火墙？

(5) 简述数据加密的概念。

(6) 什么是信息伦理？

(7) 什么是知识产权？软件按照知识产权分为哪几类？

(8) 信息产业人员道德规范有哪些？

能力拓展与训练

一、角色模拟

“人肉搜索”就是利用现代信息科技、广聚五湖四海的网友的力量、由人工参与解答（而非搜索引擎），通过机器自动算法获得结果的搜索机制。支持方认为：它有着打击违反犯罪行为、监督政府官员行为、强化道德压力、为人排忧解难的正面效用。反对方认为：它会泄露当事人个人档案信息，侵犯当事人隐私权、名誉权,还有可能演变成“网络暴力”。

请同学们分组自选角色扮演正方和反方人员,进行辩论。

二、实践与探索

(1) 搜索整理有关《计算机软件保护条例》的信息,学习其中与自己密切相关的内容。

(2) 搜索整理常见病毒(系统、木马、蠕虫、脚本、宏病毒等)的特征、传播方式和防范方法,写一份调查报告。

(3) 搜索《弟子规》的译文,写一份学习心得。

(4) “信息伦理是构建和谐信息社会有力手段”,谈谈你对这句话的理解。

实验实训篇

道虽迩，不行不至；事虽小，不为不成。

——《荀子·修身》

第8章 文字处理

文字处理是最基本的信息处理，目前 Windows 平台上使用较多的办公自动化套装软件有两种：一种是由金山办公软件出品的 WPS Office 软件，可以实现办公软件最常用的文字、表格、演示等多种功能，内存占用低，运行速度快，体积小巧，具有强大插件平台支持，免费提供海量在线存储空间及文档模板，支持阅读和输出 PDF 文件，全面兼容 Microsoft Office 1997—2016 格式（doc、docx、xls、xlsx、ppt、pptx 等）；另一种是 Microsoft 公司的 Office 系列，Word 文字处理软件是 Microsoft Office 套装软件中的一个成员。

本章主要讲述中文版 Word 的常用操作。

8.1 Word 窗口的组成

启动 Word 后，打开 Word 窗口，如图 8.1 所示。Word 窗口由快速访问工具栏、标题栏、窗口控制按钮、功能区（由选项卡和命令组组成）、文档编辑区、标尺、滚动条、状态栏、视图栏和显示比例等组成。

1. 快速访问工具栏

快速访问工具栏位于工作界面的顶部，用于快速执行某些操作。快速访问工具栏从左向右依次为“程序控制”图标、“保存”按钮、“撤销”按钮、“恢复/重复”按钮。快速访问工具栏上的工具可以根据需要添加，单击右侧的 ▾ 按钮，在弹出的下拉菜单中选择需要添加的工具即可。

2. 标题栏和窗口控制按钮

标题栏位于快速访问工具栏右侧，用于显示文档和程序的名称。

窗口控制按钮位于工作界面的右上角，单击窗口控制按钮，可以最小化、最大化/恢复或关闭程序窗口。

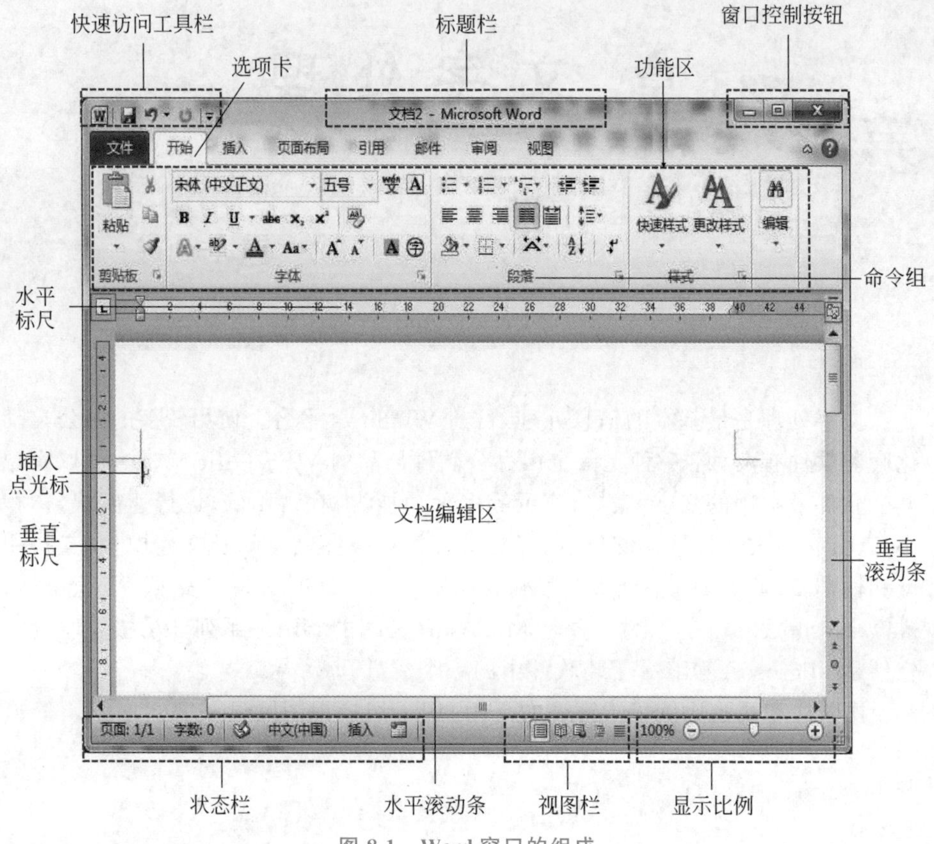

图 8.1　Word 窗口的组成

3. 功能区

功能区位于标题栏下方，几乎包括了 Word 所有的编辑功能，单击功能区上方的选择卡，下方显示与之对应的编辑工具，编辑工具按命令组划分。当单击功能区右上角的⌃按钮时，可将功能区隐藏起来，以获得更大的编辑空间。之后，单击⌄按钮则可恢复功能区的显示状态。

4. 文档编辑区

文档编辑区用来完成文字的输入、编辑和排版，不断闪烁的插入点光标"|"表示用户当前的编辑位置。利用↑、↓、←、→、PgUp、PgDn、Home、End 等键可移动光标，具体操作方法见表 8.1。

5. 标尺

文档窗口有水平标尺和垂直标尺，利用标尺可以设置页边距、字符缩进和制表位。标尺中部白色部分表示版面的实际宽度，两端灰色的部分表示版面与页面四边的空白宽度。在“视图”功能区的“显示”命令组中，选中或取消选中“标尺”复选框，可显示或隐藏标尺。

表 8.1 编辑按键的作用

按键	作用
↑、↓、←、→	将光标上、下、左、右移一个字符
PgUp、PgDn	将光标上移、下移一页
Home、End	将光标移至当前行首、行末
Ctrl+Home、Ctrl+End	将光标移至文件头和文件末尾
Ctrl+→、Ctrl+←、Ctrl+↑、Ctrl+↓	将光标右移、左移、上移、下移一个字或一个单词

6. 滚动条

文档窗口有水平滚动条和垂直滚动条。单击滚动条两端的三角按钮或用鼠标拖动滚动条可使文档上下移动。

7. 状态栏

状态栏位于窗口左下角，用于显示文档页数、字数及校对信息等。

8. 视图栏和显示比例

视图栏和显示比例位于窗口右下角，用于切换视图的显示方式以及调整视图的显示比例。Word 提供了页面视图、阅读版式视图、大纲视图、Web 版式视图和草稿视图等多种视图，不同的视图方式分别从不同的角度、按不同的方式显示文档，以适应不同的工作需求。

8.2 Word 的基本操作

8.2.1 文档的基本操作

1. 新建文档

新建文档常用以下几种方法。

(1) 默认情况下，每次启动 Word 时，会自动新建一个名称为“文档 1”的空白文档。Word 文档的默认扩展名为 docx。

(2) 选择“文件”→“新建”，从模板列表中选择不同模板来新建基于模板的文档，如图 8.2 所示。

(3) 选择快速访问工具栏上的“新建”命令新建空白文档。

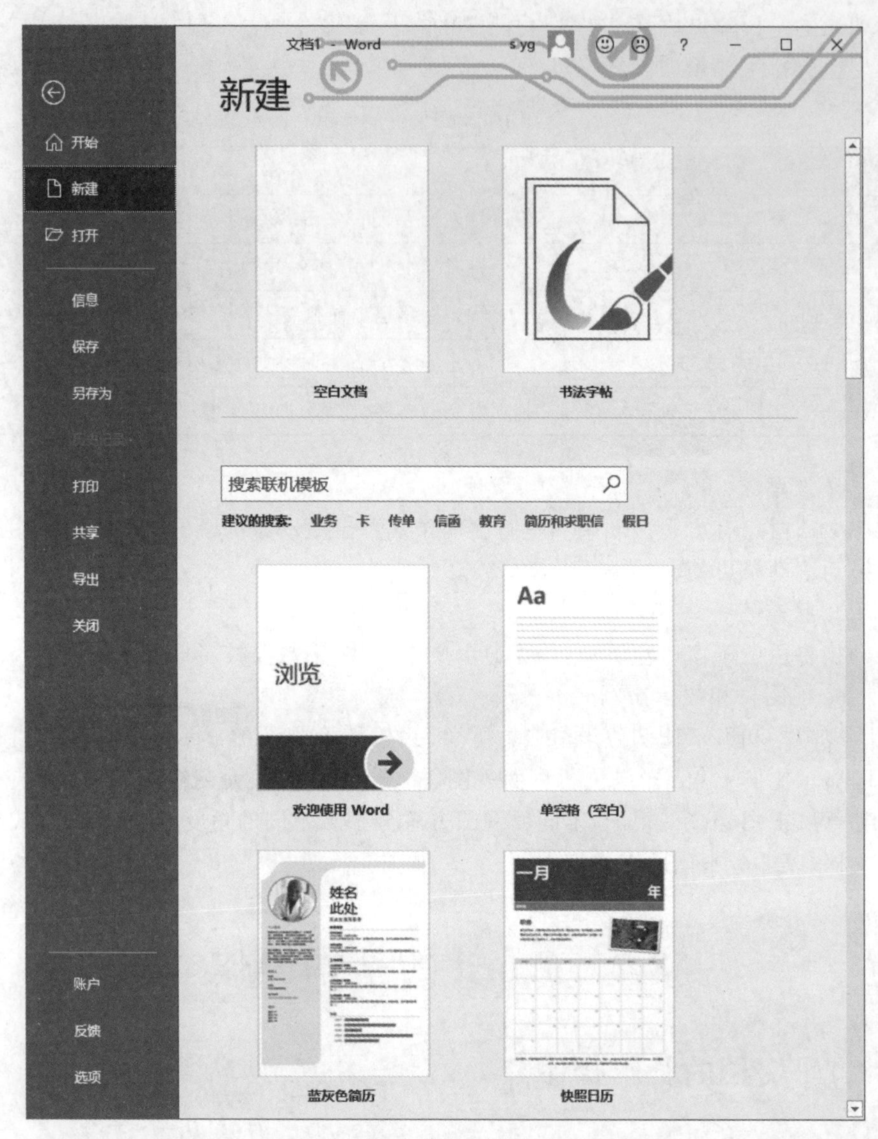

图 8.2 "新建"选项区

2. 文本录入

在文档编辑区中可以录入文本。文本录入主要包括中文、英文、数字、符号、日期和时间等内容的录入。

(1) 录入原则。

在录入文字过程中,首先应进行单纯录入,然后运用 Word 的排版功能进行有效排版。录入时应注意以下几点。

① 各行结尾处不要用回车键来换行，要开始一个新段落时才需按回车键，因为在 Word 中回车键代表段落标记。

② 对齐文字时不要用空格键或 Tab 键，要用缩进、制表符等对齐方式。

注意：Word 有“插入”和“改写”两种输入状态，在“插入”状态下，输入的文本将插入当前光标所在位置，光标后面的文字将按顺序后移；而在“改写”状态下，输入的文本将把光标后的文字替换掉，其余的文字位置不改变。

（2）中英文输入。

英文输入直接按键盘上的键就可以，主要应注意英文字母的大小写切换用 Caps Lock 键，或者使用 Shift＋字母键输入大写字母。当输入的文字既有中文又有英文时，按 Ctrl＋空格键进行中英文输入切换。

（3）插入标点符号和其他符号。

① 插入常用标点符号。在切换到中文输入法状态后，可直接按键盘的标点符号，也可以在中文输入法状态框中的软键盘按钮上右击，选择“标点符号”进行输入。

② 其他符号。如果遇到键盘上未能提供的符号，可以利用中文输入法状态框中的软键盘输入，也可以选择“插入”→“符号”输入。

（4）插入日期和时间。

选择“插入”→“文本”→“日期和时间”。

3. 保存文档

在文档编辑过程中要注意及时保存文档。保存文档有以下几种方法。

① 单击快速访问工具栏上的“保存”按钮。

② 选择“文件”→“保存”或“另存为”。

③ 自动保存文档：选择“文件”→“选项”→“保存”→“自动保存时间间隔”。

④ Ctrl＋S 快捷键。

想想议议

为了防止别人打开或篡改你的文档，应采取什么安全措施来保护你的文档？如何实现？

4. 打开文档

编辑一个已经存在的文档时，需要先打开该文档。打开文档常用以下方法。

① 直接双击要打开的 Word 文档。

② 选择快速访问工具栏上中“打开”命令。

③ 选择“文件”→“打开”。

④ 从“文件”选项卡中存有最近所用文件,可直接打开最近使用过的文档。

5. 关闭文档

文档编辑完毕需要及时关闭以减少内存占用,关闭文档常用以下几种方法。

① 单击标题栏上的“关闭”按钮。

② 按 Alt+F4 键。

③ 选择“文件”→“关闭”。

8.2.2 文档的编辑操作

1. 文本的选择

在 Windows 环境下的软件都遵循一个规律,即“先选定,后操作”,Word 也不例外,在对文本进行各种操作之前需要先选择文本。选择文本的方法有以下几种。

(1) 拖动文本。

将“I”形光标放在所选文本一端,按住鼠标左键不放拖到要选文本另一端。

(2) 使用文本选定区。

将鼠标移到左侧文本选定区,当鼠标呈向右倾斜的箭头状时,单击鼠标可选择一行,双击鼠标可选择一段,连续三击鼠标可选择全部文本;按住鼠标左键,沿垂直方向拖动也可以选定多行;按住 Ctrl 键后单击鼠标左键也可以选择全部文本。

(3) 其他一些快捷方法。

① 双击字词:选择字词。

② Ctrl 键+单击文本:选择一句话。

③ Alt 键+移动鼠标:选择矩形区域。

④ Shift+单击:先将光标置于要选择的文本前,按住 Shift 键,再单击要选择的文本区域的末端,选中两点之间的文本。

⑤ 选择不连续文本区域。在选择一块文本区域后,按住 Ctrl 键,再选择另一块文本区域,可实现不连续文本区域的选择。

⑥ 取消选择:在编辑窗口的任意处单击鼠标。

2. 文本的删除

如果要删除文本,采用如下几种方法之一。

(1) 利用键盘编辑键删除文本。

如果未选择任何文本,按 Delete 键将删除插入点光标之后的字符,按

Backspace 键将删除光标插入点光标之前的字符；选择文本后，按 Delete 键或 Backspace 键将删除所选文本。

（2）直接输入新文本的方法。

选择一块文本区域后，如果直接输入新的文本，可以既删除所选文本，又在所选文本处插入了新的内容。

3. 文本的复制和移动

文本的复制和移动是文档编辑过程中经常使用的操作。

（1）文本的复制。

常用以下两种方法。

① 选择"开始"→"剪贴板"组→"复制"或"粘贴"按钮。

② 鼠标拖动：选择要复制的文本后，按住 Ctrl 键的同时，用鼠标左键将所选内容拖动到目标位置即可。

（2）文本的移动。

常用以下两种方法。

① 利用剪贴板：选择"开始"→"剪贴板"组→"剪切"和"粘贴"。

② 鼠标拖动：选择要移动的文本后，用鼠标左键直接将所选内容拖动到目标位置。

想想议议

能用鼠标右键拖动实现文本的复制和移动操作吗？

4. 撤销与恢复

利用快速访问工具栏中的"撤销"按钮与"恢复"按钮，可以对每次操作进行撤销与恢复，这两个操作是互逆操作。也可以使用撤销和恢复的快捷键 Ctrl＋Z 和 Ctrl＋Y。

8.2.3 查找和替换

查找和替换操作是文字编辑工作中常用的操作之一，这里重点介绍替换操作。

选择"开始"→"编辑"组→"替换"，打开如图 8.3 所示对话框。

替换操作常常分为以下几种情况。

（1）全部替换。

在"查找内容"和"替换为"下拉列表框中输入或选取内容后，单击"全部替

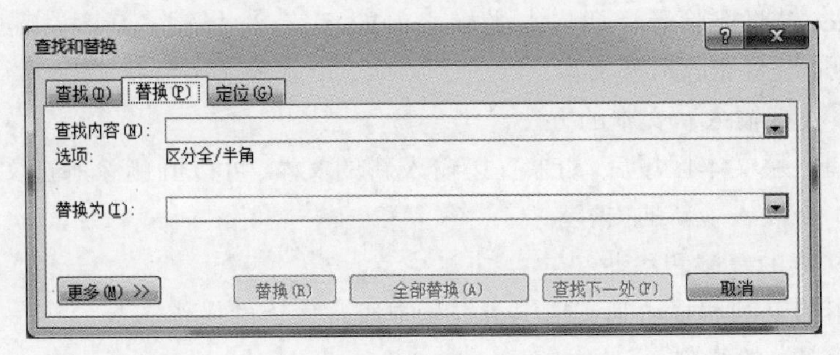

图 8.3 “查找和替换”对话框中的“替换”选项卡

换”按钮将替换所有查找到的内容;若在“替换为”下拉列表框中不输入任何内容,执行替换操作后查找到的内容将被删除。

(2) 确认替换。

在“查找内容”和“替换为”下拉列表框中输入或选取内容后,单击“替换”按钮,则只替换第一处查找到的内容;若交替按“查找下一处”和“替换”按钮,可有选择性地进行确认替换。

(3) 条件替换。

单击“更多”按钮,出现如图 8.4 所示扩展的“查找和替换”对话框,可以进行搜索范围、格式等条件限定,从而实现条件替换。

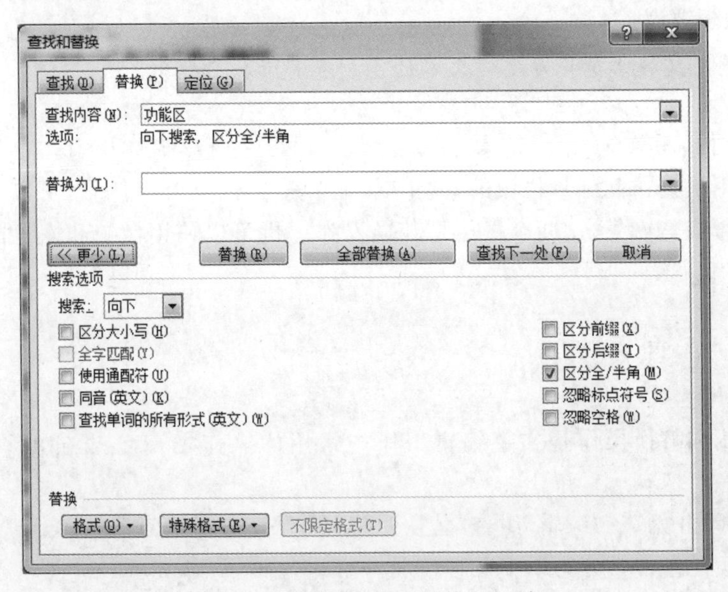

图 8.4 扩展的“查找和替换”对话框

8.3 项目实例：求职档案

8.3.1 项目要求

撰写具有说服力和吸引力的求职档案是求职的第一步。本实例主要完成求职档案中的求职信、个人简历表、毕业设计说明书。实例效果如图 8.5 所示。

8.3.2 项目实现

8.3.2.1 求职档案封面与求职信编辑排版

1. 输入文字

输入一段文字“青春是人生旅途中最美丽的风景，被赋予了希望、阳光、奋进、浪漫、诗意……青年兴则国家兴，青年强则国家强，只有为社会做出了贡献的青春，才会留下充实、温暖、美丽、无悔的记忆……”

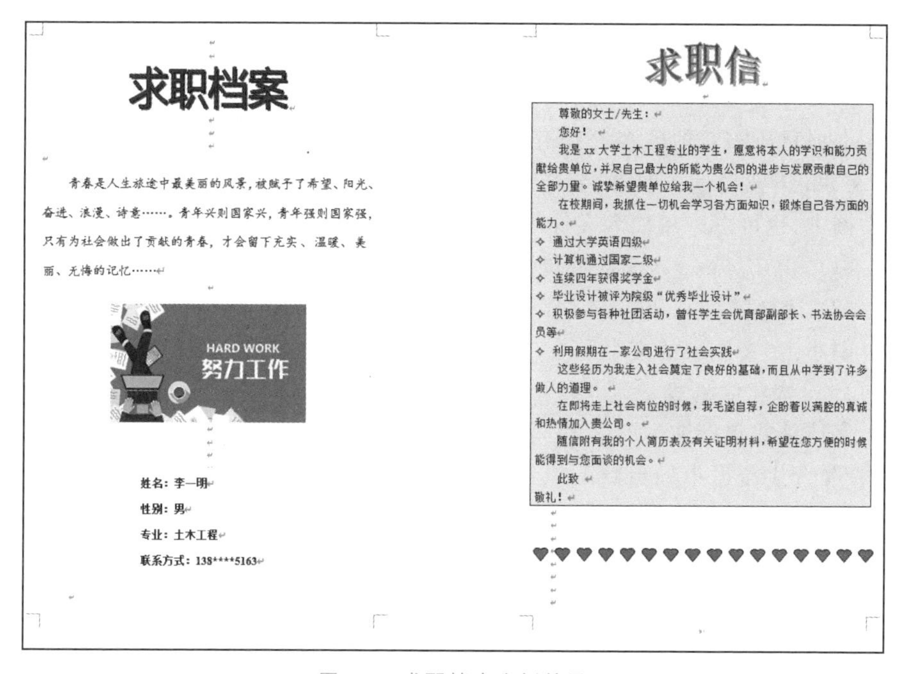

求职档案

青春是人生旅途中最美丽的风景，被赋予了希望、阳光、奋进、浪漫、诗意……。青年兴则国家兴，青年强则国家强，只有为社会做出了贡献的青春，才会留下充实、温暖、美丽、无悔的记忆……

姓名：李一明

性别：男

专业：土木工程

联系方式：138****5163

求职信

尊敬的女士/先生：

您好！

我是 xx 大学土木工程专业的学生，愿意将本人的学识和能力贡献给贵单位，并尽自己最大的所能为贵公司的进步与发展贡献自己的全部力量。诚挚希望贵单位给我一个机会！

在校期间，我抓住一切机会学习各方面知识，锻炼自己各方面的能力。

- 通过大学英语四级
- 计算机通过国家二级
- 连续四年获得奖学金
- 毕业设计被评为院级“优秀毕业设计”
- 积极参与各种社团活动，曾任学生会优育部副部长、书法协会会员等
- 利用假期在一家公司进行了社会实践

这些经历为我走入社会奠定了良好的基础，而且从中学到了许多做人的道理。

在即将走上社会岗位的时候，我毛遂自荐，企盼着以满腔的真诚和热情加入贵公司。

随信附有我的个人简历表及有关证明材料，希望在您方便的时候能得到与您面谈的机会。

此致

敬礼！

图 8.5 求职档案实例效果

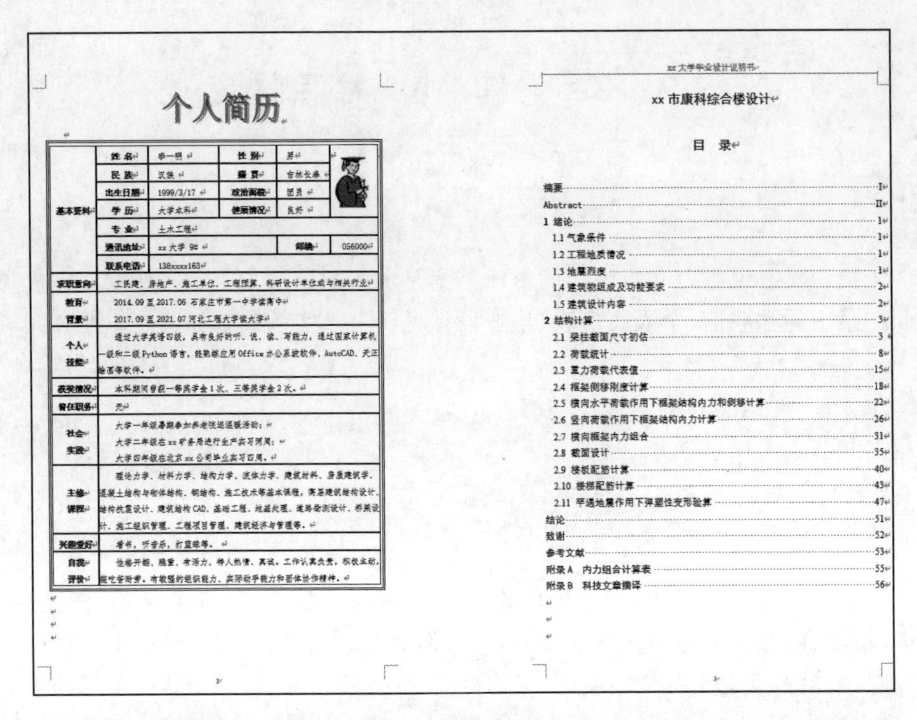

个人简历

基本资料	姓 名	李一明	性 别	男
	民 族	汉族	籍 贯	吉林长春
	出生日期	1999/3/17	政治面貌	团员
	学 历	大学本科	健康情况	良好
	专 业	土木工程		
	通讯地址	xx 大学 9#	邮编	056000
	联系电话	138xxxx163		
求职意向	工民建、房地产、施工单位、工程预算、科研设计单位或与相关行业			
教育背景	2014.09 至 2017.06 石家庄市第一中学读高中 2017.09 至 2021.07 河北工程大学读大学			
个人技能	通过大学英语四级，具有良好的听、说、读、写能力，通过国家计算机一级和二级 Python 语言，能熟练应用 Office 办公系统软件、AutoCAD、天正绘图等软件。			
获奖情况	本科期间曾获一等奖学金 1 次、三等奖学金 2 次。			
曾任职务	无			
社会实践	大学一年级暑期参加养老院送温暖活动； 大学二年级在 xx 矿务局进行生产实习两周； 大学四年级在北京 xx 公司毕业实习四周。			
主修课程	理论力学、材料力学、结构力学、流体力学、建筑材料、房屋建筑学、混凝土结构与砌体结构、钢结构、施工技术等基本课程，高层建筑结构设计、结构抗震设计、建筑结构 CAD、基础工程、地基处理、道路勘测设计、桥梁设计、施工组织管理、工程项目管理、建筑经济与管理等。			
兴趣爱好	看书，听音乐，打篮球等。			
自我评价	性格开朗、稳重、有活力，待人热情、真诚。工作认真负责，积极主动，能吃苦耐劳。有较强的组织能力、实际动手能力和团体协作精神。			

xx 大学毕业设计说明书

xx 市康科综合楼设计

目 录

图 8.5 （续）

2. 插入文件

本项目所需其他内容已经存在于“1-Word 项目素材”文件夹中的“求职信.docx”和“毕业设计说明书(节选).docx”中，可以利用复制粘贴的方法将其插入本文档中；也可以采用插入文件的方法，操作如下。

(1) 单击需要插入文件的位置。

(2) 选择“插入”→“文本”组→“对象”按钮旁边的下三角形按钮，在弹出的菜单中单击“文件中的文字”。

3. 设置字体格式

字体格式包括文本的字体、字形、字号(即大小)、颜色、下画线等。本项目中“青春是人生旅途中最美丽的风景……”这个段落设置字体为楷体、黑色、三号字。求职信的正文文本为宋体、黑色、四号字。操作如下。

(1) 选定要设置格式的文本。

(2) 选择“开始”→“字体”组中相应的字体格式设置命令进行设置。也可单击“字体”组右下角的◪图标，在“字体”对话框中进行设置，如图 8.6 所示。

注意：字体格式排版前首先需选定要排版的文本对象，否则排版操作只是对光标处新输入的文本有效。

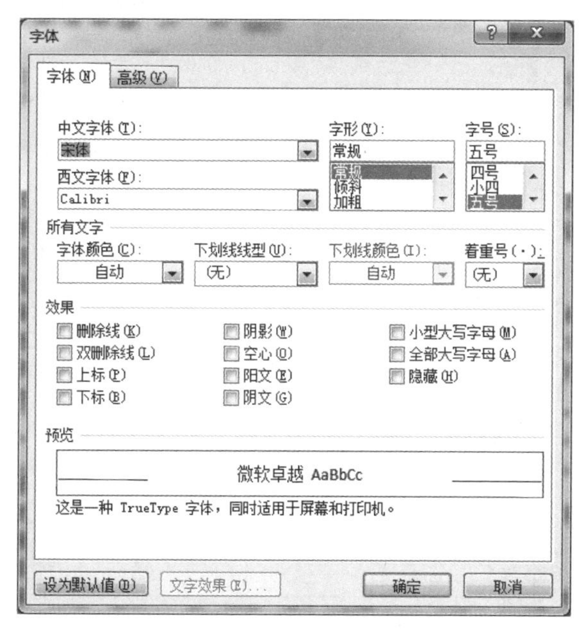

图 8.6 “字体”对话框

4. 设置段落格式

段落格式包括文本对齐方式、段落缩进、段间距、行间距等。设置段落格式的操作如下。

(1) 选定要设置格式的段落。

(2) 选择“开始”→“段落”组或选择“布局”→“段落”组；也可单击“段落”组右下角的▣图标，在打开的“段落”对话框中进行设置，如图 8.7 所示。

说明：① 如果先定位插入点，再进行格式设置，所做的格式设置对插入点后新输入的段落有效，并会沿用到下一段落，直到出现新的格式设置为止。

② 如果要对已有的某一段落进行格式设置，只需将插入点放入段落内的任意位置，不需要选中整个段落；如果对多个段落进行格式设置，应选中这些段落。

5. 利用格式刷复制字体格式和段落格式

当设置好一个文本块或段落的格式后，可以选择“开始”→“剪贴板”组→“格式刷”按钮，将设置好的格式快速地复制到其他一些文本块或段落中。

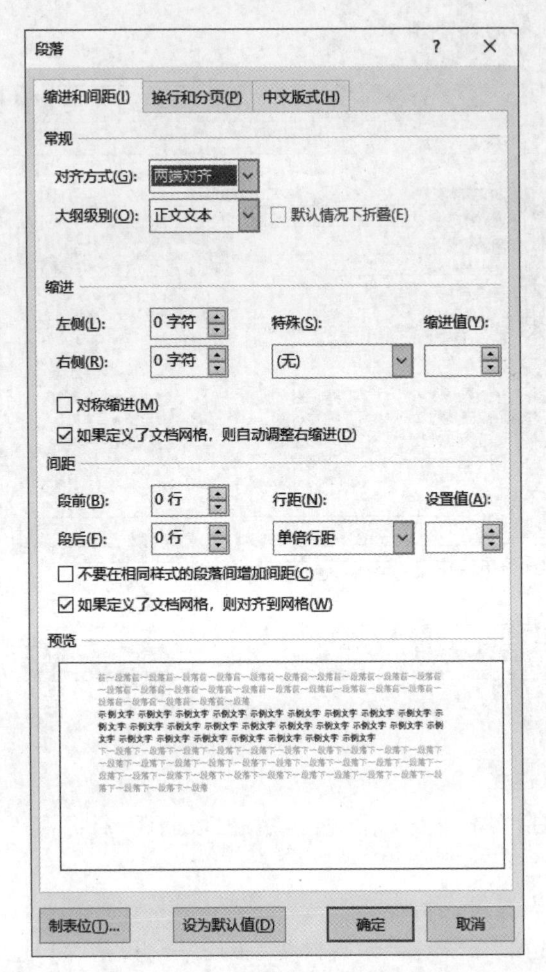

图 8.7 “段落”对话框

(1) 复制字体格式。

要复制字体格式,操作步骤如下。

① 选定已经设置好字体格式的样本文本块。

② 选择“开始”→“剪贴板”组→“格式刷”按钮,此时鼠标指针变成“刷子”形状。

③ 用鼠标拖动选定要排版的文本区域,可以看到被选定的文本已具有了新的格式。

如果要将格式连续复制到多个文本块,则应将上述第②步的单击操作改为双击操作(此时“格式刷”按钮变成按下状态),再分别选定多处文本块。完成后单击“格式刷”按钮，则可还原格式刷。

(2) 复制段落格式。

由于段落格式保存在段落标记中，可以只复制段落标记来复制该段落的格式。操作步骤如下。

① 选定已经设置好段落格式的样本段落或选定该段落标记。

② 选择“开始”→“剪贴板”组→“格式刷”按钮，此时鼠标指针变成“刷子”形状。

③ 用鼠标拖动选定要排版的段落，可看到被选定的段落已具有了新的段落格式和字体格式。

6. 设置边框和底纹

本项目中需将求职信中的文字设置边框和10%的灰色底纹，操作步骤如下。

(1) 选择需要设置“边框和底纹”的段落。

(2) 选择“开始”→“段落”组→单击按钮旁边的下三角形箭头，在下拉菜单中直接设置边框，如图8.8所示；或者单击按钮旁边的下三角形箭头，在下拉菜单中直接设置底纹，如图8.9所示。

图8.8 “边框”下拉菜单

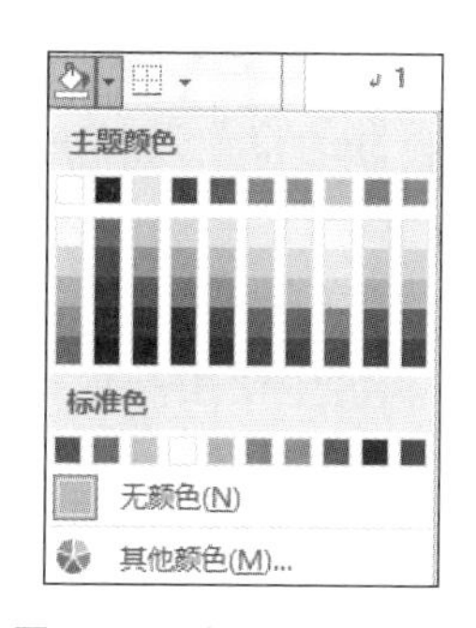

图8.9 “底纹”下拉菜单

(3) 也可以在“边框”下拉菜单中选择“边框和底纹”命令，在打开的“边框和底纹”对话框中设置，如图8.10所示。

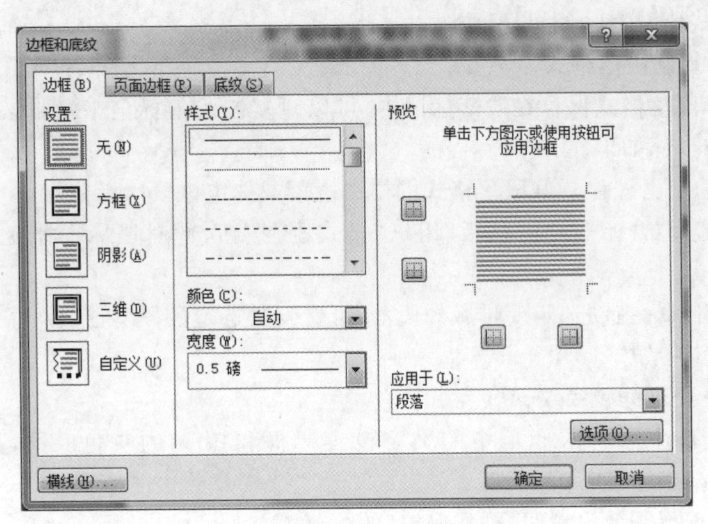

图 8.10 "边框和底纹"对话框

想想议议

在"边框和底纹"对话框中的"应用于"为文字、段落、单元格、表格时的区别是什么?

7. 设置项目符号和编号

在文档排版中,可以在段落开头加项目符号或者编号,具体操作如下。

(1) 自动创建项目符号和编号。

当在段落的开头输入像"1.""A"等格式的始编号并在其后输入文本时,按Enter键后就会自动将该段落转换为自动编号列表,同时将下一个编号加入到下一段落的开始。

(2) 编辑项目符号和编号。

本例的求职信中使用了项目符号。添加项目符号和编号操作如下。

① 选定要添加项目符号和编号的段落。

② 选择"开始"→"段落"组中的"项目符号"或"编号"按钮,这时出现的是当前设置的一种项目符号和编号,如需更改,可以单击两个按钮旁边的下三角形箭头,在其下拉菜单中进行设置或定义新的项目符号或编号。

8. 设置分栏

有时需要将文本按多栏显示,需要注意的是,只有在页面视图或打印时才能真正看到多栏排版的效果。分栏的具体操作如下。

（1）选定需要分栏的文本。

（2）选择“布局”→“页面设置”组，单击“栏”下拉按钮，或者选择“更多栏”命令，打开“栏”对话框，如图 8.11 所示。

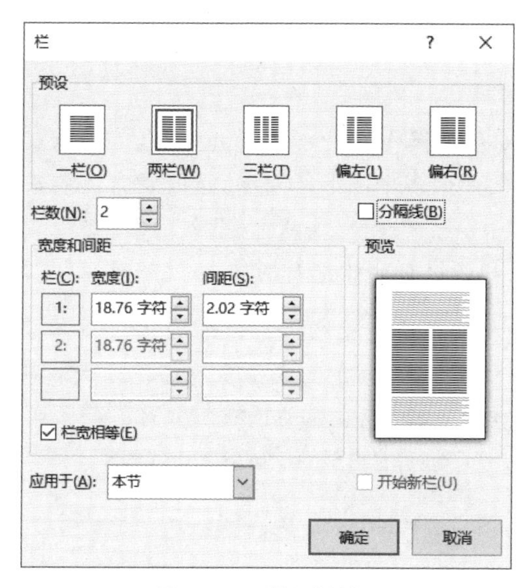

图 8.11 “栏”对话框

9. 插入图片和文本框

本项目中要求在“求职档案”“求职信”和“个人简历”中插入剪贴画（Office 提供的剪贴库）、图片文件、形状、艺术字和图表等，这些 Word 都作为图片对象来处理，因此它们的操作类似。

（1）插入与设置艺术字/文本框。

① 单击要插入的位置。

② 选择“插入”→“文本”组→“艺术字”/“文本框”下面的下三角形箭头。

③ 选择“开始”→在“字体”“段落”组中可以像普通文字一样对艺术字/文本框设置格式。

本例中分别设置了“求职档案”和“求职信”两处艺术字。

在首页下方插入了文本框“姓名……”，字体格式为宋体、四号、加粗、无线条颜色。

（2）插入与设置剪贴画/图片文件/形状/图示（SmartArt）/图表。

① 单击要插入的位置。

② 选择“插入”→“插图”组→“图片”/“形状”下面的下三角形箭头。

本例在首页中插入了“1-Word 项目素材”文件夹中的图片“努力工作.jpg”；

在求职信中插入了“形状”中的“心形”，并设置其填充色为红色，然后通过复制和粘贴操作形成由 16 个心形构成的花边。

注意：选择新插入的图形对象，功能区上方会自动出现“格式”选项卡，选择该选项卡，在对应功能区中可以对其进行设置格式；或者右击图形对象，在快捷菜单中进行设置。

(3) 多个图形对象的操作。

在应用中往往要使用多个图形类对象，这时常常需要进行多个图形对象的对齐、叠放次序、组合等操作。

①使用 Shift+单击选择多个图片对象。

注意：被选择的图形对象必须是非嵌入型，否则无法选中多个对象。图形对象的版式有嵌入型、浮于文字上方等多种环绕方式。转换操作为：右击图形对象→在快捷菜单中选择“设置布局选项”或“大小和位置”→在弹出的“布局”对话框中的“文字环绕”选项卡中设置，如图 8.12 所示。

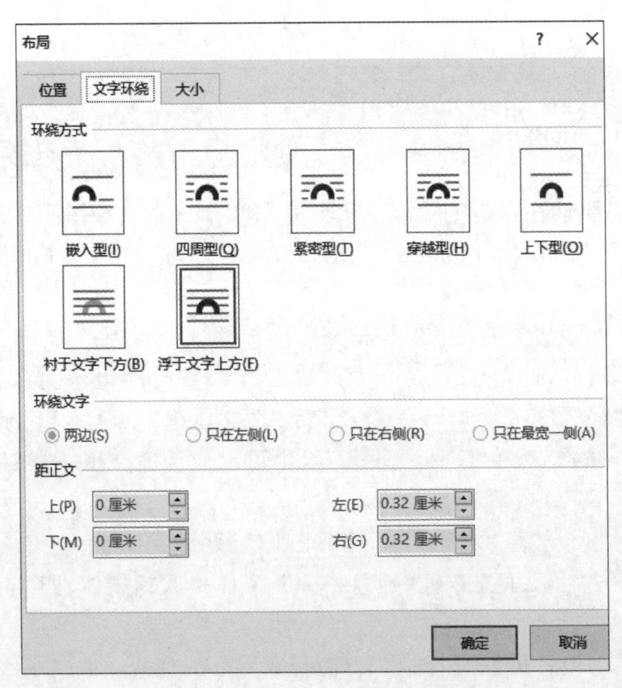

图 8.12 “布局”对话框

② 选择“格式”→在“排列”组中进行对齐、组合、调整叠放次序等操作，也可

以右击选定的多个对象，利用快捷菜单进行设置。

8.3.2.2 个人简历表制作

一个表格由若干行和列组成，行与列交叉形成单元格。可以在单元格中输入文字、数字、图片，甚至是一个表格。

1. 建立表格

单击要插入表格的位置，选择“插入”→“表格”组→“表格”，弹出“插入表格”菜单，如图 8.13 所示。在“插入表格”菜单中通常使用以下几种方式来建立表格。

图 8.13 “插入表格”菜单

(1) 直接利用示意框插入表格。

在“插入表格”菜单的行列示意框中向右下方拖动鼠标到需要的行列数时，释放鼠标即可建立一张空表。

(2) 利用“插入表格”命令，插入指定行列数的表格。

(3) 利用“绘制表格”命令，光标变成铅笔状，移动鼠标自由绘制表格。

(4) 利用“文本转换成表格”命令，将选定的文字转换成表格。

(5) 利用“快速表格”命令，选择样式可利用模板快速生成表格。

说明： 将已经输入的文字转换成表格时，需要先使用统一的分隔符标记每行文字中列的开始位置，并使用段落标记标明表格的换行。

2. 编辑表格

使用以上方法，根据简历内容的需要建立了 10 行 6 列的表格。下面采用一些编辑操作，对表格进行调整。

(1) 表格中区域的选定。

表格操作与文档操作一样，也要“先选定，后操作”。Word 提供了多种表格中选择文本的方法，见表 8.2。

表 8.2 在表格中选定文本

选定目标	鼠标操作
选定一个单元格	单击单元格左边框，

续表

选定目标	鼠标操作
选定一行	单击该行的左侧,
选定一列	单击该列顶端的边框,
选定多个单元格、多行或多列	在要选定的单元格、行或列上拖动鼠标;或者先选定某个单元格、行或列,然后按下 Shift 键的同时单击其他单元格、行或列,可选中连续的单元格、行或列。如果先选定一些单元格、行或列后,按住 Ctrl 键,再去选定另一些单元格、行或列,可选中多个不连续的区域
选定整张表格	单击表格左上角的符号

(2) 插入行、列、单元格。

① 选定与插入数量相同的行、列、单元格。

② 右击选定的区域→在快捷菜单中选择“插入”命令;或选择“表格工具|布局”→“行和列”组中实现插入操作。

说明:如果希望在表格末尾快速添加一行,将光标移到最后一行的最后一个单元格内,按 Tab 键,或在行尾按 Enter 键。

(3) 删除行、列、单元格。

① 选定要删除的行、列、单元格。

② 选择“表格工具|布局”→“行和列”组→单击“删除”按钮。

(4) 调整表格大小、行高、列宽。

方法有以下三种:

① 利用鼠标拖动快速调整。用鼠标拖动表格任意框线,或拖动标尺上的行、列标志,可以调整表格中的行高和列宽。拖动表格右下角的表格尺寸调整标记(小方块标识),可调整表格大小。

② 利用“表格工具|布局”选项卡中的工具调整。

③ 右击表格,从快捷菜单中选择“表格属性”,打开“表格属性”对话框进行调整。

(5) 合并/拆分单元格。

本项目需要将每一列的第1~7行的7个单元格合并成一个单元格。

① 选定将要合并/拆分的单元格。

② 选择“表格工具|布局”选项卡→“合并”组。

说明：合并和拆分操作还可以利用“表格工具|布局”选项卡→“绘图”组中的工具来实现。单击“擦除”按钮，在要删除的表格线上拖动即可删除表格线，从而实现合并操作；单击“绘制表格”按钮，在需要拆分的单元格内拖动即可实现拆分操作。

3. 表格内容的录入与编辑

往表格中输入文本的操作与在文档中的操作相同。Word 把单元格中的内容看作一个独立的文本。本项目输入了基本资料、求职意向、教育背景等文字内容，并插入了个人照片。

在往单元格中输入内容时，除了单击外，也可以按 Tab 键将光标移到下一个单元格；按 Shift＋Tab 键将光标移到前一个单元格。

4. 设置表格格式

表格格式主要包括表格内文本和段落的格式、对齐方式、单元格的边框和底纹、环绕等。本项目设置了表格的外框线为 1.5 磅，内框线为 0.5 磅。

在操作表格时，每个单元格中的文本可以看作一个独立的文档，对其中的文本和段落的设置与前面讲述的文档的设置操作相同。

(1) 表格的对齐。

在 Word 中，表格具有浮动的功能，可以像图片一样随意移动以及进行图文混排。具体操作有以下几种方式。

① 利用鼠标拖动设置。当鼠标停在表格上时，会在表格的左上角出现移动表格标记，拖动该标记可实现表格的移动。

② 利用“开始”→“段落”组的对齐按钮设置。

③ 利用快捷菜单中“表格属性”对话框设置。

(2) 表格内容的对齐。

右击要设置文本对齐方式的单元格，在快捷菜单中选择“单元格对齐方式”选项，在级联菜单中选择所需的对齐选项，例如“靠下居中”或“靠上右对齐”等；利用“开始”→“段落”组的对齐按钮也可以设置单元格文本的对齐方式。

(3) 设置表格的边框和底纹。

① 选定要设置格式的单元格区域。

② 选择“表格工具|设计”→“边框”组和“表格样式”组；也可单击“边框”组右下角的图标。

> **想想议议**
>
> 本项目使用表格来表达个人简历信息,与使用文字表达相比,有什么优缺点? 讨论思考表格的特点和用途。

8.3.2.3 编排毕业设计说明书

1. 使用“样式”对文档进行编辑

在日常生活和工作中有很多长文章需要按照统一的格式进行编排,比如学生的毕业设计说明书(或毕业论文)、单位的详细工作章程等。

样式是应用于文本的一系列格式组合,利用它可以快速改变文本的外观。例如,如果要使某标题醒目一些,不必分三步设置标题格式(即把字号设置为三号,字体设置为黑体,并使其居中),只需应用系统提供的“标题”样式即可取得同样的效果。另外,用户也可以将需要重复设置的格式进行组合,并加以命名,自己定义样式。

(1) 应用 Word 提供的样式。

毕业设计说明书中用到的格式可以应用 Word 提供的样式。比如,对于章节的标题,按层次分别采用“标题 1”~“标题 3”样式;说明书正文采用“正文缩进”样式。具体操作方法如下。

① 选定要应用样式的文本。

② 选择“开始”→“样式”组→选择快速样式库列表中的样式;也可单击“样式”组右下角的图标,在打开的“样式”对话框中选择样式,如图 8.14 所示。

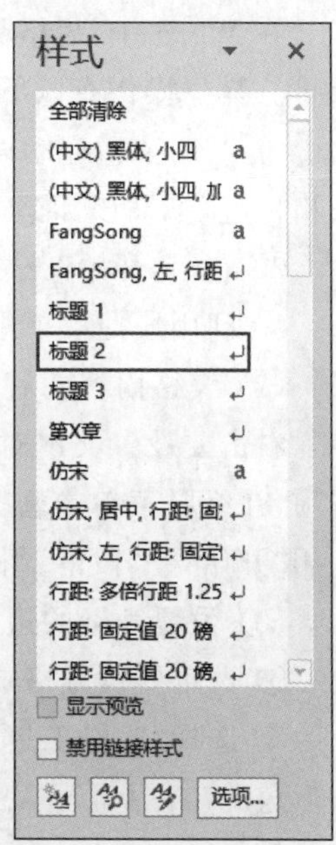

图 8.14 “样式”对话框

(2) 新建样式。

操作方法如下。

① 先设置样例文本的格式,并选定该文本或段落。

② 选择“开始”,单击“样式”组右边的图标,在其下拉菜单中选择“创建样式”命令,在打开的“创建样式”对话框中建立。

(3) 修改和删除样式、添加到样式库。

在“样式”对话框中,鼠标指向样式列表中的任意样式,即会在右侧自动出现下三角形按钮,单击该按钮,在弹出的菜单中选择“修改”命令,即可弹出“修改样式”对话框,对所选样式进行修改(在“修改样式”对话框中单击“格式”按钮，选择“快捷键”选项，可以为样式设置快捷键）；选择“删除”命令，即可删除所选样式。

2. 使用模板

同一类型的文档往往具有相同的格式和结构，使用“模板”可以大大加快创建新文档的速度。Word 已经为用户提供了丰富的模板，此外，还可以自己创建新的模板。以创建毕业设计说明书模板为例，方法如下。

先打开一个已排好版的毕业设计说明书，在“文件”选择卡对应功能区中选择“另存为”命令，在“另存为”对话框中的“保存类型”中选择“Word 模板”。

3. 插入数学公式

公式编辑器能以直观的操作方法帮助用户快速生成各种公式，操作如下。

（1）单击要插入数学公式的位置。

（2）选择“插入”→“符号”组→单击“π”按钮，可以新建一个公式对象，同时自动切换到“公式工具|设计”选项卡对应的功能区。

常用的公式也可以在“符号”组中单击“公式”下方的下三角形箭头，在其下拉菜单中选择。

（3）公式插入文档后，可以进行复制、粘贴和删除，可以设置字体和段落格式。

（4）如果需要修改公式，可选定要编辑的公式，选择“公式工具|设计”选项卡，利用“符号”“结构”组中的工具进行编辑。

说明：如果在当前使用的 Word 中没有安装公式编辑器，可执行“控制面板”→“程序”→“程序和功能”进行安装。

4. 利用编辑和审校工具进行审校

利用编辑和审校工具，可以进行拼写和语法检查、字数统计、自动更正等工作。

（1）拼写和语法检查、字数统计。

① 选定要进行拼写和语法检查/字数统计的文本。若不选定，将对全部文本进行操作。

② 选择“审阅”→“校对”组。

（2）自动更正功能。

Word 提供的自动更正功能可以帮助用户更正一些常见的错误，用户可以事先告诉系统这些错误，让系统记忆后自动更正。

自动更正功能可以选择“文件”→“选项”，在“Word 选项”对话框中选择“校对”选项卡进行设置。

5. 利用制表位制作简易列表

在 Word 中,不使用表格功能也可以制作简易的列表。制作简易列表需要为段落设置制表位,以便让各列表的各列文本在制表位处对齐。具体操作如下。

(1) 选定要设置制表位的段落。

(2) 选择“开始”→单击“段落”组右下角的图标,打开“段落”对话框,在该对话框左下角单击“制表位”按钮,打开“制表位”对话框,如图 8.15 所示。

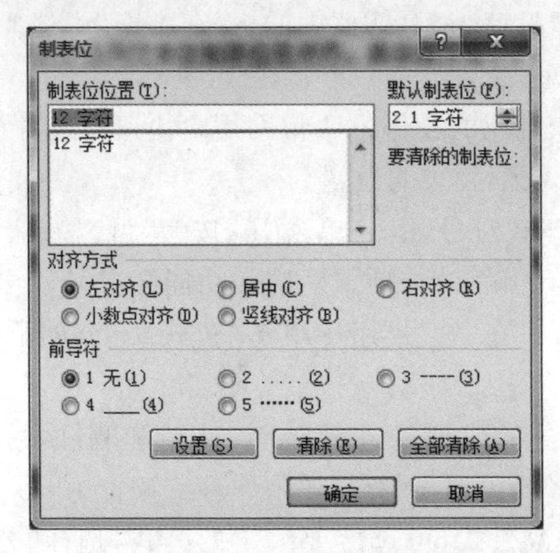

图 8.15 “制表位”对话框

(3) 在“制表位”对话框中输入制表位位置,选择对齐方式和前导符,单击“设置”按钮即可设置一个制表位。若单击“清除”或“全部清除”按钮,是可清除当前制表位或全部制表位。按同样的方法设置所有制表位后,单击“确定”按钮。

(4) 在段落的每一行上,将插入点光标定位在需要对齐到制表位的文本前,按 Tab 键插入制表符编辑标记,则光标之后的文本自动按设定的对齐方式对齐到右侧最近的制表位处。重复此操作完成该段落中所有文本的对齐,简易列表制作完成。

说明:制表位也可以利用水平标尺直接设置。水平标尺上的刻度线是系统默认的制表位,按 Tab 键可以使文本直接在刻度线处对齐。

6. 制作目录

毕业设计说明书中需要制作一个目录,目录中列出每个章节的名称及其页码。Word 提供了自动生成目录功能,并能随着内容的增删和修改自动更新目录。具体操作如下。

(1) 为文档设置“标题 1”“标题 2”等各级标题样式和格式。

(2) 单击需要插入目录的位置。

(3) 选择“引用”→“目录”组。在“目录”组中可以进行自定义目录、更新目录、删除目录等操作。

7. 设置页眉、页脚和页码

(1) 简单页眉/页脚/页码的设置。

① 选择“插入”→“页眉和页脚”组。

② 页眉/页脚/页码插入后,双击即可对其进行编辑。

(2) 复杂要求的页眉/页脚/页码的设置。

本项目的毕业设计说明书中对页眉的要求比较复杂,在每章内容的奇数页页眉处显示毕业论文的题目,偶数页页眉处显示本章标题,每章页脚处统一显示页码。这就需要在设置页眉和页脚前,先将各章内容分节,并设置奇偶页页眉不同。设置操作如下。

① 为文档插入分节符。插入点光标定位在某一章的开始位置,选择“布局”→“页面设置”组,单击“分隔符”按钮,在弹出的菜单中选择“分节符”列表中的“下一页”分节符,则在当前位置插入一个分节符。用此方法在每章内容前插入分节符。

② 双击页面底部或者顶部,可以自动切换到“页眉和页脚工具|设计”选项卡对应功能区。如果文档每节中首页、奇数页、偶数页分别需要使用不同的页眉,则在“选项”组中选中“首页不同”和“奇偶页不同”复选框,然后在“导航”组中浏览并编辑各节的首页、奇数页、偶数页页眉。

系统默认当前节页眉与上一节相同,直接在本节编辑页眉会影响上一节已经设置好的页眉,因此,如果本节需要不同于上一节的页眉,需要先在“导航”组中单击“链接到前一节”按钮,取消与上一节的链接后再编辑本节页眉。

③ 利用“导航”组中的“转到页脚”按钮可切换到页脚编辑。单击“页眉和页脚”组中的“页码”按钮,在弹出的菜单选择“当前位置”和页码样式来插入页码。在“导航”组中单击“上一条”“下一条”按钮浏览各节首页、奇数页、偶数页页脚并插入页码。

因为本项目要求各节页码格式统一,所以各节页脚都要保持“链接到前一节”,这样第 1 节设置完毕后,其他节自动生成相同格式页码。

注意: 解决复杂页眉、页脚、页码的设置的关键项:一是插入分节符;二是当前设置的页眉、页脚、页码是否“链接到前一节”。

想想议议

如果起始页码是从第 2 页开始设置，而页眉是从第 3 页开始设置，这个问题如何解决？

8. 页面设置

页面设置包括页边距、文字方向、纸张方向、纸张大小设置等。只有在页面视图下才能看到页面设置的效果。

具体操作：选择“布局”→“页面设置”组或者单击组右下角的图标，打开“页面设置”对话框进行设置，如图 8.16 所示。

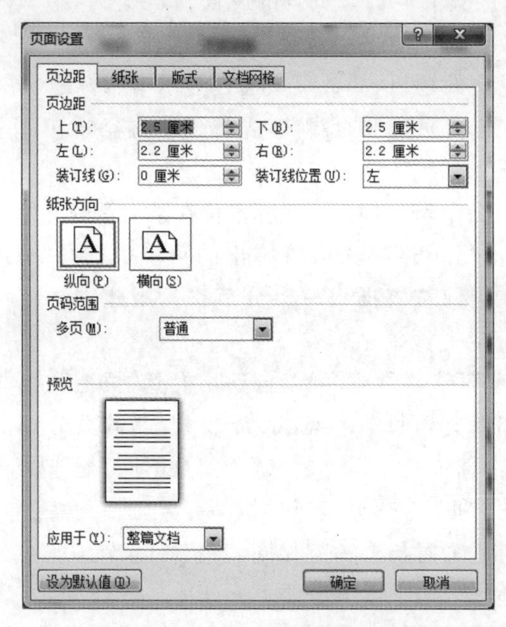

图 8.16 “页面设置”对话框

9. 打印

文档编辑完成后，在页面视图下看到的效果即为打印出来的效果，如果排版符合打印要求，就可以选择“文件”→“打印”命令，进行打印设置和打印。

8.3.3 项目进阶

1. 利用对象链接与嵌入技术，实现图文声像并茂的效果

如果在求职档案中加入其他应用程序创建的对象，比如 AutoCAD 图形、音

乐等文件，将使其内容更丰富诱人，我们可以使用对象链接与嵌入技术来实现。

对象链接与嵌入又称为OLE(Object Linking and Embedding)。嵌入与链接的主要区别在于数据的存放位置以及在将其插入目标文件后的更新方式的不同。

链接对象是指在修改源文件之后，链接对象的信息会随着更新。链接的数据只保存在源文件中，而目标文件中只保存源文件的位置，并显示代表链接数据的标识。如果需要缩小文件大小，应使用链接对象。

嵌入对象是指即使更改了源文件，目标文件中的信息也不会发生变化。嵌入的对象是目标文件的一部分，而且嵌入之后，就不再与源文件发生联系。双击嵌入对象，将在源应用程序中打开该对象。

(1) 嵌入对象操作。

① 单击文档中要放置嵌入对象的位置。

② 选择“插入”→“文本”组→“对象”，弹出“对象”对话框。

③ 选定嵌入对象，有以下两种情况。

第一种情况是嵌入新建对象：选择“新建”选项卡，如图8.17所示，在“对象类型”框中选择要创建的对象类型；如果选中“显示为图标”复选框，嵌入对象不显示内容，而以图标的形式显示在目标文档中；单击“确定”按钮，选定的应用程序被打开，即可创建新对象。

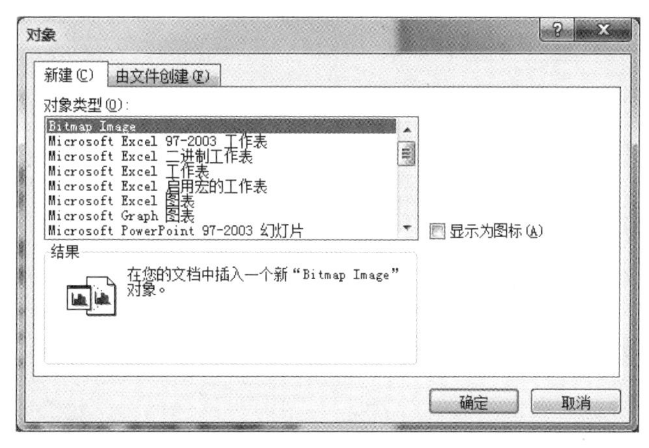

图8.17 “对象”对话框“新建”选项卡

注意：只有已安装在计算机上，并支持链接和嵌入对象的程序才会出现在“对象类型”框中。

第二种情况是嵌入已存在的对象：选择“由文件创建”选项卡，如图8.18所示。

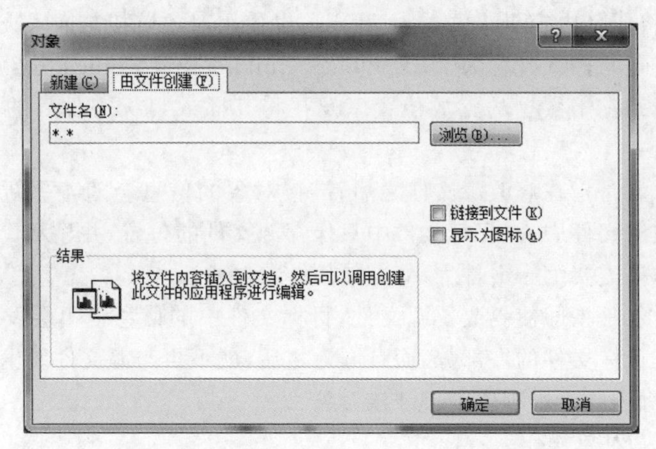

图 8.18 "对象"对话框"由文件创建"选项卡

(2) 链接对象操作。

链接对象与嵌入已存在对象的操作相似。不同之处是：创建链接对象时，需在图 8.18 所示的"由文件创建"选项卡中选中"链接到文件"复选框；如果不选中"链接到文件"复选框，将创建嵌入对象。

想想议议

OLE 技术具有哪些优点与缺点？

2. 利用宏操作提高工作效率

如果需要在 Word 中反复进行某项工作，可以利用宏来自动完成，以替代人工进行的一系列费时而单调的重复性操作。"宏"是将一系列的 Word 命令和指令组合在一起，形成一个可执行的 VBA 代码，以实现任务执行的自动化。

(1) 宏的录制。

宏录制器可以帮助用户创建宏。当录制一个宏时，可以使用鼠标单击命令和选项，但是宏录制器不能录制鼠标在文档窗口中的移动，必须用键盘来记录这些动作。

录制宏的具体步骤如下。

① 打开宏录制器。选择"视图"→"宏"组→"宏"按钮下面的下三角按钮。打开"录制宏"对话框，如图 8.19 所示。

② 指定宏名。宏名要以字母开头，只能包含字母和数字，长度不得超过 32 个字符。

③ 确定宏的保存模板。在"将宏保存在"下拉列表框中，选择要用来保存宏

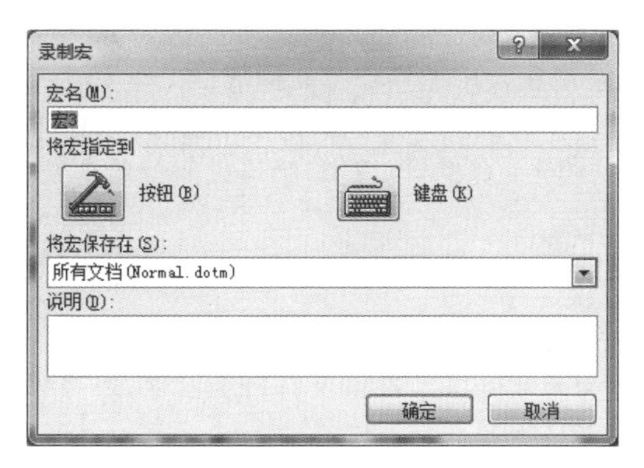

图 8.19 “录制宏”对话框

的模板或文档。Word 默认将宏存储在 Normal 模板内，这样每个 Word 文档都可以使用它。如果是录制在指定文档中使用的宏，则在该选项中选择要存储宏的文档。

④ 指定宏的录制方式。在宏的录制器中，可以指定宏的录制方式。有以下三种选择。

- 如果不将宏指定到按钮、键盘上，可直接单击“确定”按钮开始录制宏。
- 如果将宏的运行指定到按钮，可单击“录制宏”对话框中的“按钮”按钮，在打开的“Word 选项”对话框中将创建的宏添加到快速访问工具栏中，单击“确定”按钮进入录制宏状态，录制完成后在“快速访问工具栏”中将增加一个宏操作按钮。
- 如果要给宏指定快捷键，可单击“录制宏”对话框中的“键盘”按钮，在打开的“自定义键盘”对话框中为当前要录制的宏指定快捷键，单击“关闭”按钮进入录制宏状态。

⑤ 录制宏。开始执行需要包括在宏中的操作。宏录制器将把这些操作录入宏，单击“停止录制”按钮将停止宏的录制。

注意：在录制宏时，可用鼠标单击命令和选项。但是，宏录制器不能录制鼠标在文档窗口中的运动。在录制移动插入点，或者选定、复制及移动文本等操作时，必须使用快捷键来操作。

(2) 停止录制宏或暂停录制宏。

在录制宏状态下，选择“视图”→“宏”组，单击“宏”按钮下面的下三角箭头，单击“停止录制”按钮、“暂停录制”按钮或“恢复录制”按钮。

(3) 运行宏。

运行宏就是将录制在宏中的操作重新回放。

① 运行已设置启动方式的宏。在录制宏的操作中,如果已经指定启动宏的方式,如指定到快速访问工具栏、快捷键,则可以通过单击快速访问工具栏按钮、按键盘快捷键来启动宏。

② 利用“宏”对话框启动。选择“视图”→“宏”组,单击“宏”按钮,弹出“宏”对话框。

注意:要启动的宏如果没有出现在列表框中,则需从“宏的位置”列表框中选择其他文档、模板或列表的宏。

(4) 编辑/删除宏。

选择“视图”→“宏”组,单击“宏”按钮,弹出“宏”对话框,在“宏名”框中选择要编辑的宏的名称,单击“编辑”按钮,即可在“Visual Basic 编辑器”中打开选定的宏,进行修改,如删除不必要的步骤、重命名或复制单个宏,或添加在 Word 中无法录制的指令。在“Visual Basic 编辑器”中对过程和宏方案所做的修改将反映在 Word 的“宏”和“管理器”对话框中。

在“宏名”框中选择要删除的宏的名称,单击“删除”按钮即可删除宏。

想想议议

总结宏的用途。

8.3.4 项目交流

自学国产优秀软件 WPS,总结与归纳 Word 与 WPS 的应用特色,两者的区别与优势之处有哪些?它们是否有需要改进的地方?

分组进行交流讨论会,并交回讨论记录摘要,记录摘要内容包括时间、地点、主持人(即组长,建议轮流当组长)、参加人员、讨论内容等。

实验 1 文档编辑排版及表格制作

一、基本技能实验

1. 文档基本编辑

(本题使用“文字处理 1\基本技能实验”文件夹)

打开 Word1_jbjn.docx 文档，文件另存为“实验 1-1-班级-姓名.docx”。

提示：一般地，应用程序（如 Word、Excel 等）默认保存文件的位置都在“库”→“文档”→“我的文档”文件夹中，保存的文档类型默认是.docx。用户可根据需要改变文档的保存路径或改变文件名及文档类型。

（1）在文档最后另起一段插入文件“4.爱国不能停留在口号上.docx”的内容。

提示：

主要分两步：

① 确定起始位置：将光标定位到最后一个自然段的行末，按 Enter 键，出现另一自然段，即空行。

② 添加内容：选择“插入”→“文本”组，单击“对象”右侧下拉按钮，选择“文件中的文字”命令，在“插入文件”对话框中选择要添加的文件。

（2）设置页面：A4，纵向；上、下、左、右页边距均为 2 厘米；每页为 40 行，每行 35 个字符。

提示：选择“布局”→“页面设置”组。

注意：设置每页行数、每行字符数需要选择“布局”→“页面设置”组右下角的图标，打开“页面设置”对话框中的“文档网格”选项卡，选中“网格”选项组中的“指定行和字符网格”单选按钮才能进行相应值的设置。

（3）利用查找和替换功能：将正文所有的手动换行符↓替换为段落标记↵。

提示：注意 Word 中对于段落的界定标志是 Enter 键。按 Ctrl＋H 或 Ctrl＋G 组合键可快速打开“查找和替换”对话框→将光标定位在“查找内容”文本列表框中，单击“更多”按钮→在“特殊格式”列表中选择“手动换行符”，这时会在“查找内容”文本列表框中显示出^l；再把光标定位到“替换为”文本列表框中，在“特殊格式”列表中选择“段落标记”，这时在“替换为”文本列表框中显示出^p，单击“全部替换”按钮即可完成替换。

（4）设置标题文字“家是最小的国，国是千万家”的格式为：黑体、二号，加粗，居中对齐。

(5) 除标题外的正文设置为：左对齐，首行缩进2字符，行间距为最小值16磅。

提示：

主要分两步：

① 选择文本区域：文本的选定有连续或不连续选定两种情况。拖动鼠标或Shift+单击可实现连续选定；Ctrl+拖动鼠标可实现不连续选定。

② 设置格式：选择"开始"→"段落"组。

注意：在设置时，如 特殊格式(S): 首行缩进 磅值(Y): 2字符 所示，如果当前所用度量单位不符合需要，可以直接输入其他合法的单位，如2字符、0.74厘米等。

(6) 设置正文中四个小标题"1.中国人是了不起的""2.爱国是第一位的""3.弘扬爱国主义精神""4.爱国不能停留在口号上"的边框和底纹：应用范围为段落，0.5磅、蓝色、单线边框、黄色底纹。

提示：

本题有两种方法：

① 使用Ctrl+拖动鼠标不连续选定4个小标题；选择"开始"→"段落"组，单击"边框"右侧下三角形箭头，在其下拉菜单中选择"边框与底纹"命令，在打开的对话框中进行设置。

② 按要求设置完成第1个小标题后，使用格式刷复制和粘贴格式。

(7) 设置分栏：第三段起所有文本分两栏，栏宽相等，加分隔线。

提示：选择"布局"→"页面设置"组。

(8) 设置页眉页码：页眉内容为"家国情怀"；页码在页面底端，数字格式为"-数字-"，如-1-、-2-样式，对齐方式为"居中"。

提示：主要分两步：

① 插入页眉：选择"插入"→"页眉和页脚"组。

② 插入页码：选择"页眉和页脚工具|设计"选项卡→"页眉和页脚"组，在"页码"的下拉菜单中选择"设置页码格式"命令，在打开的对话框中进行"编号格式"设置，在"页码"的下拉菜单中选择"页码底端"命令，选择对齐方式为"居中"的形式。

2. 表格创建、编辑和设置

（本题使用“文字处理 1\基本技能实验”文件夹）

（1）新建空白文档，文件名保存为“实验 1-2-班级-姓名. docx”。

（2）在文档中插入 4 行 6 列的表格。

提示：选择“插入”→“表格”组。

（3）设置行高和列宽：第 1、2、3、4 行的行高均为最小值 1 厘米；第 1、2、3、4、5、6 列的列宽分别设置为 2、3、2、2、3、4 厘米。

提示：

① 选定第 1 行并右击，在弹出的快捷菜单中选择“表格属性”命令，在“行”选项卡中设置。

② 选定第 1 列并右击，在弹出的快捷菜单中选择“表格属性”命令，在“列”选项卡中设置第 1 列列宽，单击“后一列”按钮，依次设置后面的列宽。

（4）表格在页面位置：水平居中。

提示：单击表格左上角的⊞图标（注意，需要选定整个表格，而不是所有行或所有列），在“段落”组中设置水平居中。

（5）按图 8.20 所示合并单元格，并在相应的单元格中输入文字。表格内文字设置为：仿宋、五号、加粗、中部居中（即水平和垂直方向均居中）。

<table>
<tr><td>姓名</td><td></td><td>性别</td><td></td><td>出生年月</td><td></td></tr>
<tr><td>籍贯</td><td colspan="3"></td><td>政治面貌</td><td></td></tr>
<tr><td colspan="2">通讯地址</td><td colspan="4"></td></tr>
<tr><td>电话</td><td colspan="3"></td><td>邮政编码</td><td></td></tr>
</table>

图 8.20　样表

提示：

① 选定需要合并的单元格后右击，在快捷菜单中选择“合并单元格”命令。

② 输入文字，选定所有列，选择“开始”→“字体”组。

③ 中部居中：选定所有列，选择“表格工具|布局”→“对齐方式”组，选择“水平居中”按钮，可实现表格元素中部居中对齐。

(6) 设置表格线，其中，外侧框线为第一种线型，蓝色，1.5 磅；内侧框线为第一种线型，蓝色，0.5 磅。

提示：

单击表格选定⊞图标，选择“表格工具|设计”→“边框”组，使用“边框和底纹”对话框；或使用边框刷绘制。

小贴士：

① 实现同一表格跨多页时显示同一标题。

操作方法：选中表格标题行或将光标定位在标题行的单元格内→选择“表格工具|布局”→“数据”组→单击“重复标题行”按钮。

② 将文本转换为表格前，文本中必须要有分隔符。如果没有，在转换前，可以手动进行添加，使用英文逗号或空格或制表符或回车符进行分隔。

③ 在插入行和列之前，需要先选择插入位置，插入行和列的位置可以是一个单元格，也可以是一行或一列。当用户选中多行或多列时就会在表格中间插入和选定数量一样的行和列。

④ 使用 Backspace 键可快速删除选中的行或列。

二、实训拓展

1. 个性日历制作

(本题使用“文字处理 1\实训拓展\1”文件夹)

利用“日历”模板制作漂亮的个性日历送给朋友，文档保存为 Word1_sxtz1.docx。

2. 使用邮件合并功能批量生成录取通知书

(本题使用“文字处理 1\实训拓展项目\2”文件夹)

假设现有一份某高校的专业录取数据清单(录取清单.docx)，现需要对于此清单中的所有学生发送录取通知书，模板如图 8.21 所示。尝试在此模板中插入数据清单中的信息，生成一个包含所有学生录取通知书的文件，保存为 Word1_sxtz2.docx。

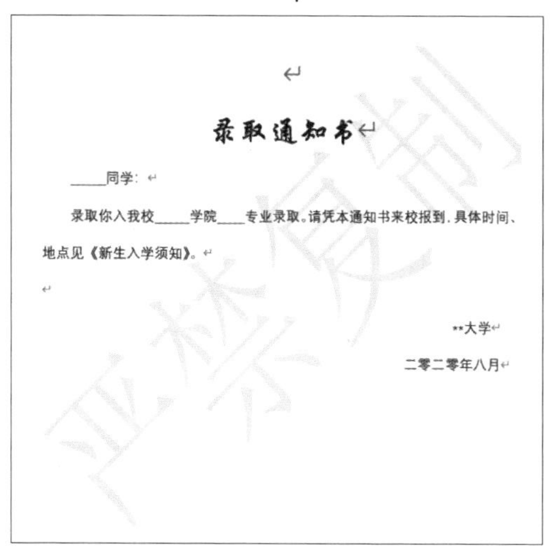

图 8.21　录取通知书模板

小贴士：

① 邮件合并前需先建立两个文件：一个包含公共内容的模板文件（比如未填写的通知书模板、信函模板等）和一个数据源文件，然后使用邮件合并功能在模板文件中插入数据源文件中的信息。在使用 Excel 工作簿文件作为数据源时，必须保证是数据库格式，即第一行必须是字段名，记录行即数据行中间不能有空行等。

② 操作步骤：选择“邮件”→“开始邮件合并”组→在“选择收件人”的下拉菜单中选择“使用现有列表”→选择“录取清单.docx” →光标依次定位到需要插入姓名、学院、专业的地方→“编写与插入域”组→在“插入合并域”的下拉菜单中依次选择“姓名”“学院”“专业”→“完成”组→在“完成并合并”的下拉菜单中选择“编辑单个文档”→在弹出的“合并到新文档”对话框中选择“全部”，此时即可生成批量录取通知书。

实验2 图文混排

一、基本技能实验

（本题使用"文字处理2\基本技能实验"文件夹）

打开文档"孝为立身之本.docx"，文件名另存为"实验2-班级-姓名.docx"。

1. 使用艺术字

将标题"孝为立身之本"改成艺术字，并设置格式：艺术字使用第3行第4列样式；环绕方式为上下型；位置为相对页面水平居中对齐。

提示：

① 选定标题"孝为立身之本"→选择"插入"→"文本"组→在"艺术字"下拉菜单中选择需要设置的样式。

② 右击艺术字→在快捷菜单中选择"其他布局选项"命令；或选定艺术字→选择"绘图工具|格式"→"排列"组。

2. 使用形状

在文章最后空白处插入"基本形状"中的"心形"。大小：高度为4厘米，宽度为9厘米。图形位置：相对页面水平居中对齐，垂直方向距页边距下侧19cm。填充与线条：形状填充为黄色，形状轮廓为红色，形状效果为"发光，11磅，红色，主题色2"。添加文字"孝亲感恩"，楷体、三号、加粗、黑色、水平居中。

提示：

① 选择"插入"→"插图"组→在"形状"下拉菜单中选择"基本形状"中的"心形"。

② 大小和位置的设置步骤：右击"心形"→在快捷菜单中选择"其他布局选项"命令；或选定"心形"→选择"绘图工具|格式"→单击"大小"组右下角的图标。

③ 填充与线条的设置步骤：右击"心形"→在快捷菜单中选择"其他形状格式"命令；或选定"心形"→选择"绘图工具|格式"→"形状样式"组。

④ 添加文字的设置步骤：右击"心形"→在快捷菜单中选择"编辑文字"→输入"孝亲感恩"→设置字体格式。

3. 使用图片

在正文第3段后面插入图片文件“陪伴.jpg”，设置大小为原图片的50%。

提示：

① 单击“插入”→“插图”组→“图片”按钮。

② 右击图片→在快捷菜单中选择“大小和位置”命令；或选定图片→选择“绘图工具|格式”→“大小”组。

注意：

如果锁定了纵横比，图片进行缩放时保持长宽比例不变。如果要设置图片具体的高宽值，应取消纵横比。

4. 使用文本框

在图片“陪伴.jpg”下方插入一个文本框，文本框内输入文字“孝亲”，宋体、五号、水平居中，并设置文本框的形状轮廓为“无轮廓”。

提示：

① 选择“插入”→“文本”组→在“文本框”下拉菜单中选择“简单文本框”或“绘制横排文本框”命令。

② 输入文字“孝亲”，并在“字体”组中设置相应字体。

③ 选定文本框→选择“绘图工具|格式”→“形状样式”组。

5. 多个图形对象的使用

将文本框和图片水平居中对齐后进行组合，设置组合对象环绕方式为“四周型”，并将其放在正文第3段的右侧。

注意：

① 只有图片的环绕方式改为“四周型”等非嵌入型时，才能自由移动或精确设置其位置，也才能与其他图形组合成一个新对象。

② 设置组合对象的格式时，注意选择组合对象整体，不要选择组合对象的一部分。

③ “衬于文字下方”的图片往往不容易选中，可以这样操作：选择“开始”→“编辑”组→在“选择”下拉菜单中选择“选择对象”命令。

提示：

① 设置图片环绕方式为“四周型”：右击图片→在快捷菜单中选择“大小

和位置”命令;或选定图片→选择“绘图工具|格式”→“排列”组。

② 移动图片,使其在文本框的上方,Shift+单击连续选中图片与文本框→选择“图片(绘图)工具|格式”→“排列”组→在“对齐”下拉菜单中选择“水平居中”命令,→“排列”组→“组合”按钮,进行两者的组合。

③ 设置组合对象的环绕方式:右击组合对象→在快捷菜单中选择“其他布局选项”命令;或选定组合对象→选择“图片(绘图)工具|格式”选项卡→“排列”组→在“环绕文字”下拉菜单中设置。

④ 用鼠标拖动组合对象至正文第3段右侧。

二、实训拓展

1. 制作个性化的求职档案

(本题使用“文字处理2\实训拓展\1”文件夹)

参考本章项目实例相关内容,动手制作个性化的求职档案,要求内容简洁,美观大方。完成后以Word2_zhsx1.docx为文件名保存到本题所用文件夹中。

2. 制作立体相框

(本题使用“文字处理2\实训拓展\2”文件夹)

参照Word3_sxtz2_样张.jpg,利用Word丰富的图形处理功能,制作一个立体相框,完成后以文件名为Word2_sxtz2.docx保存到本文件夹中。

小贴士:

在Word中可以设置图片的不同格式,为了使图片具有立体效果,可通过设置图片的阴影、柔化边缘、形状等,即可制作具有立体感的相框。

3. 使用嵌入对象和链接对象

(本题使用“文字处理2\实训拓展\3”文件夹)

为丰富Word文档的内容,可以在文档中链接或嵌入由其他应用程序生成的对象,如声音、图片、表格等。打开文档Word2_sxtz3.docx,参照样张,将本题文件夹下提供的图片文件嵌入文档中,将工作簿文件链接到文档中。

对比一下链接与嵌入的区别。

第9章 电子表格处理

Excel是Microsoft公司开发的套装软件Office中的一个成员，用于电子表格处理，其界面友好、操作简单、易学易用。

本章主要介绍Excel的基本概念、基本操作、图表应用、数据库管理等内容。

9.1 Excel简介

Excel可以用来创建、组织各种数据表格和图表，使得制作出的报表图文并茂，信息表达清晰。Excel具有以下主要功能。

① 可以实现对数据表格输入、编辑、访问、复制、移动、隐藏和格式化等处理。

② 具有数据计算、统计和分析功能，如自动计算、使用各类函数。

③ 具有直观地表示和查看数据的图表功能。

④ Excel把工作表中的数据作为一个简单数据库，提供查找、排序、筛选和分类汇总等数据库管理功能。

9.1.1 Excel的基本概念

在Excel中，工作簿、工作表和单元格是Excel中主要的操作对象。

1. 工作簿

Excel文档称为工作簿，是计算和存储数据的文件，扩展名为.xlsx，每个工作簿由一张或多张工作表组成。

2. 工作表

在Excel中，工作表主要用于处理和存储数据，通常有两种类型。

(1) 普通工作表。

普通工作表是存储和处理数据的主要空间，是完成一项工作的最基本单位。

它由单元格组成，行由数字命名，自上而下为 1～1 000 000；列由英文字母命名，自左而右先从 A～Z，再从 AA～AZ，BA～BZ，依此类推。

(2) 图表工作表。

图表工作表是以图表的形式表示数据的工作表。

3. 单元格

单元格是 Excel 工作簿的最小组成单位，是最基本的存储和处理数据的单元。任何一个单元格都是由对应的行下标和列下标进行命名和引用，数据只能在单元格中输入。多个连续的单元格称为单元格区域。

完整的单元格命名格式为：

[工作簿名]工作表名!单元格名

例如，[学生成绩]Sheet3!A4 表示的是“学生成绩.xlsx”工作簿的 Sheet3 工作表中的 A4 单元格。如果要表示的单元格在当前工作簿的当前工作表中，则工作簿名称和工作表名称均可省略。

9.1.2 Excel 的窗口组成

Excel 的运行环境、启动和退出操作与 Word 相似，这里不再赘述。

Excel 窗口中包含的元素与 Word 类似，如图 9.1 所示，增加了“公式”和“数据”选项卡，这是它的特色功能。

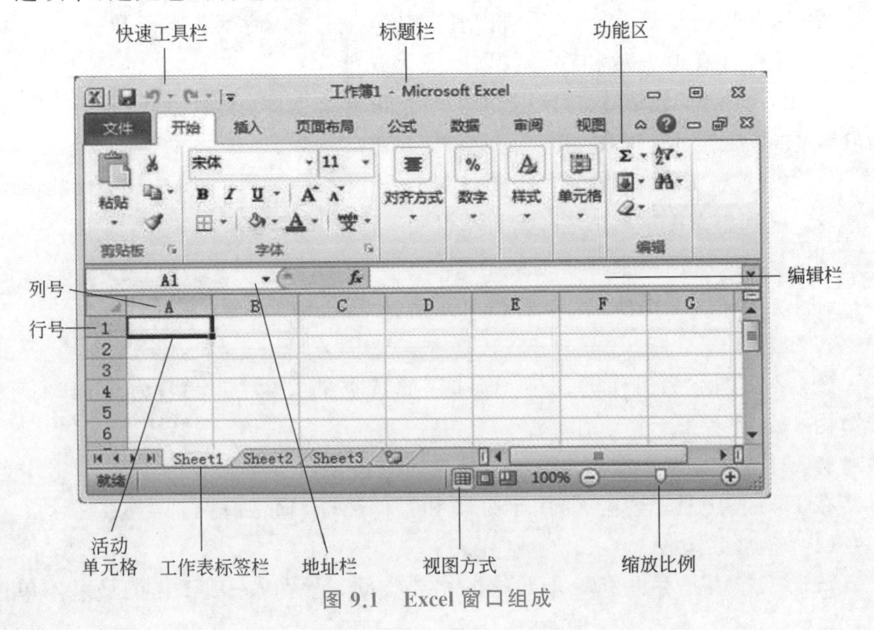

图 9.1 Excel 窗口组成

(1) 地址栏。

地址栏用于显示当前单元格或区域的地址。

(2) 编辑栏。

编辑栏用于显示、输入或修改选定单元格中的数据和公式。

(3) 工作表标签栏。

工作表标签栏用于显示工作表的名称,可以实现不同工作表之间的切换。

9.2 项目实例 1:学生管理

9.2.1 项目要求

学生管理主要任务有工作表的编辑与排版,总成绩、名次和毕业时间的计算与填充,利用公式和图表进行成绩分析等。通过本项目实例的学习,掌握 Excel 的数据录入、公式与函数的使用、工作表格式设置、工作表的基本操作、图表的创建与编辑等知识点,本项目效果如图 9.2 所示。

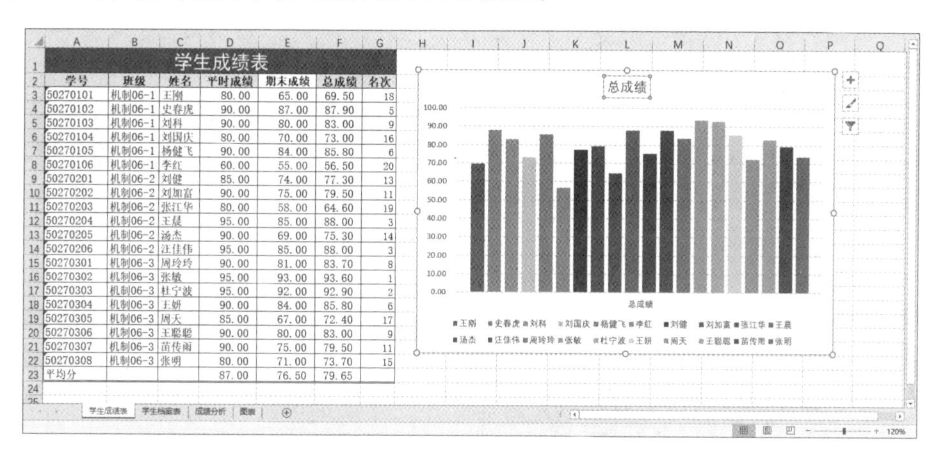

学生成绩表

学号	班级	姓名	平时成绩	期末成绩	总成绩	名次
50270101	机制06-1	王刚	80.00	65.00	69.50	18
50270102	机制06-1	史春虎	90.00	87.00	87.90	5
50270103	机制06-1	刘科	90.00	80.00	83.00	9
50270104	机制06-1	刘国庆	80.00	70.00	73.00	16
50270105	机制06-1	杨健飞	90.00	84.00	85.80	6
50270106	机制06-1	李红	60.00	55.00	56.50	20
50270201	机制06-2	刘健	85.00	74.00	77.30	13
50270202	机制06-2	刘加富	90.00	75.00	79.50	11
50270203	机制06-2	张江华	80.00	58.00	64.60	19
50270204	机制06-2	王晨	95.00	85.00	88.00	3
50270205	机制06-2	汤杰	90.00	69.00	75.30	14
50270206	机制06-2	汪佳伟	95.00	85.00	88.00	3
50270301	机制06-3	周玲玲	90.00	81.00	83.70	8
50270302	机制06-3	张敏	95.00	93.00	93.60	1
50270303	机制06-3	杜宁波	95.00	92.00	92.90	2
50270304	机制06-3	王妍	90.00	84.00	85.80	6
50270305	机制06-3	周天	85.00	67.00	72.40	17
50270306	机制06-3	王聪聪	90.00	80.00	83.00	9
50270307	机制06-3	苗传雨	90.00	75.00	79.50	11
50270308	机制06-3	张明	80.00	71.00	73.70	15
平均分			87.00	76.50	79.65	

图 9.2 学生管理实例效果

9.2.2 项目实现

1. 输入信息

在“2-Excel 项目素材”文件夹的“1-学生成绩表. xlsx”中已经有部分数据,包括列标题和学生成绩部分信息。输入的信息包括以下三类。

(1) 输入文本。

文本是指当作字符串处理的数据，包含字母、汉字、数字、空格、其他符号等字符。默认情况下，在单元格中文本是以左对齐方式放置。Excel 中的文本有两种形式：

① 字符型字符串。这类文本最常用，如班级、姓名等。

说明：若一个单元格中的内容需要换行显示，先将插入光标移动到换行处，按 Alt+Enter 键即可，或是单击“开始”选项卡中的“对齐方式”组中的自动换行按钮。

② 纯数字字符串。这类文本全部由数字组成，既没有表示大小的概念，也不参与算术运算，而是作为字符来看待，如学号、工号、电话号码、邮政编码等数据。

这类文本的输入要用英文单引号(')协助输入。在选定单元格后，先输入英文半角单引号(')，接着输入数字字符，最后按 Enter 键确认。例如，要输入学号“50270101”时，应在选定单元格中输入“'50270101”。

(2) 输入数值。

数值可以采用整数、小数或科学记数法等方式输入。它由数字(0～9)和一些特殊符号组成。在数值型数据中可用的符号包括正号(+)、负号(－)、小数点(.)、指数符号(E、e)、百分号(%)、千分号(,)、分数线(/)和货币符号(￥、$)等。默认情况下，在单元格中数字以右对齐的方式放置。本项目需输入实验成绩和期末成绩。

说明：

① Excel 的数值输入与数值显示形式有时不同，计算时以输入数值为准。

② 当输入数值后单元格内显示一串“#”号，表示输入的数值宽度超过了单元格的宽度。只要增加单元格的宽度就可以正确显示。

③ 分数的前面应加上 0 和一个空格，用于区分日期和数字。如直接输入“1/9”显示 1 月 9 日，而是需要输入“0 1/9”来表示分数九分之一。

(3) 输入日期和时间。

在默认情况下，单元格中的时间或日期数据以右对齐的方式放置。本项目中需输入“入学时间”。

① 日期的格式规定。在输入日期时，可以用分隔符(/ 或 -)或相应的汉字分隔年、月、日各部分。例如，输入“1967/2/8”“1967-2-8”或“1967 年 2 月 8 日”

都是正确的。

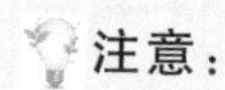注意：

若使用分隔符(/、-)输入日期数据时，只能按年-月-日、年/月/日、月-日、月/日这几种顺序格式输入，否则系统不认为是日期数据，而是作为文本处理。

② 时间的格式规定。在输入时间时，用冒号(:)或相应的汉字分隔时间的时、分、秒。时间格式规定为“hh:mm:ss〔AM/PM〕”，其中“AM/PM”与时间数据之间应有空格，例如“3:15:00 PM”。若AM/PM省略，Excel默认为上午时间。

2. 利用公式自动计算

Excel中的公式以“=”开头，是一个由数值、单元格引用、名字、运算符、函数组成的序列。

(1) 公式中的运算符。

在Excel公式中采用的运算符可以分为以下四种类型。

① 算术运算符，用来完成基本的数学运算。包括加号(+)、减号(-)、乘号(*)、除号(/)、乘方(^)、百分号(%)。

② 比较运算符，用来完成两个数值的比较，比较的结果是一个逻辑值True或False。比较运算符包括：等号(=)、大于号(>)、大于或等于号(>=)、小于号(<)、小于或等于号(<=)和不等号(<>或><)。

③ 文本运算符，能够将两个文本连接成一个组合文本。只有一个运算符，即&，如表9.1所示。

④ 引用运算符，将单元格区域进行合并计算。包括冒号(:)、逗号(,)和空格，如表9.1所示。

表9.1 文本运算符和引用运算符的功能简介

运算符	含　义	举　例
文本运算符	将两个文本连接产生一个组合的文本	“计算机”&“信息”运算结果为“计算机信息”
:(冒号)	区域运算符，对两个引用之间，包括两个引用在内的所有单元格进行引用	SUM(A2:D4)表示对以A2、D4为对角线组成的一个矩形区域中的所有单元格求和
,(逗号)	联合运算符，将多个引用合并为一个引用	SUM(A2,D4)表示只对A2、D4这两个单元格求和
空格	交叉运算符，产生同时属于两个引用的单元格区域的引用	SUM(A1:B2　B1:C2)表示对同属于这两个区域的单元格B1、B2进行求和

(2) 输入公式表达式。

本项目中需计算“总成绩”,计算公式：总成绩＝实验成绩×30％＋期末成绩×70％,操作步骤如下。

① 选定放置运算结果的单元格,这里选定 F2。

② 输入公式表达式,方法有如下两种。

· 逐字输入“＝D2 * 0.3＋E2 * 0.7”。

· 输入“＝”,然后单击 D2 单元格,则 D2 就会出现在当前单元格中,输入“ * 0.3＋”,然后单击 E2 单元格,再输入“ * 0.7”。

③ 按 Enter 键,表示公式输入完毕,这时 F2 中将显示计算结果。

(3) 使用函数。

在公式表达式中可以使用函数,Excel 提供了丰富的函数,如统计函数、三角函数、财务函数、日期与时间函数、数据库函数、文字函数、逻辑函数等。

本项目中首先计算“平均分”。操作步骤如下。

① 选定放置运算结果的单元格 D22。

② 选择“开始”→“编辑”组→选择 Σ· 的下拉菜单中的“平均值(A)”命令；或选择“公式”→“函数库”组→选择 Σ· 的下拉菜单中的“平均值(A)”命令,下拉菜单如图 9.3 所示。

如果要使用的函数不在此下拉菜单中,可以选择“其他函数(F)”命令或“公式”→“函数库”组→插入函数按钮 fx 插入函数,弹出如图 9.4 所示的“插入函数”对话框,在此选择所需函数及参数。

③ 函数输入成功后,会在选定的单元格中显示计算结果,编辑栏中会显示输入的公式表达式。

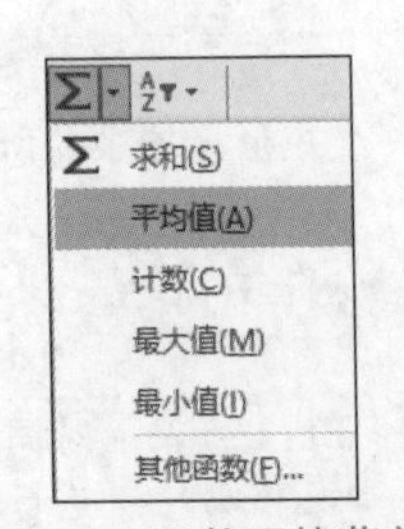

图 9.3　函数下拉菜单

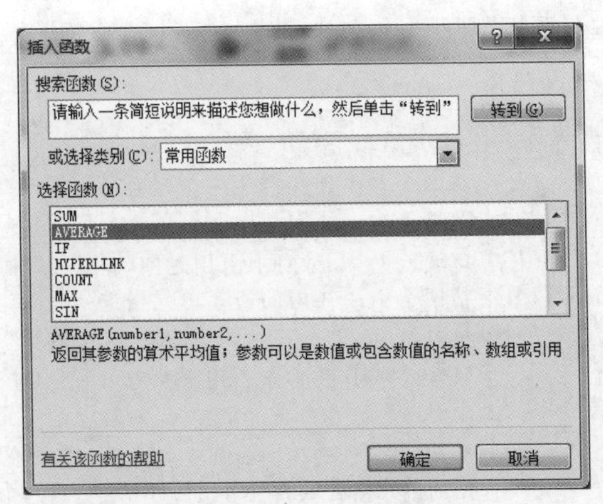

图 9.4　“插入函数”对话框

(4) 公式中单元格的引用。

引用方式有如下三种。

① 相对引用：相对引用是指把公式复制或填入到新位置时，公式中的单元格地址会随着改变。

如本项目F2中的公式使用的就是相对地址，这时将F2单元格右下角的黑色方块(称填充柄)向下拖动至F21，就会实现总成绩的公式复制。再拖动D22的填充柄至F22，就会实现平均分的公式复制。

② 绝对引用：绝对引用是指把公式复制或填入到新位置时，公式中的单元格地址保持不变。设置绝对地址只需在行号和列号前加"$"符号即可。

如果将本项目D22中的"=AVERAGE(D2:D21)"改为"=AVERAGE($D$2:$D$21)"，这时再拖动D22的填充柄会看到什么结果呢？

③ 混合引用：混合引用是指把公式复制或填入到新位置时，保持行或列的地址不变。

如"$F2"表示列号绝对引用，行号相对引用；"F$2"表示行号绝对引用，列号相对引用。

注意：

在编辑栏或单元格中输入单元格地址后，根据需要按F4键可实现"绝对引用""相对引用"和"混合引用"的快速切换。

3. 自动填充

当在工作表中输入一些有规律的数据时，可以使用Excel提供的自动填充功能。自动填充功能是Excel的特色功能之一，不仅可以实现等比、等差序列的填充，还可以实现自定义序列的填充。

(1) 简单填充。

当填充的数据是等差序列或是保持不变，这样的数据称为简单关联。简单关联的操作步骤如下。

① 选定含有初始值的单元格。若是步长为1或－1的填充，只需选定一个含初始值的单元格；否则可以选定两个或多个含有趋势初始值的单元格。

② 拖动填充柄实现填充。将鼠标移动到填充柄附近，鼠标指针变成黑色实心十字状，按左键向上下左右拖动填充柄均可实现填充。

例如，本项目中要想填充空白处的学号，只需拖动单元格"50270201"的填充柄至"50270206"，再拖动单元格"50270301"的填充柄至"50270308"即可。

注意：

若只选定一个单元格，其内容是数值型或不含有数字的文本型数据，直接拖动填充柄可实现复制操作；按下 Ctrl 键再拖动填充柄，可实现等差填充。若单元格中是含有数字的文本型数据或日期型数据，直接拖动填充柄，就可以实现等差填充。

(2) 序列填充。

操作步骤如下。

① 首先设置含有初始值的单元格。

② 选定需要填充的单元格区域，此区域必须以含有初始值的单元格为起始单元格。

③ 调出"序列"对话框。

选择"开始"→"编辑"组→选择填充按钮 填充 下拉菜单中的"序列"命令；或按下鼠标右键拖动含有初始值的单元格的填充柄到填充的终止单元格，在快捷菜单中选择"序列"命令，均会出现如图 9.5 所示"序列"对话框。

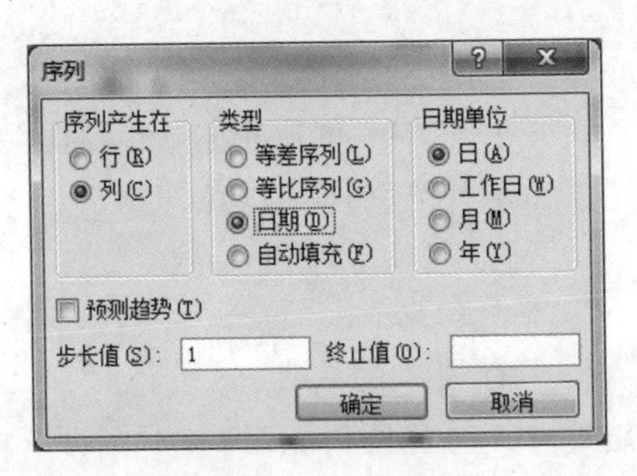

图 9.5 "序列"对话框

④ 在"序列"对话框中指定序列填充的方向(行或列)、关联类型、步长值、终止值等选项即可。

注意：初学者很容易忽略第②步。

(3) 自定义填充序列。

操作步骤如下。

① 选择"开始"→"编辑"组→选择"排序和筛查"按钮下拉菜单中的"自定义排序"命令，弹出"排序"对话框，单击对话框"升序"下拉列表中的"自定义序列"命令，弹出如图 9.6 所示的"自定义序列"对话框。

② 在“输入序列”列表框中，从第一个序列元素开始输入新的序列，输入一个元素后，按一次 Enter 键。例如，建立新的序列“周一、周二、…、周日”。

③ 整个序列输入完毕后，单击“添加”按钮，将新序列添加到左侧的“自定义序列”列表框中。单击“确定”按钮确认，以后这些新序列就可以自动填充了。

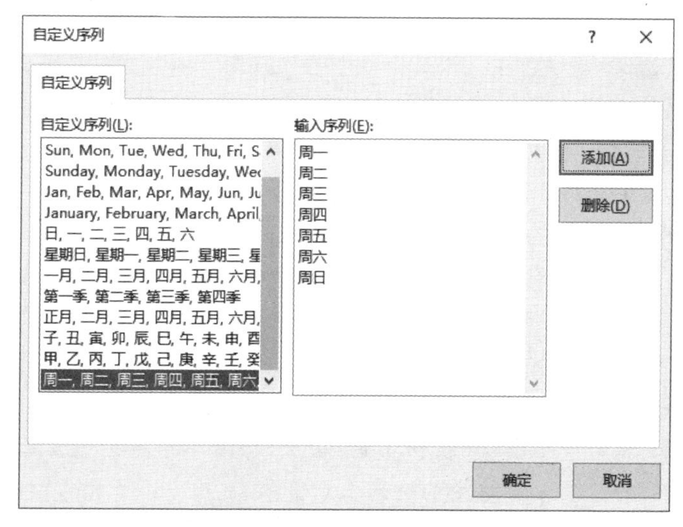

图 9.6 “自定义序列”对话框

4. 插入和删除单元格/行/列

本项目中需要在表的第一行上方插入一行，并输入表标题“学生成绩表”。

(1) 插入单元格/行/列。

操作步骤如下。

① 选择要插入的单元格、行或列，如本项目中的第 1 行。

② 右击鼠标→在快捷菜单中选择“插入”命令；或选择“开始”→“单元格”组→选择下拉菜单中的相应选项。

本项目在第 1 行前插入空行后，在 A1 中输入文字“学生成绩表”即可。

注意：如果需要插入多行/多列，需先选定与待插入的空行数目相同的数据行。

(2) 删除单元格/行/列。

操作步骤如下。

① 选择要删除的单元格、行或列。

② 右击鼠标→在快捷菜单中选择“删除”命令；或选择“开始”→“单元格”

组→选择 删除 下拉菜单中的相应选项。

相关知识

单元格内容的编辑

(1) 单元格的状态。

在 Excel 中,单元格有两种状态,即选定状态和编辑状态。

① 选定状态:用鼠标单击某单元格,即选定当前单元格。此时往单元格输入数据会替换单元格中原有的数据。

② 编辑状态:用鼠标双击单元格,在选定当前单元格的同时,在单元格内有插入光标,编辑栏也被激活。此时可修改单元格中原有的数据。

(2) 清除单元格。

具体操作步骤如下。

① 选定要清除信息的单元格。

② 选择“开始”→“编辑”组→在 清除 下拉菜单中根据需要选择相应的命令,包括全部(表示将单元格中的全部信息清除,成为空白单元格,但并不删除单元格。)、内容、格式、附注、超链接。

另外,清除单元格内容也可以用 Delete 键或 Backspace 键。

(3) 选择性粘贴。

一个单元格可以包括数据(公式及其结果)、批注和格式等多种特性。有时只需要复制单元格中的部分特性,例如只需要粘贴文本而不粘贴格式,此时可使用“选择性粘贴”命令来实现。

具体操作步骤如下。

① 将选定单元格区域的内容放入剪贴板。

② 选定目标单元格。

③ 选择“开始”→“剪贴板”组→“粘贴”下拉列表中选择相应命令。

5. 设置单元格的格式

单元格格式包括字体、边框、图案、对齐方式、数字类型等。

设置单元格格式的操作如下。

(1) 选定要设置格式的单元格区域。

(2) 选择“开始”→“字体”组、“对齐方式”组或“数字”组中进行设置;或右击选定区域→选择快捷菜单中的“设置单元格格式”命令(或在“单元格”组的“格式”下拉菜单中选择“设置单元格格式”命令)→在弹出的“设置单元格格式”对话框中进行设置，如图 9.7 所示。

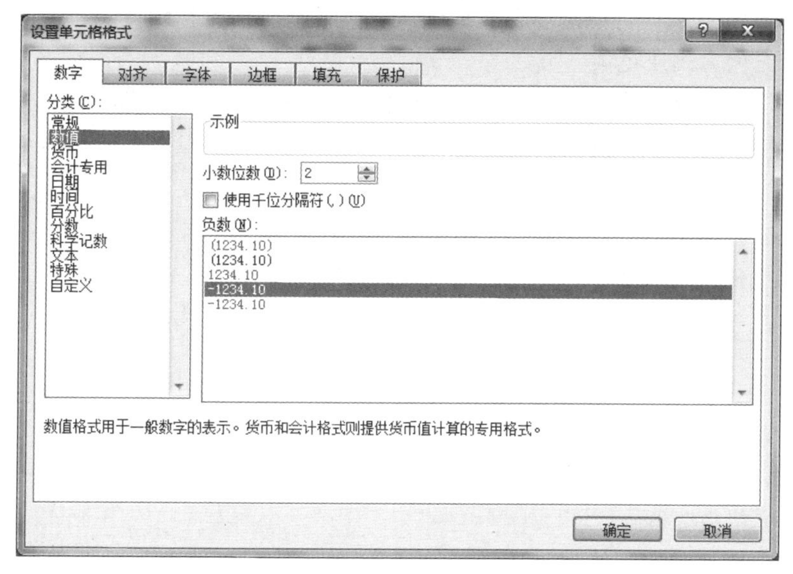

图 9.7 “设置单元格格式”对话框

① 数据格式：本项目需将所有成绩设置为数值型、小数位数 2 位、负数使用第四种形式。

选定后，选择“开始”→“数字”组→单击按钮 进行设置；或在“设置单元格格式”对话框→“数字”选项卡中设置。

② 对齐方式：默认单元格中的文本数据左对齐，数值、日期型数据则是右对齐。

本项目需将表标题“学生档案管理”居中，列标题居中。

选中 A1 至 G1 单元格→“对齐方式”组→单击“合并后居中”按钮；或在“设置单元格格式”对话框→“对齐”选项卡中设置。再选中 A2 至 G2 单元格→“对齐方式”组→单击“居中”按钮。

③ 字体：本项目需设置表标题“学生成绩表”为黑体、20 号、黄色；列标题为宋体、12 号、加粗；其他内容为宋体、12 号。

选定后，选择“开始”→“字体”组；或在“设置单元格格式”对话框→“字体”选项卡中设置。

④ 边框：默认工作表中的单元格是由一些浅灰色线条进行划分，这些线在预览和打印时是不可见的。本项目需设置表的外框线为双线型、内框线为单线型。

选定后，选择“开始”→“字体”组中的按钮；或在“设置单元格格式”对话框→“边框”选项卡中设置。

⑤ 填充：本项目中需要将表标题“学生成绩表”单元格填充为蓝色，列标题设置填充色为浅灰色。

选定后，选择“开始”→“字体”组中的按钮 ；或在“设置单元格格式”对话框→“填充”选项卡中设置。

注意：

① 使用“格式刷”按钮 格式刷，可实现单元格格式的快速复制。

② 可以利用“开始”→“样式”组中的样式来快速设置格式。

6. 调整行高和列宽

本项目需要将列宽设置为“最适合的列宽”，第一行行高设置为25.5，其他行高为“最适合的行高”。

(1) 精确调整。

选定要调整的行或列→选择“开始”→“单元格”组；或右击要调整的行或列→快捷菜单中选择相应命令。

(2) 拖动调整。

先选定所有要调整的列(一列或多列)→将鼠标移到选定列标号的右界，鼠标指针呈↔状时左右拖动实现列宽调整。

(3) 自动调整行高/列宽。

为了使列宽与该列内容适应，先选定所有要调整的列(一列或多列)→鼠标移到要调整的列标号右界，指针为↔状时，双击即可。

如果要对多列同时调整为合适列宽，先选定所有要调整的列→双击任一选定列标号的右界。

说明：行高的调整与列宽操作基本相似，只是将列操作换成行操作。

7. 组织工作表的操作

组织工作表的操作包括插入、删除、移动、复制、重命名等。

(1) 插入工作表。

操作方法：

在窗口左下角的工作表标签栏→单击“插入工作表”按钮 ⊕ 将会在此工作表的后面插入一个新的工作表；或右击某工作表标签→在快捷菜单中选择“插入(I)”命令，将会在此工作表的前面插入一个新的工作表。

（2）删除工作表。

右击要删除的工作表标签→在快捷菜单中选择“删除(D)”命令。

注意：

删除工作表时一定要慎重！工作表一旦删除将无法恢复。

（3）移动或复制工作表。

工作表允许在一个或两个工作簿之间移动。如果要实现工作表在不同的工作簿中移动，需将原工作簿和目标工作簿同时打开。

可以使用以下两种操作方法。

① 使用快捷菜单。右击要移动或复制的工作表标签→在快捷菜单中，选择“移动或复制工作表(M)”命令→在弹出的对话框中进行设置，如图 9.8 所示，如果选择了对话框左下角的“建立副本”选择框，则将复制此工作表。

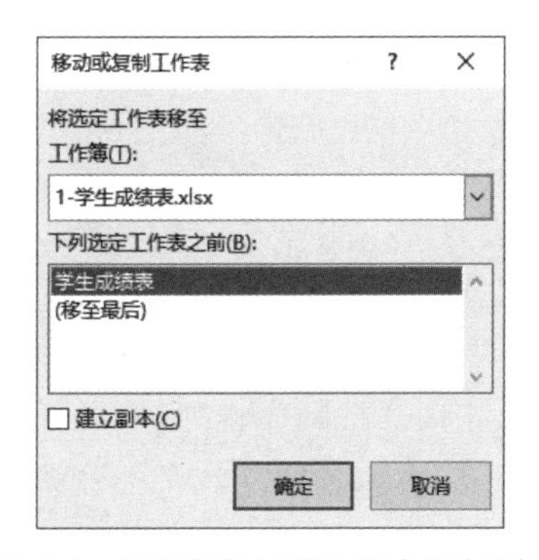

图 9.8 “移动或复制工作表”对话框

② 使用鼠标拖动。单击要移动或复制的工作表标签→按下鼠标左键，当鼠标指针呈状时开始拖动鼠标，待小箭头移动到目标位置时释放鼠标；按下 Ctrl 键再拖动鼠标即可复制工作表。

本项目中需要插入“学生档案表”，此表需要复制“学生成绩表”的基本格式和前 3 列内容，并在后面插入新列“政治面貌”和“电子邮箱”。

本项目可以先复制“学生成绩表”为“学生成绩表(2)”，然后在此表基础上进行内容的修改。

想想议议

当工作表多页时，如何保持工作表中的列标题始终可见？（提示：“视图”选项卡）

(4) 重命名工作表。

本项目中要将“学生成绩表(2)”改名为“学生档案表”。

操作方法：右击要重命名的工作表标签→选择快捷菜单中“重命名(R)”命令;或双击重命名的工作表标签→呈反相显示后输入新的名称。

(5) 隐藏或取消隐藏工作表。

在工作表被隐藏的同时工作表标签也被隐藏。

操作方法：右击要隐藏的工作表→在快捷菜单中选择“隐藏(H)”命令。

说明：选择“开始”→“单元格”组中也包含了组织工作表的所有命令。

8. 使用函数和条件格式进行成绩分析

(1) 使用 RANK 函数填充名次。

在 G3 单元格处输入公式“＝RANK(F3,＄F＄3:＄F＄22)”,然后拖动填充柄向下填充,即可得到每人的名次。

RANK 函数的语法为：

```
RANK(number,ref,order)
```

其中,number 为需要找到名次的数字;ref 为包含一组数字的数组或引用,根据题意这里应引用一个固定的范围,所以使用了绝对引用;order 为一数字,指明排位方式。如果 order 为 0 或省略,则 ref 按降序排列;如果 order 不为零则按升序排列。

(2) 利用条件格式把不及格的分数用红色突出显示。

选定 E3:F22(即所有成绩)→选择“开始”→“样式”组→“条件格式”的下拉菜单中选择“突出显示单元格规则”中“小于”命令,弹出“小于”对话框,如图 9.9 所示。在单元格内输入相应的数值,在“设置为”列表框中选择“红色文本”选项,单击“确定”按钮即可。

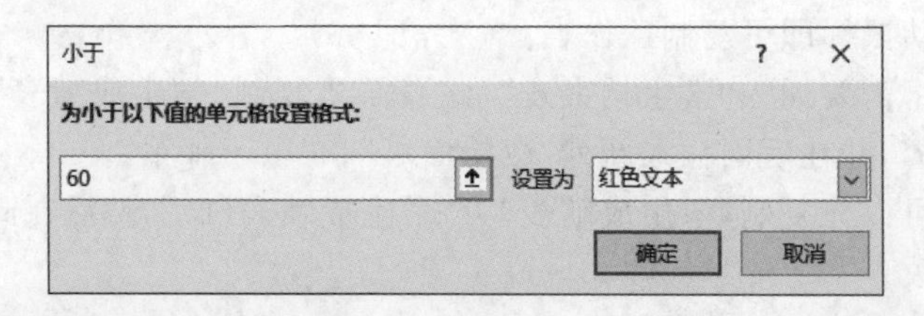

图 9.9 “小于”对话框

说明：条件格式可用于将不符合常规的数字显示。比如金额中的负值(赤字)、超预算的开支、订单少于某数的运营绩效等。

(3) 建立成绩分析工作表。

在“成绩分析”工作表中输入和计算相应内容，如图 9.10 所示。

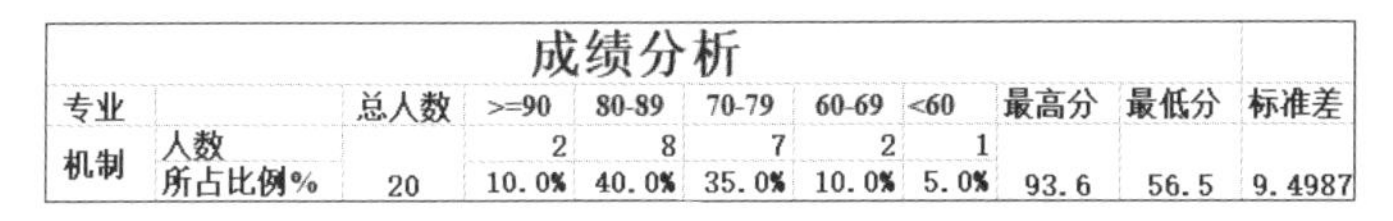

成绩分析										
专业		总人数	>=90	80-89	70-79	60-69	<60	最高分	最低分	标准差
机制	人数		2	8	7	2	1			
	所占比例%	20	10.0%	40.0%	35.0%	10.0%	5.0%	93.6	56.5	9.4987

图 9.10 “成绩分析”工作表实例效果

下面统计“学生成绩表”中各分数段人数和所占比例、最高分、最低分和标准差。

① 总人数：在 C3 中插入函数公式“=COUNT(学生成绩表!F3:F22)”。

注意：

COUNT 函数中的参数只有数字类型的数据才被计算，所以这里可以将任一成绩列作为参数。

② 90 分以上人数：在 D3 中插入函数公式“=COUNTIF(学生成绩表!F3:F22,"＞=90")”。

③ 80～89 分的人数：在 E3 中插入函数公式“=COUNTIF(学生成绩表!F3:F22,"＞=80")-COUNTIF(学生成绩表!F3:F22,"＞=90")”；也可以使用公式“=COUNTIFS(学生成绩表!F3:F22,"＞=80",学生成绩表!F3:F22,"＜90")”。

④ 70～79 分的人数：在 F3 中插入函数公式“=COUNTIF(学生成绩表!F3:F22,"＞=70")-COUNTIF(学生成绩表!F3:F22,"＞=80")”；也可以使用公式“=COUNTIFS(学生成绩表!F3:F22,"＞=70",学生成绩表!F3:F22,"＜80")”。

⑤ 60～69 分的人数：在 G3 中插入函数公式“=COUNTIF(学生成绩表!F3:F22,"＞=60")-COUNTIF(学生成绩表!F3:F22,"＞=70")”；也可以使用公式“=COUNTIFS(学生成绩表!F3:F22,"＞=60",学生成绩表!F3:F22,"＜70")”。

⑥ 60 分以下的人数：在 H3 中插入函数公式“=COUNTIF(学生成绩表!F3:F22,"＜60")”。

⑦ 所占比例：在 D4 中输入公式“=D3/$C$3”，拖动填充柄向右填充至 H4，并设置 D4 至 H4 的格式为百分比，小数位数为 1 位。

⑧ 最高分：在 I4 中插入函数公式“=MAX(学生成绩表!F3:F22)”。

⑨ 最低分：在 J4 中插入函数公式“＝MIN(学生成绩表!F3:F22)”。

⑩ 用 STDEV 函数计算标准差：在 K4 中插入函数公式“＝STDEV(学生成绩表!F3:F22)”。

9. 页面设置与打印

(1) 页面设置。

操作方法：选择“文件”→“页面设置”，在“页面设置”对话框中完成页面、页边距、页面/页脚、工作表等设置。

(2) 设置打印区域。

如果只想打印工作表中的部分数据，必须要设置数据清单的打印区域；否则，Excel 默认打印全部内容。

操作方法：选定要打印的数据区域→选择“文件”→“打印”→“打印活动工作表”→“打印选定区域”命令，此时右侧出现选定区域的预览。

(3) 插入/删除分页符。

当工作表中的数据超过设置页面时，系统自动插入分页符，工作表中的数据分页打印。当然用户也可以根据需要人为地插入分页符，将工作表强制分页。

操作方法：选择“页面布局”→“页面设置”组→“分隔符”，在下拉菜单中选择。

10. 创建图表

Excel 提供了多种图表类型，每一种类型里还有许多子图表类型和自定义类型。在 Excel 中可以创建两种不同位置的图表：位于新工作表中的图表和位于某工作表中的嵌入式图表。位于新工作表中的图表是指图表单独放在一张工作表中；位于某工作表中的嵌入式图表是指图表和数据表同时放在同一张工作表中。

创建图表方法：选定要创建图表的数据区域→选择“插入”→“图表”组。

本例需要用两种类型的图表来展示信息。

(1) 在“学生成绩表”中绘制嵌入至当前工作表中的图表，图表类型为二维簇状柱形图，分类轴为“姓名”，数值轴为“总成绩”，图表标题为“总成绩”，图例靠下，如图 9.11 所示。

操作方法：用 Ctrl 键配合选定“姓名”和“总成绩”两列数据(注意，先拖动鼠标选择“姓名”列，再同时按下 Ctrl 键拖动鼠标选择“总成绩”列)→“插入”→“图表”组。

(2) 根据“成绩分析”工作表中的数据绘制图形图表，工作表名为“图表”，图表类型为二维饼图，分类轴为“各分数段”，数值轴为“各分数段人数”，图表标题为“成绩分析”，图例靠右，数据标志显示类别名称和百分比，如图 9.12 所示。

操作方法：选定 D2:H2 和 D4:H4 两行数据→选择“插入”→“图表”组。

注意：当工作表中的数据修改后，与之对应的图表会随着自动改变。

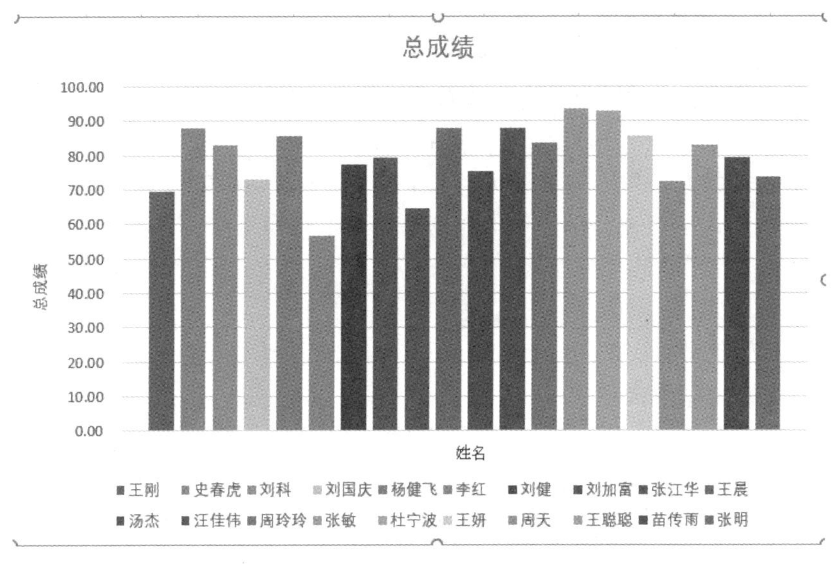

图 9.11　嵌入式图表(二维簇状柱形图)

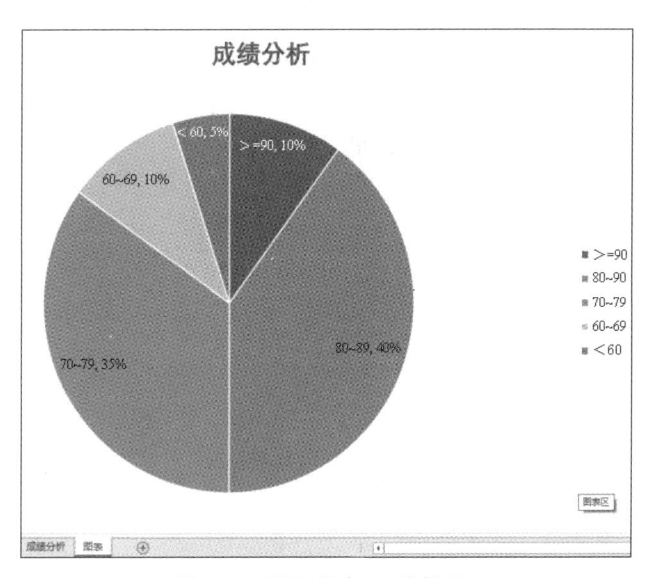

图 9.12　图形图表(二维饼图)

说明：按 Alt+F1 组合键可快速创建位于某工作表中的嵌入式图表；按 F11 可快速创建位于新工作表中的图表。

11. 图表的编辑

(1) 添加或删除图表中的数据系列。

① 添加数据系列。操作方法：右击图表空白处→在快捷菜单中选择“选择数据”选项；或“图表工具|设计”→“数据”组。

② 删除数据系列。如果删除了工作表中的数据，图表中对应的序列会自动同步删除；如果只是删除图表中的数据系列而不删除工作表中的数据，则可以在图表中单击要删除的数据序列，然后按 Delete 键。

(2) 更改图表类型。

操作方法：选定图表→选择“图表工具|设计”→“类型”组。

(3) 移动/复制图表。

选定图表→选择“图表工具|设计”→“移动图表”组；或使用前面介绍的移动/复制工作表的方法。

(4) 设置图表中各个元素的格式。

以柱形图表为例，图表的基本组成元素如图 9.13 所示。

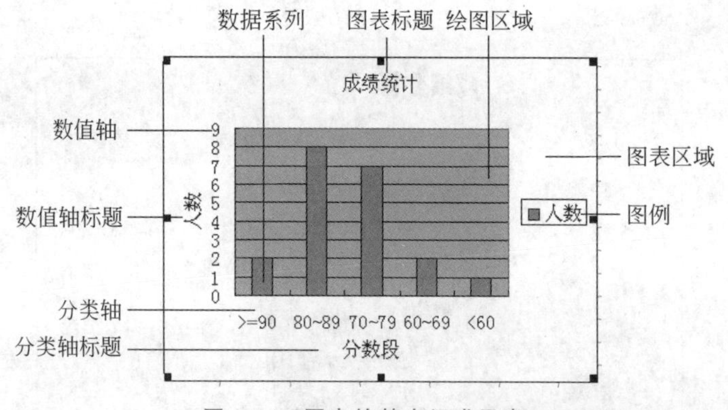

图 9.13 图表的基本组成元素

设置图表中各个元素的格式操作方法：双击要设置格式的元素；或右击要设置格式的元素→在快捷菜单中设置；或选定设置格式的元素→“图表工具|格式”选项卡。

注意：“图表工具”选项卡只有在选定图表后才出现。

9.2.3 项目交流

(1) 在本项目实现过程中，你体验到了 Excel 的哪些特色？与 Word 有哪些不同？遇到了哪些困难？是如何解决的？还有哪些功能需要进一步完善？

（2）分析 Excel 函数和图表的分类及应用，并应用到日常生活实例中。

分组进行项目交流讨论会，并交回讨论记录摘要，记录摘要内容包括时间、地点、主持人（即组长，建议轮流当组长）、参加人员、讨论内容等。

9.3 项目实例 2：教师工资管理

9.3.1 项目要求

本项目实例需要对“2-Excel 项目素材”文件夹中的“2-教师工资管理表.xlsx”进行查找、排序、筛选、分类汇总、数据透视等简单的数据库管理操作。

9.3.2 项目实现

1. 建立数据库

Excel 把工作表中的数据作为一个简单数据库，比如本项目的“2-教师工资管理表.xlsx”。

建立数据库首先要考虑数据库的结构，即设定该数据库包括哪些字段（列标题）、每个字段的名称和字段值的类型各是什么，以及各字段的排列顺序。

建立数据库的基本步骤如下。

（1）新建一张空白工作表。

（2）在第一行各列中依次输入字段名，如本项目中的“工号”“部门”“姓名”“性别”和“基本工资”等。

（3）输入各记录（行）的值。

2. 排序

数据可以按照升序或降序两个方向进行排序，标题行不参加排序。用于排序的字段称为“关键字”，在排序中可以使用一个或多个关键字。当按多个关键字排序时，首先起作用的是主关键字，只有当主关键字相同时，次关键字才起作用，以此类推。Excel 的排序规则如下。

① 数值排列顺序：从最小的负数到最大的正数。

② 文本排列顺序：若是字符或字符中含有数字的文本，则按每个字符对应的 ASCII 码值排列；若是汉字，则可以按汉语拼音的字母顺序或笔画排序。选择“数据”→“排序和筛选”组→单击“排序”按钮，在弹出的“排序”对话框中单击“选项”按

钮→在弹出的“排序选项”对话框中可以设置排序规则，如图 9.14 所示。

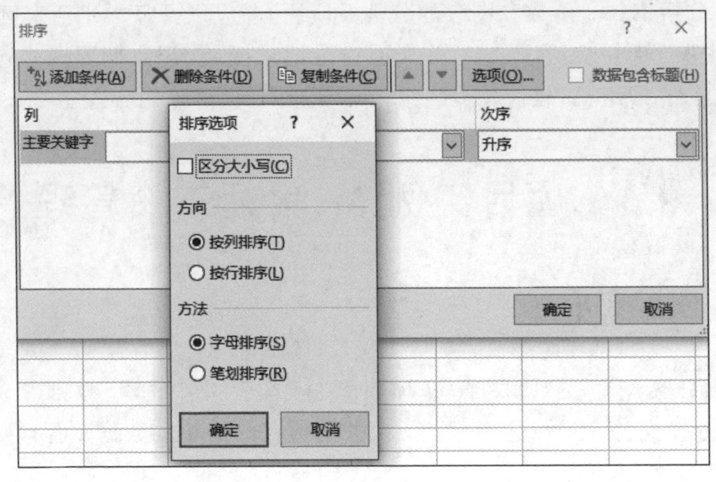

图 9.14 “排序选项”对话框

③ 逻辑值中 False 排在 True 的前面。

④ 空格排在所有字符的后面。

本项目中，假设现有一个涨工资的名额，需要照顾工龄较长而基本工资又较低的教师，那么该把名额分配给哪位教师呢？下面利用排序的方法来解决这个问题。

(1) 按单关键字排序。

比如，本项目先按工龄降序排序来找出最优先涨工资的那名教师，操作步骤如下。

① 单击关键字字段“工龄”对应列中的任一单元格。

② 选择“数据”→“排序和筛选”组→单击“升序”按钮（为“降序”按钮）。

(2) 按多关键字排序。

如果按工龄降序排序后，有多名教师工龄相同，即在单关键字排序后遇到关键字段值相同的多条记录，那么就需要使用多关键字进行进一步的排序，操作步骤如下。

① 单击数据清单内的任一单元格。

② 选择“数据”→“排序和筛选”组→单击“排序”按钮，出现“排序”对话框（见图 9.15）→单击“添加条件”按钮，可以增加关键字。

③ 在“主要关键字”和“次要关键字”下拉列表中选择字段名、排序依据和次序。

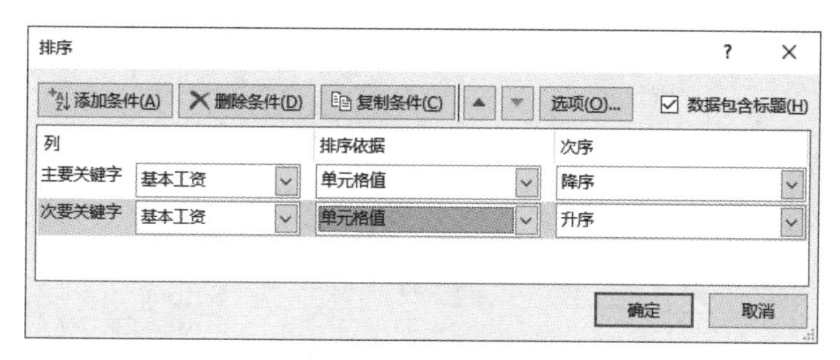

图 9.15 “排序”对话框

3. 数据自动筛选

筛选就是从数据清单中选出满足条件的记录显示，把不满足条件的记录隐藏起来。Excel 提供了自动筛选和高级筛选两种操作。

如果希望在数据清单中只显示满足条件的记录，隐藏不满足条件的记录，可使用自动筛选功能实现。

本项目需要查看“工龄”较长的前 5 名教师，以及职称为教授和副教授的教师，具体操作如下。

(1) 单击数据清单内的任一单元格。

(2) 选择“数据”→“排序和筛选”组→单击“筛选”按钮，此时每一个字段名右侧都会显示一个小箭头，称为“筛选”箭头。

(3) 单击“工龄”字段的筛选箭头→“数字筛选”→选择“前 10 项”命令，如图 9.16 所示。

(4) 在弹出的对话框中，选择“最大”项，在数字框中输入“5”，单击“确定”按钮即可筛选出满足条件的记录。

(5) 单击“职称”字段的筛选箭头→“文本筛选”→选择“自定义自动筛选方式”命令，在弹出的对话框中进行设置，如图 9.17 所示。

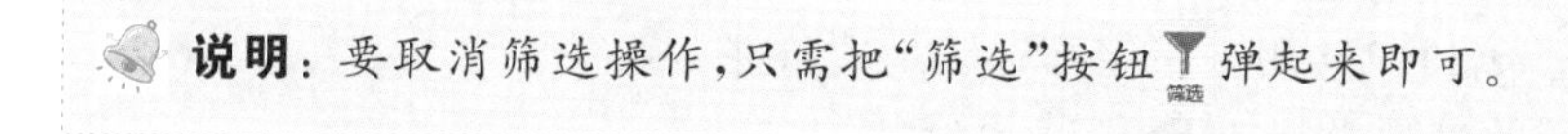
说明：要取消筛选操作，只需把“筛选”按钮弹起来即可。

4. 数据高级筛选

如果需要将筛选的结果放置在新的工作区显示，不影响原数据清单中的记录显示，需要使用高级筛选来实现。

下面用高级筛选来实现复杂条件的筛选，在进行此操作之前先将“教师工资管理”表复制到 Sheet2 中，并将 Sheet2 改名为“高级筛选”。

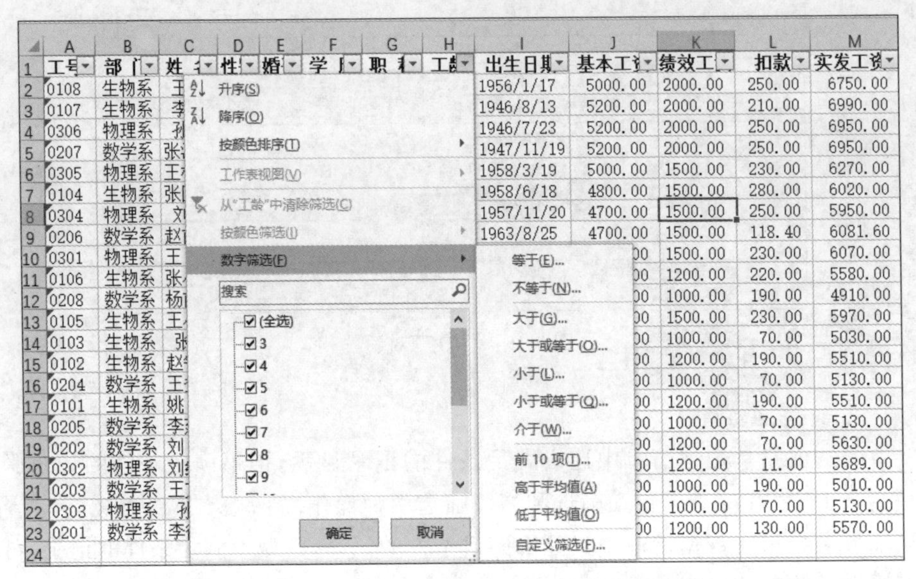

图 9.16 “自动筛选”状态的标题行字段的下拉列表

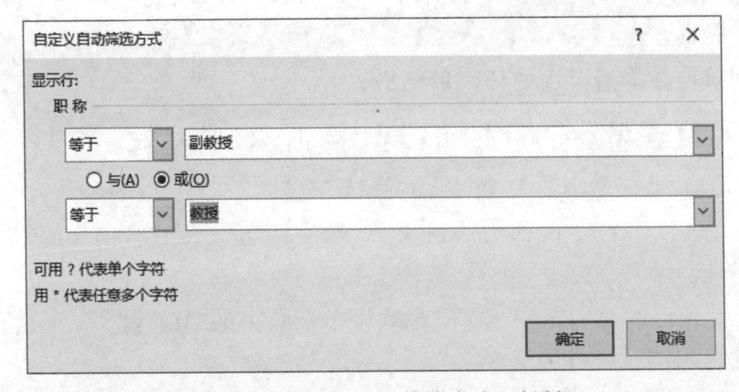

图 9.17 “自定义自动筛选方式”对话框

高级筛选的操作步骤如下。

(1) 建立条件区域,用来指定筛选满足的条件。

条件区域的书写规则如下。

① 条件区域的位置选在工作表的空白处,建议与数据清单间至少隔开一行或一列。

② 在条件区域写入筛选条件中用到的字段名(建议复制,以使其与数据清单完全一致,包括字符之间的空格),且必须连续。

③ 在对应字段名的下方输入条件值。写在同一行表示“与”的关系;写在不

同行表示“或”的关系。

图 9.18 给出了筛选条件示例，图 9.18(a)表示筛选“基本工资”在 5000～8000 元的记录；图 9.18(b)表示筛选“基本工资”在 5000 元以上或“绩效工资”在 1200 元以下的记录；图 9.18(c)表示筛选出生物系和数学系两个部门中“基本工资”在 4500 元以上的记录。

(2) 单击数据清单中的任一单元格→选择“数据”→“排序和筛选”组→“高级”命令，弹出“高级筛选”对话框，如图 9.19 所示。

图 9.18 筛选条件示例

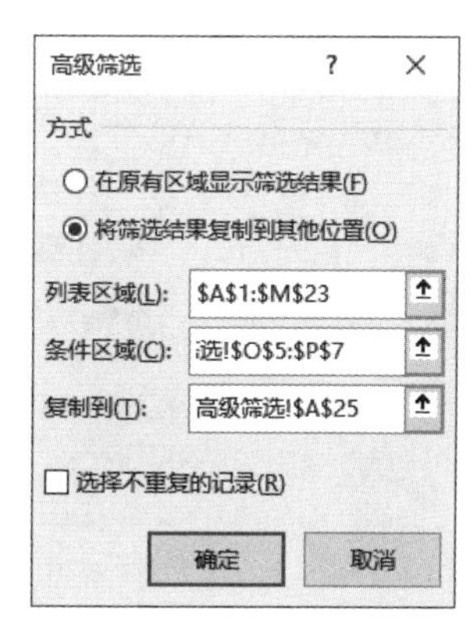

图 9.19 “高级筛选”对话框

(3) 在“列表区域”框中，选定被筛选的数据清单的范围。通常系统自动选定当前的数据清单。

(4) 在“条件区域”框中，选定放置筛选条件的区域。

(5) 如果将筛选结果与原记录清单同时显示，需在“方式”栏中选中“将筛选结果复制到其他位置”选项，然后将光标移到“复制到”框中，在工作表中单击放置筛选结果的起始单元格(本例为 A25)；单击“确定”按钮。

5. 分类汇总

分类汇总是将数据清单中的同类数据进行统计。顾名思义，必须先按分类字段排序，然后进行分类汇总，包括分类求和、分类求平均值、分类求最大值和分类求最小值等运算。

本项目中需要按部门分类求出各部门实发工资的平均值。在进行此操作之前先将“教师工资管理”表复制到 Sheet3 中，并将 Sheet3 改名为“分类汇总”。

操作如下。

(1) 按分类字段排序，如按“部门”排序。

(2) 选择“数据”→“分级显示”组→“分类汇总”，弹出“分类汇总”对话框，如图 9.20 所示。在“分类字段”中选择分类字段，如“部门”；在“汇总方式”中选择汇总方式，如“平均值”；在“选定汇总项”中选择要汇总的字段名，如选“实发工资”。单击“确定”按钮，汇总结果如图 9.21 所示。左侧出现树形分级显示区，可以单击“－”和“＋”进行折叠和展开。

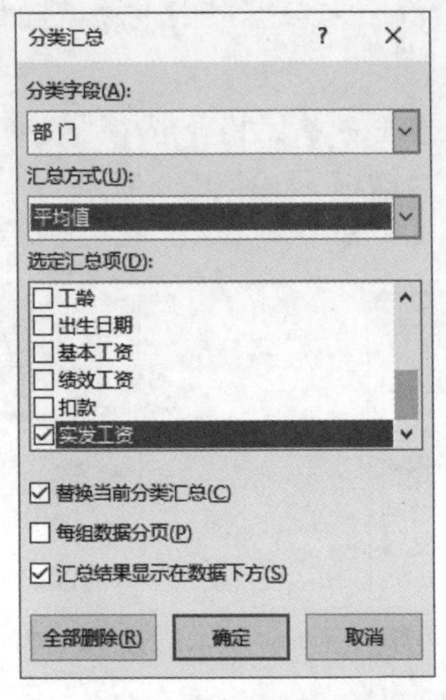

图 9.20 “分类汇总”对话框

	A	B	C	D	E	F	G	H	I	J	K	L	M
1	工号	部 门	姓 名	性别	婚否	学 历	职 称	工龄	出生日期	基本工资	绩效工资	扣款	实发工资
2	0108	生物系	王舒	女	是	研究生	教授	30	1956/1/17	5000.00	2000.00	250.00	6750.00
3	0107	生物系	李振	男	是	本科	教授	30	1946/8/13	5200.00	2000.00	210.00	6990.00
4	0104	生物系	张国军	男	是	本科	副教授	17	1958/6/18	4800.00	1500.00	280.00	6020.00
5	0106	生物系	张小红	女	是	本科	讲师	9	1966/2/17	4600.00	1200.00	220.00	5580.00
6	0105	生物系	王小红	男	是	研究生	副教授	7	1965/1/22	4700.00	1500.00	230.00	5970.00
7	0103	生物系	张明	男	否	专科	助教	6	1970/4/27	4100.00	1000.00	70.00	5030.00
8	0102	生物系	赵铁钧	男	否	本科	讲师	6	1970/6/16	4500.00	1200.00	190.00	5510.00
9	0101	生物系	姚 敏	女	否	研究生	讲师	5	1967/2/8	4500.00	1200.00	190.00	5510.00
10	**生物系 平均值**												5920.00
11	0207	数学系	张汉书	男	是	本科	教授	28	1947/11/19	5200.00	2000.00	250.00	6950.00
12	0206	数学系	赵前进	男	是	本科	副教授	12	1963/8/25	4700.00	1500.00	118.40	6081.60
13	0208	数学系	杨前进	女	是	专科	助教	8	1968/7/21	4100.00	1000.00	190.00	4910.00
14	0204	数学系	王秀芳	女	否	本科	助教	5	1970/5/8	4200.00	1000.00	70.00	5130.00
15	0205	数学系	李建立	男	否	本科	助教	4	1971/7/16	4200.00	1000.00	70.00	5130.00
16	0202	数学系	刘 芳	女	否	研究生	讲师	4	1968/3/12	4500.00	1200.00	70.00	5630.00
17	0203	数学系	王文娟	女	否	专科	助教	3	1973/8/13	4200.00	1000.00	190.00	5010.00
18	0201	数学系	李德光	男	否	研究生	讲师	3	1970/7/1	4500.00	1200.00	130.00	5570.00
19	**数学系 平均值**												5551.45
20	0306	物理系	孙珍	女	是	本科	教授	30	1946/7/23	5200.00	2000.00	250.00	6950.00
21	0305	物理系	王桂兰	女	是	本科	副教授	18	1958/3/19	5000.00	1500.00	230.00	6270.00
22	0304	物理系	刘红	男	是	研究生	副教授	15	1957/11/20	4700.00	1500.00	250.00	5950.00
23	0301	物理系	王 强	男	是	研究生	副教授	10	1962/10/11	4800.00	1500.00	230.00	6070.00
24	0302	物理系	刘红燕	女	否	研究生	讲师	4	1968/3/25	4500.00	1200.00	11.00	5689.00
25	0303	物理系	孙芳	女	否	本科	助教	3	1972/5/21	4200.00	1000.00	70.00	5130.00
26	**物理系 平均值**												6009.83

图 9.21 各部门实发工资平均值的汇总结果

说明：如果要删除分类汇总结果，在“分类汇总”对话框中选择“全部删除”按钮即可。

9.3.3 项目进阶

分类汇总实现按字段进行分类,将计算结果分级显示出来。数据透视表可以按多个字段进行分类汇总。数据透视表是交互式报表,可快速合并和比较大量数据。

下面统计每个部门中不同职称教师的实发工资的平均值,操作如下。

(1) 单击数据清单中的任一单元格。

(2) 调出数据透视表向导对话框。选择“插入”→“表格”组→“数据透视图”,弹出如图 9.22 所示的“创建数据透视表”对话框,指定数据区域、选择数据透视表的位置为“新工作表”,单击“确定”后出现数据透视表布局图。

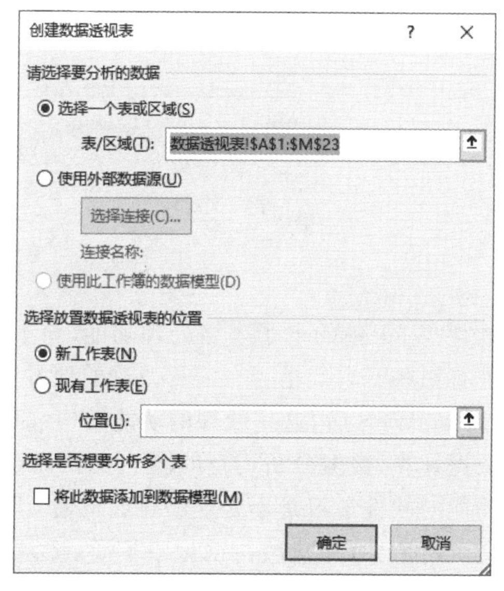

图 9.22 “创建数据透视表”对话框

(3) 根据本项目要求,将“部门”字段拖至轴(行)区域,“职称”字段拖至图例(列)区域,将“实发工资”字段拖至值(数据)区域,并将“实发工资”的值字段设置为平均值,完成的数据透视表和数据透视图如图 9.23 所示。

(4) 数据透视表和数据透视图的编辑修改可借助“数据透视图工具”选项卡来完成。

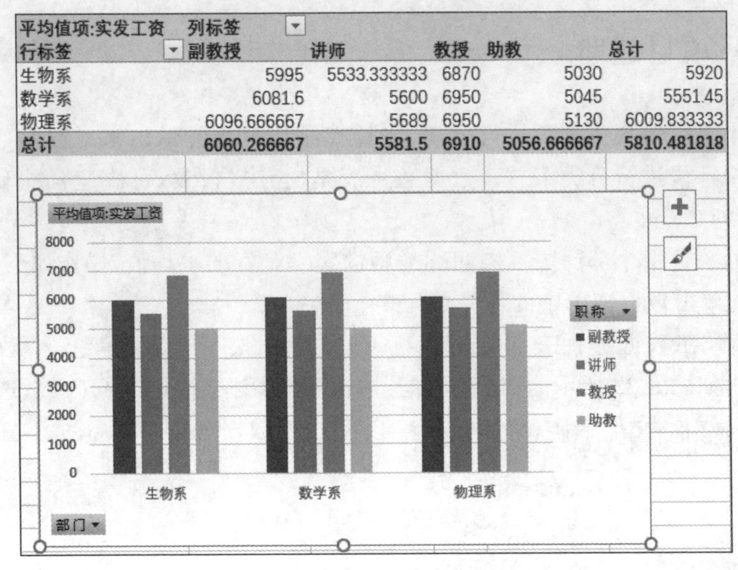

平均值项:实发工资	列标签				
行标签	副教授	讲师	教授	助教	总计
生物系	5995	5533.333333	6870	5030	5920
数学系	6081.6	5600	6950	5045	5551.45
物理系	6096.666667	5689	6950	5130	6009.833333
总计	6060.266667	5581.5	6910	5056.666667	5810.481818

图 9.23　数据透视表和数据透视图

9.3.4　项目交流

自学国产优秀软件 WPS 中的电子表格处理功能，与本章的 Excel 相比，两者的区别与优势之处有哪些？它们是否有需要改进的地方？

学习了 Word、Excel、WPS 后，这些软件的功能结构，即文档建立、数据录入与编辑、美化表格、数据计算、数据分析、打印输出、文档保存等方面是不是有相似之处？其他类似功能的软件学习是不是能够融会贯通？

分组进行项目交流讨论会，并交回讨论记录摘要，记录摘要内容包括时间、地点、主持人（即组长，建议轮流当组长）、参加人员、讨论内容等。

实验 1　Excel 工作表的基本编辑

一、基本技能实验

（本题使用“电子表格处理 1\基本技能实验”文件夹）

打开工作簿 Excel1_jbjn.xlsx，文件名另存为“实验 1-班级-姓名.xlsx”。

1. 在 Sheet1 中进行操作

(1) 按公式“总分=语文+数学+外语”计算“总分”列。

提示：

方法 1：

① 选定单元格 F2。

② 输入公式：选择“开始”→“编辑”组→“自动求和”按钮。

③ 复制公式：拖动 F2 右下角填充柄向下复制公式至 F13。

方法 2：

① 选定单元格区域 C2:F13。

② 输入公式：选择“开始”→“编辑”组→“自动求和”按钮。

(2) 计算“语文”“数学”“外语”“总分”列的平均值，并填写到第 14 行对应列的单元格中。

(3) 冻结工作表的第 1 行和前 2 列。

提示：

① 选定单元格 C2。

② 冻结窗口：选择“视图”→“窗口”组→在“冻结窗格”下拉列表中选择“冻结窗格”命令。

2. 在 Sheet2 中进行操作

(1) 设置标题格式：将 Sheet2 工作表标题“2017 年奖金发放表”格式设为楷体、14 号、加粗、蓝色。

(2) 设置 A2:E14 单元格：使用“套用表格格式”样式，隔行填充颜色(颜色自定)。

提示：

① 选定单元格区域：A2:E14。

② 设置格式：选择“开始”→“样式”组→选择“套用表格格式”→选择下拉样式中一种即可。

③ 这时表格进入了筛选状态▾。如果要取消筛选，可以选择“表格工具|设计”→“工具”组→选择“转换为区域”；或选择“数据”→“排序和筛选”组→选择“筛选”。

(3) 设置页面：A4 纸横向；上、下边距设置为 2.4cm，左、右边距设置为 1.8cm；自定义页脚文字为“奖学金发放”，位置为中部。

提示：选择“页面布局”→“页面设置”组→打开“页面设置”对话框。

3. 在 Sheet3 的“缴费清单”中进行操作

(1) 计算并填充：需缴费用＝用水量×水费标准＋用电量×电费标准＋用气量×煤气费标准。

提示：

① 选定单元格 F3。

② 输入公式：＝C3 * B30＋D3 * B31＋E3 * B32。

注意：

按题意，应把公式中相对引用的单元格 B30、B31、B32 转成绝对引用，可以使用 F4 键快速转换，最后公式为“＝C3 * $B$30＋D3 * $B$31＋E3 * $B$32”。

③ 复制公式：拖动 F3 填充柄或“复制”→“选择性粘贴”→“公式”。

(2) 计算并填充：需缴费用的合计值。

(3) F3:F26 区域设置条件格式：800 以上(含)为红色加粗字体，600 以下(含)为蓝色倾斜字体。

提示：主要分两步：

① 选定单元格区域：F3:F26。

② 设置条件格式：选择“开始”→“样式”组→“条件格式”按钮下拉菜单中“突出显示单元格规则”→“其他规则”命令→打开“新建格式规则”对话框，在此对话框分别设置两次条件格式设置。

4. 在 Sheet4 的“助学贷款清单”中进行操作

(1) 计算并填充“贷款利率”：贷款利率＝1.5＋0.1×期限。

(2) 计算并填充“还贷日”：利用借贷日和期限(单位为年)进行函数计算。

提示：

① 选定单元格 F3。

② 选择“开始”→“编辑”组→选择 Σ· 的下拉菜单中的“其他函数…”命令；

或选择“公式”→“函数库”组→选择 Σ· 的下拉菜单中的“其他函数”命令。

③ 找到“日期与时间”函数类型→选择“DATE”函数→打开“函数参数”对话框，在 Year、Month、Day 参数文本框中，分别输入“Year(B3)+D3”“Month(B3)”“Day(B3)”(函数名字母不区分大小写)。

④ 拖动 F3 单元格填充柄。

(3) 计算并填充“还贷金额”：还贷金额=借贷金额×(1+贷款利率×期限/100)。

(4) 设置“借贷日”的数据格式为：日期型，自定义格式“yyyy-mm-dd”；设置“贷款利率”的数据格式为：数值型第 4 种，保留 2 位小数。

提示：右击要设置的单元格区域→在快捷菜单中选择“设置单元格格式”命令，打开“设置单元格格式”对话框→“数字”选项卡→选择“分类”列表中“自定义”选项→在右侧“类型”文本框中，输入“yyyy-mm-dd”。

二、实训拓展

1. 建立个人收支流水账管理表

(本题使用“电子表格处理 1\实训拓展\1”文件夹)

参考 Excel 模板中的“个人预算表”，建立个人收支流水账管理表，记下自己的收入和支出情况，并在学期末进行统计分析：自己支出较多的地方在哪里？哪些方面可以节省？完成后保存为 Excel1_sxtz1.xlsx。

2. 校园歌手比赛成绩统计排名

(本题使用“电子表格处理 1\实训拓展\2”文件夹)

打开工作簿 Excel1_sxtz2.xlsx，参考样张图片 Excel1_zhsx2_样张.jpg，利用公式和函数给校园歌手比赛进行成绩统计排名，使得全部评委给分后能自动得到每位选手的最后得分和排名。完成后保存。

校园歌手成绩评分标准：比赛满分为 10 分。7 个评委打分后去掉一个最高分和一个最低分，汇总后取平均分，然后依据分数高低排出名次。

小贴士：

① 利用 SUM 函数对每位歌手成绩求和；利用 MAX 和 MIN 函数求

出每位歌手的最高分和最低分。

② 求平均分时不要使用 AVERAGE 函数，因为此处不是直接对单元格区域求平均分。

③ 利用 RANK 函数求排名，第二个参数是参与排名的单元格区域，注意使用绝对引用。

3. 学生成绩评价

（本题使用“电子表格处理 1\实训拓展\3”文件夹）

打开工作簿 Excel1_sxtz3.xlsx，求出总分及平均分，用 IF 函数对每位同学的平均分进行评价。评价标准为：[90,100]为优，[80,90)为良，[70,80)为中，[60,70)为及格，[0,60)为不及格。

小贴士：

IF 函数可以多层嵌套使用，用于根据 N 个条件区分 N+1 种情况，但最多可以嵌套 64 层。

4. 找出问题并修改错误

（本题使用“电子表格处理 1\实训拓展\4”文件夹）

打开工作簿 Excel1_sxtz4.xlsx，根据成绩表中所给数据，已经在 F2 单元格中用公式得到一句语言描述“张三的语文成绩是 80 分。”，并进行了公式填充。可是除 F2 单元格外，其他由公式填充得到的语言描述结果并不正确，试分析原因并修改 F2 单元格中的公式，使用公式填充后在 F2:H6 区域内的结果都正确（提示：注意公式中单元格的引用方式）。

5. COUNTIF 函数的应用

（本题使用“电子表格处理 1\实训拓展\5”文件夹）

打开工作簿 Excel1_sxtz5.xlsx，用 COUNTIF 函数对平均分进行统计是否有重分，结果参考图 9.24。

小贴士：

在 H2 单元格中输入公式“=IF(COUNTIF($F$2:$F$13,F2)>1,"有","无"))”，公式中的 COUNTIF($F$2:$F$13,F2)函数值如果等于1，表示无重分；如大于1，表示有重分。

剪贴板 字体 对齐方式 数字

J10 fx

	A	B	C	D	E	F	G	H
1	姓名	语文	数学	外语	总分	平均分	评价	平均分中是否有重分
2	刘志斌	95	96	88	279	93	优	无
3	张华	79	82	92	253	84	良	有
4	王晓明	83	77	55	215	72	中	有
5	高维	88	65	70	223	74	中	无
6	王宁宁	80	57	69	206	69	及格	无
7	李正鑫	62	70	83	215	72	中	有
8	董伟东	66	76	95	237	79	中	无
9	温学丽	71	83	96	250	83	良	无
10	张蕾	79	87	83	249	83	良	无
11	马丽娜	83	91	85	259	86	良	无
12	耿国涛	84	94	75	253	84	良	有
13	郭敏	95	86	66	247	82	良	无
14								

图 9.24 利用 COUNTIF 函数统计是否有重分

实验 2 Excel 图表的基本操作

一、基本技能实验

（本题使用“电子表格处理 2\基本技能实验”文件夹）

打开工作簿 Excel2_jbjn.xlsx，文件名另存为“实验 2-班级-姓名.xlsx”。

1. 根据 Sheet1 中的数据创建和编辑柱形图表

(1) 在 Sheet1 中建立图表。

① 图表类型：二维簇状柱形图。

② 数据区域：A2:F8 单元格区域。

③ 图表标题：在图表的上方添加标题“ABC 公司各省各类商品销售额比较”；主要横坐标轴标题：“商品类别”；主要纵坐标轴标题：竖排标题，名称为“销售额”。

提示：

① 选定数据区域 A2:F8。

② 创建图表：选择“插入”→“图表”组。

③ 添加标题：选择“图表工具|设计”选项卡。

(2) 编辑图表格式。

① 图表标题：楷体，蓝色，18 号字。

② 分类轴和数值轴格式：宋体，红色，9 号字，分类轴使用竖排文本。

③ 网格线格式：数值轴主要网格线，单实线，1 磅，蓝色。

④ 绘图区格式：无填充色。

提示：双击或右击要设置格式的元素→在快捷菜单中设置；或选定设置格式的元素→选择“图表工具|格式”选项卡。

2. 根据 Sheet2 中的数据创建和编辑饼图

(1) 图表类型：分离型饼图，无图例。

(2) 数值轴数据：“合计”行数据；分类轴数据：B2:F2 的省份数据。

(3) 图表标题：“XY 公司各省合计销售额比较”。

(4) 数据标签：显示类别名称和百分比。

(5) 图表位置：作为新工作表插入，工作表名为“合计”。

提示：

选定要创建图表的数据区域(不连续的区域使用 Ctrl 键＋鼠标拖动)→选择“插入”→“图表”组→双击或右击要设置格式的元素。

3. 图表编辑

(1) 改变工作表的位置：将 Chart1 图表放在 Sheet3 工作表中。

提示：右击图表空白处使用快捷菜单中的“移动图表”命令；或选择“图表工具|设计”选项卡中的工具。

(2) 改变图表类型：将图表类型改为簇状柱形图。

提示：右击图表空白处使用快捷菜单中的“更改图表类型”命令；或选择“图表工具|设计”选项卡中的工具。

(3) 改变系列产生方向：系列产生在行。

提示：选择“图表工具|设计”选项卡中的工具。

(4) 添加分类轴数据：B3:B12 单元格区域。

提示：右击图表空白处使用快捷菜单中的"选择数据"命令，打开"选择数据源"对话框；或选择"图表工具|设计"选项卡中的工具。

(5) 添加系列名称：系列 1 名称为"期末成绩"，系列 2 名称为"平时成绩"。

提示：在"选择数据源"对话框中，进行系列名称的编辑。

二、实训拓展

1. 不同数据系列使用不同图表类型

(本题使用"电子表格处理 2\实训拓展\1"文件夹)

打开工作簿 Excel2_sxtz1.xlsx，Sheet1 中的数据清单来源于某超市近 10 年销售情况统计，请先使用公式计算出人均销售额，然后参考图 9.25，为"员工人数"和"人均销售额"两列数据建立图表，系列产生在列，其中"员工人数"使用数据点折线图，"人均销售额"使用簇状柱形图，合理设置各图表元素的格式。

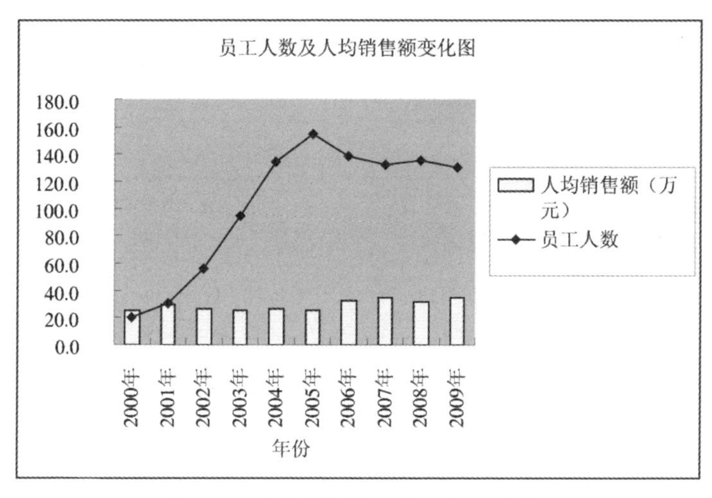

图 9.25　不同系列使用不同图表类型

小贴士：

创建图表后，在某个数据系列快捷菜单中选择"图表类型"命令，打开

"图表类型"对话框，可以改变该数据系列的图表类型，从而可以实现在同一图表中不同数据系列使用不同的图表类型。

2. 制作学生早读出勤率图表

(本题使用"电子表格处理 2\实训拓展\2"文件夹)

调查学生一周早读出勤率情况，选择 5 个班最近一周的出勤率数据建立数据清单，并用数据点折线图显示出勤率变化曲线合理设置各图表元素的格式。完成后保存为 Excel2_sxtz2.xlsx。

实验 3　Excel 数据库的应用

一、基本技能实验

(本题使用"电子表格处理 3\基本技能实验"文件夹)

打开工作簿 Excel3_jbjn.xlsx，文件名另存为"实验 3-班级-姓名.xlsx"。

1. 用公式计算以下字段的值

(1) 贷款利率：3 年以下(含 3 年)为 5.40，3～5 年(含 5 年)为 5.76，5 年以上为 5.94。

提示：

① 选定单元格 F3。

② 输入嵌套公式：=IF(E3<=3,5.40,IF(E3<=5,5.76,5.94))，注意括号要成对，用英文括号。

③ 复制公式：使用 F3 的填充柄。

(2) 还贷日：由借贷日和贷款期限得到。

提示：操作方法可参考实验 1。

(3) 还贷金额：还贷金额=借贷金额×(1+期限×贷款利率/100)。

2. 插入新工作表 Sheet2、Sheet3 和 sheet4

插入新工作表 Sheet2、Sheet3 和 sheet4，将 Sheet1 工作表中数据清单复制到 Sheet2、Sheet3 和 Sheet4 中。

提示：

① 插入工作表：在工作表标签栏→单击“插入工作表”按钮 ⊕。

② 选定工作表：单击 Sheet1 左上角“工作表选定块” ◢，选定整个工作表→Ctrl+C→单击要粘贴的工作表的“A1”单元格→Ctrl+V。

3. 在 Sheet1 工作表中对数据进行排序

在 Sheet1 工作表中对数据进行排序，主关键字为银行（升序），第二关键字为期限（降序），第三关键字为借贷金额（降序）。

提示：

单击数据清单内的任一单元格→选择“数据”→“排序和筛选”组→单击“排序”按钮。

注意：

如果先选中数据清单中的一个单元格，再进行多关键字排序、高级筛选、分类汇总、数据透视表等操作，数据区域就可以被自动识别。

4. 在 Sheet2 工作表中对数据进行分类汇总

在 Sheet2 工作表中对数据进行分类汇总：分类字段为“银行”，汇总方式为求和，汇总项为借贷金额和还贷金额，汇总结果显示在数据下方。

提示：

① 按分类字段“银行”排序。

② 选择“数据”→“分级显示”组→“分类汇总”按钮。

5. 在 Sheet3 工作表中对数据进行筛选

筛选条件：住址为雅安花园或都市绿洲、期限为 5～10 年（含 5 年和 10 年）、借贷金额多于 80 000 元（含 80 000 元）。条件区域：起始单元格为 L2。筛选结果复制位置：起始单元格为 A45。

提示：

① 输入筛选条件：从条件区域 L2 开始，复制数据清单中的“住址”“期限”和“借贷金额”字段→依次粘贴到 L2、M2、N2 连续单元格中→在字段名下

输入相应值。注意同一行表示“与”的关系；不同行表示“或”的关系。

② 选择数据清单中任一单元格。

③ 高级筛选：选择“数据”→“排序与筛选”组→选择“高级”按钮。

6. 为 Sheet4 中的数据在新工作表中建立数据透视表

① 行标签：银行。

② 列标签：期限。

③ 数据区域：姓名为计数项，借贷金额为求和项，还贷金额为平均值项。

提示：

① 选择数据清单中任一单元格。

② 选择“插入”→“表格”组→“数据透视图”按钮。

二、实训拓展

1. 企业工资管理

（本题使用“电子表格处理 3\实训拓展\1”文件夹）

某公司是一家小型工业企业，主要有两个生产车间：一车间和二车间，车间职工人数不多，主要有 3 种职务类别，即管理人员、辅助管理人员、工人。每个职工的工资项目有基本工资、岗位工资、福利费、副食补助、奖金、事假扣款、病假扣款，除基本工资因人而异外，其他工资项目将根据职工职务类别和部门来决定，而且随时间的变化而变化。打开本题文件夹中的 Excel3_sxtz1.xlsx 文件，结合工作表中给出的职工病事假情况，生成该月职工工资一览表。

（1）基本工资：如果是一级管理人员，基本工资 3000 元，辅助管理人员是 2300 元，工人是 1500 元。

（2）岗位工资：根据职务类别不同进行发放，工人为 1000 元，辅助管理工人为 1200 元，一级管理人员为 1500 元。

（3）福利费：一车间的工人福利费为基本工资的 20%，一车间的非工人福利费为基本工资的 30%，二车间的工人福利费为基本工资的 25%，其他为基本工资 35%。

（4）副食补贴：基本工资大于 2000 元的职工没有副食补贴，基本工资小于 2000 元的职工副食补贴为基本工资的 10%。

（5）奖金：奖金根据部门的效益决定，一车间的奖金为 300 元，二车间的奖金为800元。

(6) 应发工资：(1)+(2)+(3)+(4)+(5)。

(7) 事假扣款：如果事假小于15天，将应发工资平均分到每天(每月按22天计算)，按天扣钱；如果事假大于15天，应发工资全部扣除。

(8) 病假扣款：如果病假小于15天，工人扣款为300元，非工人扣款为400元；如果病假大于15天，工人扣款为500元，非工人扣款为700元。

(9) 实发工资：应发工资减去各种扣款。

为了满足企业的管理需要，插入两张工作表，复制职工工资一览表数据，将两张工作表分别命名为“工资分类汇总”和“工资筛选”，对职工工资情况进行如下统计分析。

(1) 在“工资分类汇总”工作表中，分类汇总各部门各职务类别的职工应发工资总数。

(2) 利用“工资分类汇”工作表汇总数据分别为一车间和二车间绘制饼形图表工作表，图表标题为“一车间应发工资汇总图”和“二车间应发工资汇总图”。

(3) 在“工资筛选”工作表中筛选出一级管理人员和辅助管理人员应发工资大于等于5000且小于7000的记录。

(4) 利用“职工工资一览表”工作表中的数据在新工作表中创立数据透视表，统计各车间各职务类别职工的应发工资和实发工资平均值，工作表命名为“工资数据透视”。

2. 产品销售记录表统计分析

(本题使用“电子表格处理3\实训拓展\2”文件夹)

通过对某小型螺丝制造企业调研得知：该企业有TX1，TX2，…，TX8共8名推销员，面向全国所有省份推销LS01，LS02，…，LS15共15种商品。推销员签订的每一份销售合同都有一个唯一的合同号，每个合同又可以包括不同种类的若干产品。每个销售合同执行完毕后，都要给合同中的每种产品登记产品销售信息，包括销售日期、合同号、产品名称、产品单价、数量、总价、销往省份、销售员姓名等。企业管理人员可以随时依据此产品销售信息统计一段时间以来所有产品的总销售额、不同产品销售额、不同推销员销售额、不同省份销售额、不同产品销售走势、不同推销员销售走势、不同省份销售走势，并对产品销售信息按月份和合同作深度分析。试帮助该企业建立产品销售记录表，在表中添加模拟产品销售数据，并利用Excel图表和数据库管理功能建立一套基于此记录表的数据统计分析模型，满足企业日常管理的需要，提高该企业的管理效率。完成后保存为Excel3_sxtz2.xlsx。

附录　单元格中出现的常见提示信息

1. 单元格中提示“######”信息

问题分析：单元格中数字、日期或时间型数据的长度比单元格宽，也就是单元格的宽度不够造成的。

解决方法：增加列宽，或使单元格中的数据字号变小。

2. 单元格提示“#N/A”信息

问题分析：当在函数或公式中没有可用数值时，将产生错误值“#N/A”。

解决方法：如果工作表中某些单元格暂时没有数值，则在这些单元格中输入“#N/A”，公式在引用这些单元格时将不进行数值计算，而是返回“#N/A”。

3. 单元格中提示“#NAME?”信息

问题分析：公式使用了不存在的名称造成的。

解决办法：

(1) 确认使用的名称是否存在，选择“公式”→单击“定义的名称”组中的“名称管理器”按钮，如果所需的名称没有被列出，则执行“新建”按钮添加相应的名称。

(2) 如果是名称、函数名拼写错误，应修改拼写错误。

(3) 确认公式中使用的所有区域引用都使用了英文的冒号或英文的逗号。例如，SUM(a1:b5)或SUM(a1,b5)。

4. 单元格中提示“#VALUE!”信息

问题分析：当使用错误的参数或运算对象的类型时，或当公式自动更正功能不能更正公式时，会造成这种错误信息。主要由3个原因造成。

(1) 在需要数字或逻辑值时输入了文本，Excel不能将文本转换为正确的数据类型。

解决方法：确认公式或函数所需的运算符或参数正确，而且公式引用的单元格中包含有效的数值。例如，单元格B1中包含一文本，单元格B2中包含的是数字，那么公式“=B1+B2”就会产生这种错误。可选择“插入”→“函数”，在弹出的对话框的“选择函数”列表框中选择SUM函数，SUM函数将这两个值相加(SUM函数忽略文本)，即=SUM(B1:B2)。

(2) 给需要单一数值的运算符或函数赋予了一个数值区域。

解决方法：将数值区域改为单一数值。

(3) 将单元引用、公式或函数作为数组常量输入。

5. 单元格中提示“#DIV/0!”信息

问题分析：公式中是否引用了空白的单元格或数值为0的单元格或0值作为除数。

解决方法：将除数或除数中的单元格引用修改为非零值或检查函数的返回值。

6. 单元格中提示“#NUM!”信息

问题分析：当函数或公式中使用了不正确的数字时将出现错误信息“#NUM!”。

解决方法：应确认函数中使用的参数类型正确无误。

7. #NULL!

问题分析：当试图为两个并不相交的区域指定交叉点时，将产生以上错误。

解决方法：如果要引用两个不相交的区域，则使用联合运算符即英文的逗号。

8. #REF!

问题分析：删除了由其他公式引用的单元格，或将移动单元格粘贴到由其他公式引用的单元格中，导致单元格引用无效时将产生错误信息#REF!。

解决方法：更改公式或者在删除或粘贴单元格之后，立即单击“撤销”按钮，以恢复工作表中的单元格。

第10章 电子演示文稿制作

PowerPoint 是一种演示文稿制作软件，也是 Microsoft Office 套装软件中的一个成员。本章主要介绍 PowerPoint 的基本操作以及如何制作图文并茂的多媒体演示文稿。

演示文稿是使用 PowerPoint 所创建的文档，而幻灯片则是演示文稿中的页面。演示文稿是由若干张幻灯片组成的，这些幻灯片能够以图片、表格、音频、图像等多种形式用于广告宣传、产品简介、学术演讲、电子教学等。

10.1 PowerPoint 简介

PowerPoint 有普通视图、幻灯片浏览视图、备注页视图、阅读视图、幻灯片放映视图和母版视图六种视图方式，在“视图”选项卡下，用户单击其中的按钮可以方便地进行不同视图间的切换。

1. 普通视图

在普通视图中，可以输入演讲者的备注、编辑演示文稿以及查看当前幻灯片的整体状况，并且可以拖动窗格边框以调整不同窗格的大小。图 10.1 所示的是幻灯片的普通视图，它有三个工作区域：左边是幻灯片大纲区，右边是幻灯片编辑区，底部是备注区。

2. 幻灯片浏览视图

在幻灯片浏览视图中可以同时看到演示文稿中的所有幻灯片，这些幻灯片是以缩略图形式显示的，可以方便地实现添加、删除和移动幻灯片操作，但是不能直接编辑幻灯片的内容，如果要修改幻灯片的内容，需要从该视图方式切换到普通视图方式下进行。

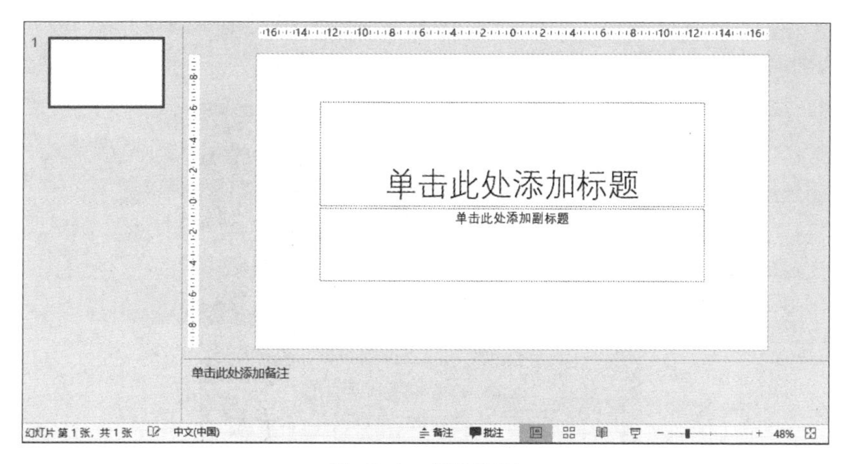

图 10.1 普通视图

3. 备注页视图

备注页视图是用来编辑备注页的。备注页视图分为上下两部分：上半部分是幻灯片的缩小图像；下半部分是文本预留区。用户可以在观看幻灯片的缩小图像时，在文本预留区内输入该幻灯片的备注内容。

4. 阅读视图

阅读视图主要用于用户自己查看演示文稿，而非全屏放映演示文稿。

5. 幻灯片放映视图

在幻灯片放映视图下，幻灯片的内容占满整个屏幕，是实际放映出来的效果。

6. 母版视图

母版是幻灯片的模板，其中存储了文本和各种对象在幻灯片上的放置位置、文本或占位符的大小、文本样式、背景、颜色主题、效果和动画等信息。使用母版视图可以对任何一个演示文稿的所有幻灯片、备注页或讲义的样式进行全局更改。

10.2 项目实例 1：电子贺卡

10.2.1 项目要求

本项目实例使用 PowerPoint 制作带有动画和音乐的电子贺卡。通过本项目的学习，可以掌握演示文稿中图形和文本框的使用、背景（包括图片和声音）的设置、动画设置等知识点。本项目效果如图10.2所示。

图10.2 电子贺卡的实例效果

10.2.2 项目实现

1. 新建一张空白版式的幻灯片

版式是幻灯片母版中的一个组成部分，可以使用版式来排列幻灯片中的多种对象和文字。PowerPoint内置了多种标准版式，其中包含幻灯片中标题、副标题、文本、列表、图片、表格、图表、形状和视频等元素的排列方式。

操作方法分为以下两步。

(1) 新建演示文稿和幻灯片。

启动PowerPoint后，选择新建→"空白演示文稿"→自动新建一张"标题"幻灯片，这种版式的幻灯片上有两个文本框占位符，分别提示输入标题和副标题。

(2) 选择版式。

操作方法：选择"开始"→"幻灯片"组→"版式"，打开"Office 主题"，本项目因为要自定义版式，所以使用空白版式。

2. 设置背景

PowerPoint可以通过更改幻灯片的颜色、阴影、图案、纹理，或者使用图片来改变幻灯片的背景。本项目中选择"3-PowerPoint 项目素材"文件夹中的"小花.jpg"作为贺卡幻灯片的背景。

操作方法：选择"设计"→"背景"组；或右击幻灯片，在快捷菜单中选择"设置背景格式"命令→选择"填充"项中的"图片或纹理填充"→"图片源"，选择"3-PowerPoint 项目素材"文件夹中的"小花.jpg"。

3. 插入图片

本项目需要在幻灯片右下方插入图片“毕业.wmf”，并根据需要调整大小、位置等格式。

插入图片的方法有以下两类。

(1) 使用带图片的版式：选择“开始”→“幻灯片”组→在“版式”下拉列表中选择带图片的版式。

(2) 向已有幻灯片中插入图片：直接将图片从文件夹中拖动至幻灯片上；或选择“插入”→“图像”组。

4. 插入艺术字

本项目在幻灯片中央位置插入了艺术字“新年快乐！学业有成!”。

插入艺术字的操作与 Word 相同，本项目使用第三行第一列的样式，微软雅黑、48 号、填充蓝色，线条颜色为蓝色，艺术字形状可通过“绘图工具|格式”→“艺术字样式”组→“文本效果”下拉菜单中的“转换”选项来完成。

5. 插入形状

本项目设置“新”“春”“祝”和“福”4 个字为椭圆形状。

操作方法如下。

(1) 选择“插入”→“插图”组→在“形状”下拉列表中选择“椭圆”，用鼠标拖动到幻灯片上方。

(2) 右击“椭圆”，在快捷菜单中选择“设置形状格式”命令→选择“填充”项中的“图片或纹理填充”→“图片源”，选择“3-PowerPoint 项目素材”文件夹中的“Sunset.jpg”。

(4) 右击“椭圆”，在弹出的快捷菜单中选择“编辑文字”命令→输入文字“新”，格式为华文新魏、60 号、黄色。

(5) 另外的“春”“祝”“福”3 个形状可以通过复制“新”图形来完成，只需修改文字，然后将它们放在贺卡的合适位置。

6. 插入文本框

操作方法：选择“插入”→“文本”组→“文本框”命令→输入文字“祝：朋友们”，设置格式为华文琥珀、48 号、加粗、蓝色。

7. 设置片内动画(幻灯片内部各个对象的动画)

操作步骤如下。

(1) 选中要设置动画的“新”“春”“祝”和“福”4 个字图形。

(2) 设置动画。

选择“动画”→“动画”组或“高级动画”组可以设置动画，在“高级动画”组的“添加动画”的下拉列表中提供了很多种动画效果，如图 10.3 所示。这里为“新”

“春”“祝”和“福”4 个字图形选择了“更多进入效果”中的“空翻”方式。

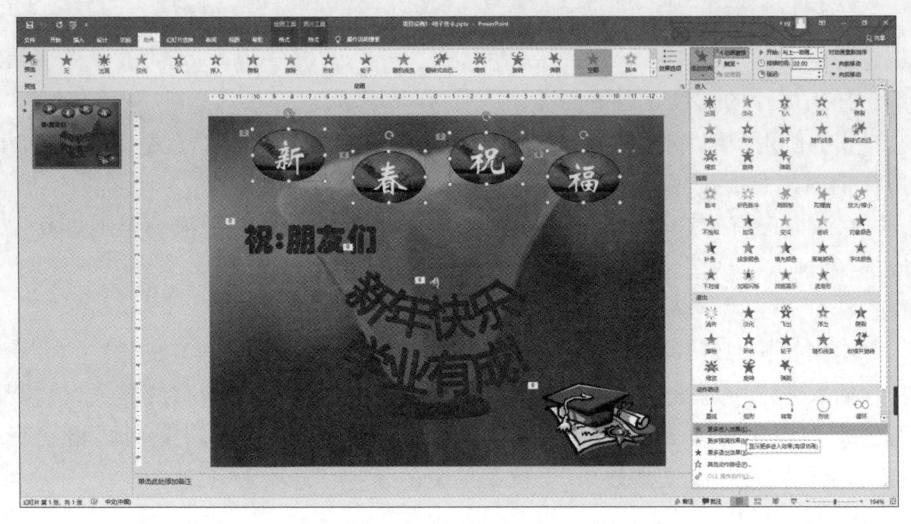

图 10.3 “高级动画”组中的“添加效果”选项

同样,为“祝:朋友们”选择“进入”中的“飞入”方式,为“新年快乐!学业有成!”选择“进入”中的“缩放”方式,为图片“毕业.wmf”选择“强调”中的“放大/缩小”方式。

(3) 设置动画的启动方式。

单击“高级动画”组中的“动画窗格”按钮,打开“动画窗格”对话框,可以在每个对象的下拉列表中设置启动方式,如图 10.4 所示。“开始”方式包括“单击开始”“从上一项开始”和“从上一项之后开始”三个选项。

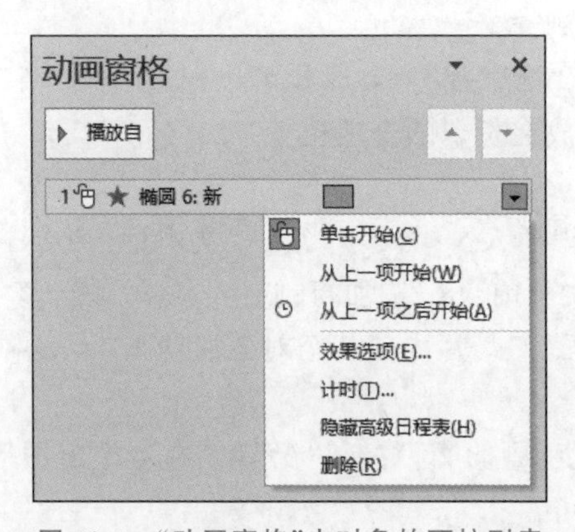

图 10.4 “动画窗格”中对象的下拉列表

① 单击开始：表示单击时启动。

② 从上一项开始：表示与上一个动画同时启动，可用于多种动画效果的合成。本项目中所有对象都设为“从上一项开始”。

③ 从上一项之后开始：表示在上一个动画之后启动。

另外，也可以通过“动画”→“计时”组中的“开始”选项设置动画的启动方式。

(4) 设置动画的方向属性。

在“动画”组→“效果选项”下拉列表框里设置方向属性。本项目为“祝：朋友们”选择了“自右侧”的方向。

(5) 设置动画的速度。

单击“动画窗格”中对象的下拉列表中的“计时”命令，打开其对话框，在“计时”组中选择“期间”下拉列表框设置动画的速度。本项目中为“祝：朋友们”选择“非常快”，其他对象选择“中速”。

(6) 改变动画出现的顺序。

选择“动画”→“高级动画”组→“动画窗格”，可以拖动对象改变动画出现的顺序；也可以选中需要更改动画顺序的对象，选择“动画”→“计时”组中的“向前移动”和“向后移动”按钮来改变动画顺序。

(7) 声音等其他选项的设置。

单击“动画窗格”中对象的下拉列表中的“效果选项”命令，在打开的对话框中进行相关设置。本项目中，为“新”“春”“祝”“福”4 个字图形和“祝：朋友们”都设置了“风铃”声音、动画文本无延迟，为“新年快乐！学业有成！”设置了“鼓声”。

8. 插入背景音乐

本项目插入了“3-PowerPoint 项目素材”文件夹中的“新年好.mp3”作为背景音乐，并设置幻灯片放映时自动播放，直到幻灯片末尾，放映时隐藏图标，操作方法如下。

(1) 选择“插入”→“媒体”→“音频”。

(2) 在弹出的“插入音频”对话框中，选定要插入的文件，单击“确定”按钮后，可以在幻灯片上看见一个小喇叭图标，其下方有一个播放控制台。放映幻灯片时，单击播放控制台上的“开始”按钮可以播放音频文件。

(3) 如果需要放映幻灯片的同时自动播放声音，可以在“音频工具|播放”→“音频选项”组→“开始”下拉列表中选择“自动”选项；并选择“跨幻灯片播放”和“放映时隐藏”选项。

10.2.3 项目进阶

利用 PowerPoint 自带的录音功能可以录制声音。上面只是插入了背景音乐，也可以录制一段配有声音的幻灯片演示过程发给好友，方法如下。

(1) 选择“幻灯片放映”→“设置”组→在“录制幻灯片演示”下拉列表中有两个选项：“从当前幻灯片开始录制”和“从头开始录制”，选择其中一项，打开“录制幻灯片演示”对话框。

(2) 单击对话框中的“开始录制”按钮→开始录制之后，可以边旁白边演示。

(3) 在幻灯片上右击，选择“结束放映”。

(4) 选择“文件”→“导出”→“创建视频”。

注意：

旁白优先于所有其他声音，如果运行包含旁白和其他声音的幻灯片放映，只会播放旁白。运行幻灯片放映时，旁白会随之自动播放。如果要运行没有旁白的幻灯片放映，无须选中“幻灯片放映”选项卡中“设置”组的“播放旁白”复选框。

10.2.4 项目交流

(1) 本实例的新春贺卡还可以增加哪些内容？

(2) 除了 PowerPoint 以外，还有哪些软件可以制作贺卡？它们各具哪些特色？

分组进行交流讨论会，并交回讨论记录摘要，记录摘要内容包括时间、地点、主持人(即组长，建议轮流当组长)、参加人员、讨论内容等。

10.3 项目实例 2：公司简介

10.3.1 项目要求

本项目实例是使用 PowerPoint 制作一份公司简介的演示文稿，内容包括企业概况、企业人才、企业组织、业绩回顾等内容。通过本项目的学习，可以掌握演示文稿的编辑、超链接、放映等知识点。本项目效果如图 10.5 所示。

图 10.5　公司简介演示文稿实例效果

10.3.2　项目实现

1. 创建新演示文稿和插入幻灯片

(1) 创建标题幻灯片。

首先选择“文件”→“新建”命令，创建新演示文稿，在自动创建的标题幻灯片中输入文字内容，标题为“务实创新！！ 团结奋进！！”，宋体、60 号、加粗、蓝色，副标题为“——创新电子有限公司简介”，宋体、32 号、加粗、黑色。

(2) 创建普通幻灯片。

在“普通视图”下添加幻灯片。常用的操作方法有以下几种。

① 选择“开始”→“幻灯片”组→在“新建幻灯片”下拉列表中选择版式。

② 右击“普通视图”大纲区某一张幻灯片→在弹出的快捷菜单中选择“新建幻灯片”选项。

③ 按 Ctrl+M 快捷键，这种方法创建的版式为“标题和内容”。

④ 将光标定位在“普通视图”大纲区中，按 Enter 键，这种方法创建的版式为“标题和内容”。

本项目中插入 5 张普通幻灯片，第 1 张普通幻灯片的版式是“标题和内容”，第 2 张的版式是“垂直排列标题与文本”，第 3 张和第 4 张的版式是“标题和内容”，第 5 张的版式是“两栏内容”，然后按照实例效果图所示输入相应的文字。

(3) 应用模板创建。

设计模板是对幻灯片的背景图案、色彩搭配、标题和文本的格式等整体外观与风格的设计。设计模板的来源有 Office 提供、网络资源和自定义模板。用户新建文件时即可选择设计模板。

2. 插入表格、图像、图表、视频和音频等对象

可以在幻灯片中插入表格、图片、形状、图表、组织机构图、视频和音频等多种对象，它们的插入方法相同，以下称为“对象”。插入方法主要有以下两种方式。

(1) 使用带对象的版式。

操作方法：选择“开始”→“幻灯片”组→选择“幻灯片版式”下拉列表中带某对象的版式→在此版式的幻灯片中单击某对象的图标。

例如，单击“插入图表”图标，一个默认的样本图表会出现在图表区内。

(2) 向已有幻灯片上插入对象。

操作方法：选择“插入”→“表格”组、“图像”组、“插图”组或“媒体”组。

本项目第 1 张幻灯片中插入“3-PowerPoint 项目素材”文件夹中的“计算机.wmf”文件，第 2 张插入文件夹中的“计算机.gif”文件，第 3 张插入文件夹中的“main.mid”文件，第 4 张插入一个 2 行 4 列的表格，第 5 张插入组织结构图，第 5 张插入一张图表和文件夹中的视频文件“logo.avi”。

想想议议

如何使插入的声音应用到多张幻灯片中？

3. 应用主题样式

套用主题样式可以快速指定幻灯片的样式、颜色等内容，使演示文稿具有独具风格的统一外观。

操作方法：打开要应用主题的演示文稿→选择“设计”→“主题”组。

4. 设置背景

本项目中选择“3-PowerPoint 项目素材”文件夹中的“Blue hills.jpg”图片作为标题幻灯片的背景。操作方法与前面设置贺卡的背景相同，这里不再赘述。

5. 使用幻灯片母版

本项目需要给每张幻灯片的左上角插入“3-PowerPoint 项目素材”文件夹中的“公司徽标.jpg”，标题样式设置为华文新魏、44 号、加粗，在页脚处添加日期、公司名称和页码。本项目使用母版来完成。

母版是使演示文稿的幻灯片具有一致外观的重要工具，母版上的修改会反映在每张幻灯片上。如果要使个别幻灯片的外观与母版不同，应直接修改该幻灯片而不是修改母版。

(1) 打开幻灯片母版编辑画面。

选择“视图”→“母版视图”组→“幻灯片母版”命令，弹出如图 10.6 所示的幻灯片母版编辑画面。

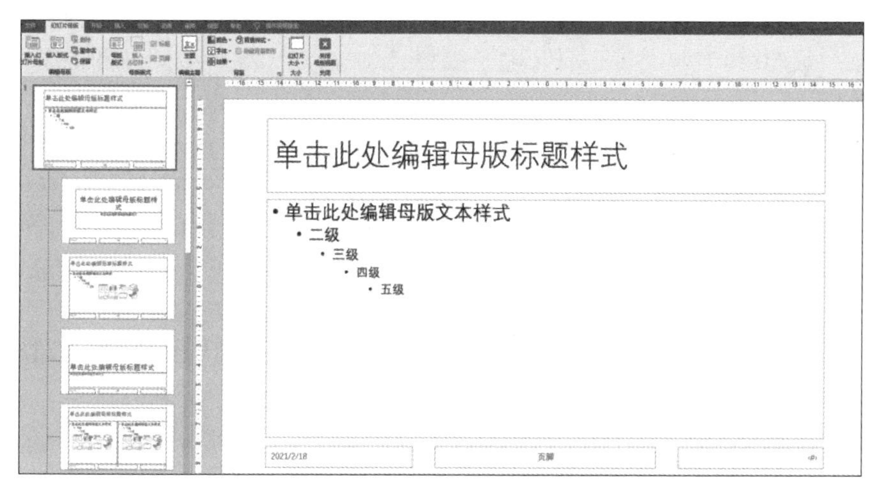

图 10.6　幻灯片母版编辑画面

(2) 母版的格式设置。

母版中的占位符是一个特殊的文本框，具有文本框的各种属性。母版编辑画面的各占位符中的文字原文并不会显示在幻灯片上，只用于控制文本的格式。

操作方法：单击需要设置格式的占位符→选择“绘图工具|格式”→通过该选项卡下各组命令进行占位符的相关设置；或右击占位符→在快捷菜单中设置。

(3) 在母版上插入对象。

可以在母版上插入图片、图示、文本框、音频等很多对象，在母版上插入的对象将出现在所有基于该母版的幻灯片上。

本项目在幻灯片母版上插入了“3-PowerPoint 项目素材”文件夹中的“公司徽标.jpg”。

6. 设置片内动画(幻灯片内部各个对象的动画)

对幻灯片中的对象设置动画效果可以采用"动画"选项卡中的相关命令。本项目中幻灯片的动画效果设置方式与本章项目实例 1 中相关操作相同,这里不再赘述。

7. 设置片间动画(幻灯片之间的切换效果)

操作方法如下:在"普通视图"或"幻灯片浏览视图"中,选择要设置切换效果的幻灯片→"切换"→通过该选项卡下各组命令选择需要的效果选项和换片方式。

本项目片间动画为"擦除"。

8. 创建和编辑超链接

可以在演示文稿中添加超链接,然后在播放时单击超链接跳转到演示文稿的某一页、其他演示文稿、文档、电子表格、Internet 中的 Web 网站和电子邮件地址等。

本项目需要设置的超链接:给第 3～6 张幻灯片添加"上一张""下一张""返回"(指返回"主要内容"幻灯片)动作按钮;单击标题幻灯片中的"计算机.wmf",超链接到"3-PowerPoint 项目素材"文件夹中的"科普一下计算机.docx";在"主要内容"幻灯片中,将文字"企业概况""企业人才""企业组织""业绩回顾"分别链接到相应的幻灯片。

幻灯片中的任何对象均可作为超链接的起点。设置超链接后,作为超链接起点的文本会出现下划线,并且显示成系统指定的颜色。

创建超链接的方法有以下两种。

(1) 利用动作按钮创建超链接。

利用 PowerPoint 提供的动作按钮,可以方便地实现跳转到下一张、上一张、第一张、最后一张幻灯片,以及音频和视频的播放等。

操作方法如下。

① 选择要添加动作按钮的幻灯片。

② 选择"插入"→"插图"组→在"形状"下拉列表中选择"动作按钮"选项 动作按钮 ,或选择"绘图工具|格式"→"插入形状"组→在列表框中选择"动作按钮"选项 动作按钮 。

③ 选择一种合适的动作按钮后,在幻灯片的合适位置上按下鼠标左键拖动鼠标画出该按钮→松开鼠标后就会弹出如图 10.7 所示的"操作设置"对话框,然后根据动作需要进行选择。

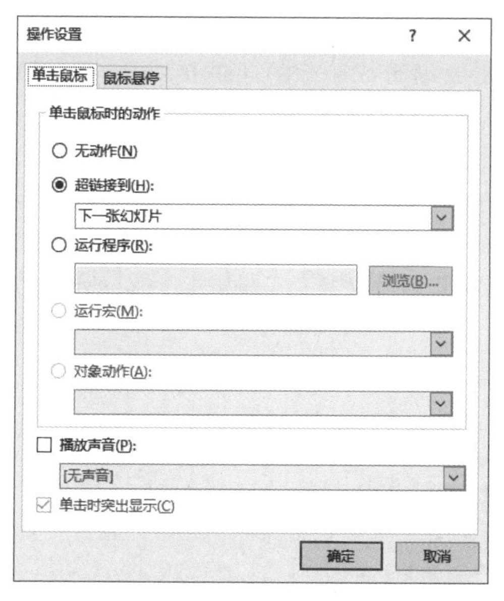

图 10.7 “操作设置”对话框

(2) 使用“超链接”命令创建超链接。

操作方法如下。

① 在幻灯片中选择作为超链接起点的对象。

② 选择“插入”→“链接”组→“链接”选项;或右击选定对象→在弹出的快捷菜单中选择“超链接”命令,均会弹出如图 10.8 所示的“插入超链接”对话框。

图 10.8 “插入超链接”对话框

(3) 编辑或删除超链接。

操作方法：右击要编辑或删除的超链接对象→在弹出的快捷菜单进行操作。

9. 放映幻灯片

(1) 设置放映方式。

选择“幻灯片放映”→“设置”组→“设置幻灯片放映”命令→在“设置放映方式”对话框中可根据需要选择放映方式和相关参数，如图 10.9 所示。

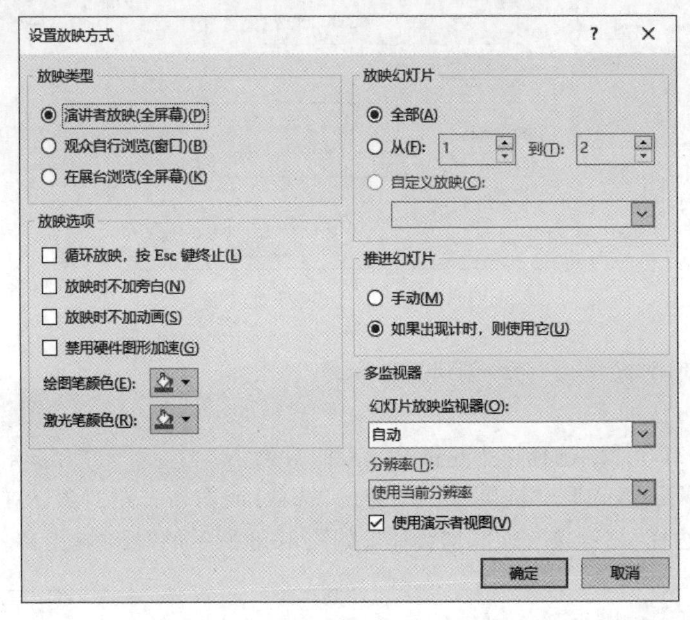

图 **10.9** “设置放映方式”对话框

放映方式有如下几种。

① 演讲者放映(全屏幕)。这是默认的放映方式。演讲者有充分的控制权，可以采用自动或人工方式控制幻灯片放映；演示可以暂停，以添加会议细节或即席反应；还可以在放映过程中录下旁白。

② 观众自行浏览(窗口)。选择此选项，能够以最小的规模放映演示文稿。放映的演示文稿出现在小型窗口中，并提供移动、编辑、复制和打印幻灯片等命令。可以使用滚动条或 Pgup 和 PgDn 键从一张幻灯片移到另一张幻灯片；可同时打开其他程序；也可显示 Web 工具栏，以便浏览其他的演示文稿或 Office 文档。

③ 在展台浏览(全屏幕)。在展览会场或演示报告会中常采用此方式。在

放映演示文稿时，不必专人操作。用户只能用鼠标使用超链接来浏览演示文稿，但不能修改演示文稿。

注意：选定此选项后，“循环放映，按 Esc 键终止”复选框会自动被选中。

(2) 放映幻灯片。

操作方法：选择“幻灯片放映”→“开始幻灯片放映”组；或按 F5 键或 Shift+F5 组合键(结束放映可以使用 Esc 键)。

(3) 自定义放映幻灯片。

为适应不同需求，用户还可以对同一演示文稿进行多种不同的自定义放映。

操作方法如下。

① 新建自定义放映：选择“幻灯片放映”→“开始幻灯片放映”组→“自定义幻灯片放映”命令，弹出“自定义放映”对话框，如图 10.10 所示→单击“新建”按钮，弹出“定义自定义放映”对话框，如图 10.11 所示。

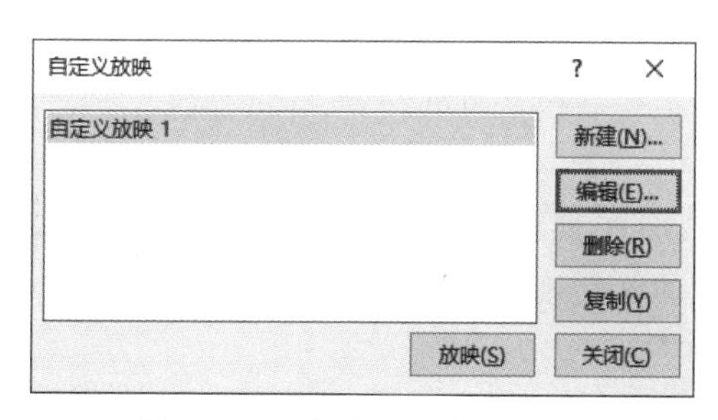

图 10.10 “自定义放映”对话框

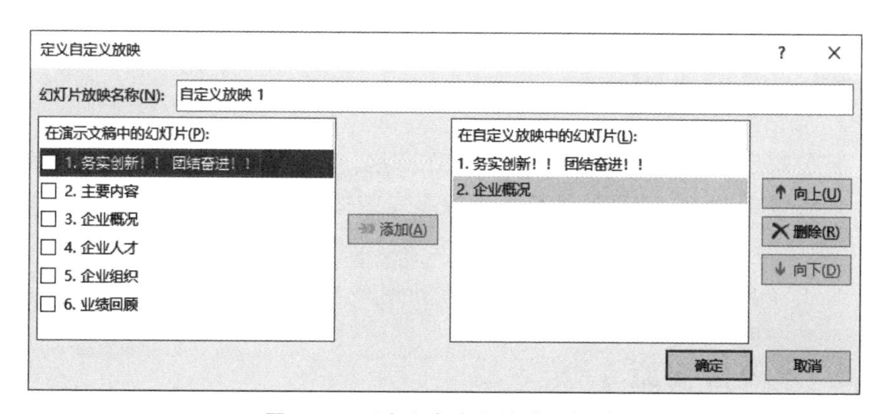

图 10.11 “定义自定义放映”对话框

② 选择添加自定义放映幻灯片：在“幻灯片放映名称”文本框中输入自定义放映名称，默认名称为“自定义放映 1”→在“在演示文稿中的幻灯片”列表框

中,按下 Ctrl 键选中要放映的幻灯片,单击“添加”按钮(本实例选择了原演示文稿中的 2 张幻灯片)→创建好后,在“开始幻灯片放映”组→“自定义幻灯片放映”下拉列表中就可以看到此名称,单击此名称即可放映。

注意:

有选择地放映幻灯片有两种方法:一种是隐藏不需要放映的幻灯片;另一种是设置自定义放映。

10. 保存演示文稿

PowerPoint 在“另存为”对话框的“文件类型”下拉列表中提供了很多类型,常用的有以下几种。

(1) PowerPoint 放映文件。

保存为幻灯片放映的文件扩展名是 pptx。当从桌面或文件夹窗口中打开这类文件时,它们会自动放映。如果从 PowerPoint 窗口中打开此类文件,放映结束时,该演示文稿仍然会保持打开状态,并可编辑。

(2) 模板文件。

保存为模板的文件扩展名是 potx。将编辑好的演示文稿作为模板保存起来,在以后制作其他演示文稿时可以直接套用它的样式。

(3) 各类图形文件。

可以将演示文稿中的每一张幻灯片作为一个图形文件存放在一个已命名的文件夹中,包括 jpg、gif、bmp、wmf、png 等类型文件。

10.3.3 项目进阶

打包就是将单个或多个文件,集成在一起,生成一种独立于运行环境的文件。如果要播放演示文稿的计算机上没有安装播放器,未包含所使用的全部字体、超链接的声音、影片等文件,可以将要播放的演示文稿进行打包。

打包方法:选择“文件”→“导出”→“将演示文稿打包成 CD”命令。

10.3.4 项目交流

(1) 使用 PowerPoint 中的哪些技术可以实现风格统一?

(2) 制作演示文稿的原则有哪些?

(3) 自学国产优秀软件 WPS 的演示文稿制作功能,其优势之处有哪些?是否有需要改进的地方？

(4) 总结 Word、Excel、PowerPoint 的特色(也是在生活工作中选择此软件的原因之一)。

分组进行交流讨论会，并交回讨论记录摘要，记录摘要内容包括时间、地点、主持人(即组长，建议轮流当组长)、参加人员、讨论内容等。

实验　制作演示文稿

一、基本技能实验

新建演示文稿 PPT_jbjn.pptx，内容为《竹石》《劝学》等励志诗词的鉴赏，文件名保存为“实验-班级-姓名.pptx”。

1. 设置和应用母版

选择并设置一种适合本演示文稿内容的母版主题和母版主题颜色；根据个人喜好或工作需求修改母版标题样式和母版文本样式；在母版右下角插入图片“加油.jpg”，大小为原图片的 20%。

提示：

① 启动 PowerPoint，新建一个空白演示文稿。

② 进入“幻灯片母版”视图：选择“视图”→选择“幻灯片母版”按钮。

③ 设置母版主题：选择“幻灯片母版”→“编辑主题”组→在“主题”按钮的下拉列表中选择一种主题。

④ 设置母版主题颜色：选择“幻灯片母版”→“编辑主题”组→在“颜色”按钮的下拉列表中选择一种主题颜色。

⑤ 修改母版标题样式和母版文本样式：选择“幻灯片母版”→在左边幻灯片大纲区中选择第一张母版幻灯片缩略图→在幻灯片编辑区对其样式进行编辑。例如，修改“单击此处编辑母版标题样式”为黑体、54 号、加粗、绿色；修改“单击此处编辑母版文本样式”为仿宋、36 号、居中，青绿色。可以根据喜好或工作需求来修改。

⑥ 在左边幻灯片大纲区中选择第一张母版幻灯片缩略图→选择“插入”→“图像”组→选择图片“加油.jpg”→右击此图片，在快捷菜单中选择“设置图片格式”。

2. 制作标题幻灯片

设置第一张幻灯片的版式为“标题幻灯片”，设置背景图片为“background.jpg”，隐藏母版背景图形，在标题占位符中输入“你我共勉”，66号、居中，在副标题占位符中输入“献给正在努力奋斗的你！”，36号、居中、蓝色。

提示：

① 进入“普通视图”：选择“视图”→选择“普通母版”按钮。

② 如果当前幻灯片的版式不是“标题幻灯片”，那么进行版式设置：选择“开始”→“幻灯片”组。

③ 设置背景图片：选择“设计”→“背景”组；或右击幻灯片，在快捷菜单中选择“设置背景格式”命令→选择“填充”项中的“图片或纹理填充”单选按钮→“图片源”选择“background.jpg”。

④ 设置隐藏背景图形：选中“隐藏背景图形”复选按钮。

⑤ 输入内容：在标题和副标题占位符位置输入相应文本内容，并进行格式调整。

3. 插入第2～4张幻灯片

插入第2～4张幻灯片，选择“标题与内容”版式，将“励志诗词.txt”文件中的第1～2首诗的标题和内容分别添加到第2和第3张幻灯片的标题和文本占位符中。

提示：

① 按Ctrl＋M快捷键；或将光标定位在“普通视图”大纲区中，按Enter键；或选择“开始”→“幻灯片”组→在“新建幻灯片”下拉列表中选择版式为“标题和内容”；或右击“普通视图”大纲区第一张幻灯片→在弹出的快捷菜单中选择“新建幻灯片”选项。

这时会发现这些幻灯片自动继承了前面设置好的母版标题样式、文本样式和右下角的“加油.jpg”。

② 通过复制＋粘贴，将“励志诗词.txt”中的第1～2首诗的标题和内容分别粘贴到第2和第3张幻灯片的标题和文本占位符中。

4. 编辑修改第2张幻灯片

更改第2张幻灯片的版式，选择“标题和竖排文字”版式，标题占位符中输入“目录”，文本占位符中分别输入两行文字“《竹石》”和“《劝学》”，并分别设置超链接到第3张和第4张幻灯片。

提示：

① 更改版式：在大纲区选中第2张幻灯片→选择“开始”→“幻灯片”组→在“新建幻灯片”下拉列表中选择版式为“标题和竖排文字”。

② 输入标题和文本内容。

③ 设置超链接：分别右击要添加超链接的文本“《竹石》”和“《劝学》”→在快捷菜单中选择“超链接”命令。

5. 设置片内动画

设置第3张幻灯片中文本占位符的动画：“擦除”“自左侧”“按段落”。

设置第4张幻灯片中文本占位符的动画：进入效果为“自左侧”“飞入”“按段落”，持续时间为3秒；退出效果为“飞出”“到右下部”，鼠标单击时开始。

提示：

① 选定第3张幻灯片文本占位符对应的文本框→选择“动画”→“动画”组。

② 选定第4张幻灯片文本占位符对应的文本框。

③ 添加动画：选择“动画”→“高级动画”组→选择“添加动画”下拉列表中的“进入”选项组中的“飞入”选项；或选择“动画”→“动画”组中单击快翻按钮▾→选择“进入”选项组中的“飞入”选项。

④ 设置进入效果：选择“动画”→“动画”组→“效果选项”按钮在下拉列表“方向”组和“序列”选项组。

⑤ 设置进入效果持续时间：选择“动画”→“计时”组→在“持续时间”数字列表框中输入3。

设置动画退出效果的方法步骤与进入效果相同，不再赘述。

注意： 同一个对象可以添加多个动画效果，可以是不同类型的动画，如进入、退出、强调等。

6. 设置片间动画

设置所有幻灯片的切换动画为立方体，单击时换片。

提示：

① 设置切换动画：选择“切换”→“切换到此幻灯片”组→单击列表框的

快翻按钮▾→在展开的切换动画库中单击“立方体”选项。

② 设置换片方式：选择“切换”→“计时”组→勾选“单击鼠标时”复选框，并单击“应用到全部”按钮。

7. 显示幻灯片编号，显示页脚文字为“励志人生”

提示：选择“插入”→“文本”组→选择“幻灯片编号”按钮，打开“页眉和页脚”对话框→在“幻灯片”选项卡下，勾选“幻灯片编号”复选框，勾选“页脚”复选框，并在其下的文本框中输入页脚文字。

8. 插入背景音乐

插入背景音乐“music.mp3”、幻灯片开始放映时自动播放、跨幻灯片播放、放映时隐藏图标。

提示：

① 选择“插入”→“媒体”→“音频”。

② 选中插入的音频文件→选择“音频工具|播放”→“音频选项”组→“开始”下拉列表中选择“自动”选项；选择“跨幻灯片播放”和“放映时隐藏”选项。

二、实训拓展

1. 制作生日贺卡

(本题使用“演示文稿制作\实训拓展\1”文件夹)

参照本章项目实例 1，制作一张生日贺卡，完成后保存为 PPT_ zhsx1.pptx。要求：

(1) 根据需要安排贺卡内容。

(2) 使用背景图片。

(3) 使用背景音乐。

(4) 多个对象使用动画效果。

2. 制作“我的家乡介绍”的演示文稿

(本题使用“演示文稿制作\实训拓展\2”文件夹)

利用 PowerPoint 的多媒体功能，介绍宣传你的家乡，完成后保存为 PPT_zhsx2.pptx。要求：

(1) 至少有 10 张幻灯片。

(2) 使用主题、设置背景美化幻灯片。

(3) 使用动作按钮。

(4) 使用超链接。

(5) 使用多种不同的幻灯片切换方式。

(6) 使用动画效果。

(7) 将一首自己喜欢的歌曲作为背景音乐贯穿所有幻灯片。

(8) 最后放映观看效果。

3. 制作电子相册

(本题使用"演示文稿制作\实训拓展\3"文件夹)

利用 PowerPoint 制作个人相册,展示自己的成长历程,作为感恩父母的一份礼物。

小贴士:

① PowerPoint 相册也是 PowerPoint 演示文稿,所以对演示文稿设置效果同样适用于 PowerPoint 相册。操作方法如下:选择"插入"→"新建相册"→在弹出的"相册"对话框中根据提示进行设置即可。按 Shift 键或 Ctrl 键可以一次插入多张照片。

② 可用多个节来组织大型幻灯片版面,以方便演示文稿的管理和导航。另外,通过对幻灯片进行标记并将其分为多个节,可实现与他人协作创建演示文稿。

第11章 综合项目实训

一、目标

1. 知识和技能目标

本章的综合项目实训，要求学生以小组形式，综合使用多种应用软件完成，以培养和提高学生综合使用文字处理、电子表格、PPT 等多个应用软件的能力。

2. 素质目标

培养团队合作能力和自主学习、终身学习的意识，树立社会主义核心价值观，培育与提升家国情怀和高远的理想追求。

二、任务和要求

成立 2～3 人的项目小组，实行组长负责制，小组讨论、实验实训、项目考核答辩等活动均以小组活动形式进行。

各组围绕“践行社会主义核心价值观”这一主题，自拟题目。富强、民主、文明、和谐是国家层面的价值目标，自由、平等、公正、法治是社会层面的价值取向，爱国、敬业、诚信、友善是公民个人层面的价值准则，这 24 个字是社会主义核心价值观的基本内容。要求自拟题目与这 24 个字内容相关。

1. 建立项目文件夹

建立项目文件夹，在此文件夹中建立与主题相关的文件夹及文件，小组内部注意文件夹和文件命名的统一性。把与项目主题相关的资料文件放入相应的文件夹中，比如，文字、音乐、图片、动图等。

2. 搜集相关资料

在 Internet 中利用搜索引擎搜索资源，能对搜索到的有价值的资源进行下载或保存，对相应的内容做到资源管理分层存储。

3. 制作“践行社会主义核心价值观”倡议书

制作“践行社会主义核心价值观”倡议书，使用 Word 进行文档编辑与排版、表格制作和图文混排等操作。倡议书的字体和格式符合要求，图文编排合理，内容积极向上，传递正能量。

4. 制作“践行社会主义核心价值观”为主题的演示文稿

制作“践行社会主义核心价值观”为主题的演示文稿，使用 PowerPoint 进行幻灯片的编辑，幻灯片中的各种对象（文本框、图片和声音等对象）的格式设置、幻灯片模板、母版、背景和配色方案的使用与设置，添加动态效果，使用超链接等。

5. 制作“家国情怀”为主题的电子表格

通过搜索反映我国科技发展和成就、中国传统文化等家国情怀的数据，制作电子表格和图表。

6. 全部项目内容汇总打包

使用 PowerPoint 等工具，制作项目的启动界面和主界面，并通过创建超链接将上述内容链接在相应的幻灯片或网页上，实现内容的汇总打包。

参 考 文 献

[1] 申艳光,刘志敏,薛红梅. 大学计算机——计算文化与计算思维基础[M]. 北京：清华大学出版社，2019.

[2] 申艳光,等. 心连“芯”的思维之旅[EB/OL]. 中国大学视频公开课官方网站“爱课程”网(http://www.icourses.cn).